高等职业教育"十四五"学前教育专业立体教材

# 学前儿童发展心理学

主 编：赵 辛　张莉莉　郭彦洁
副主编：闫 婷　祝 曼　袁 甜　郭宇涵
　　　　罗 云　孔开开　刘玲敏　阮 涛

南京大学出版社

图书在版编目(CIP)数据

学前儿童发展心理学 / 赵辛，张莉莉，郭彦洁主编.
南京：南京大学出版社，2024. 11. -- ISBN 978 - 7 - 305 - 28497 - 7

Ⅰ．B844.12

中国国家版本馆 CIP 数据核字第 2024SH0850 号

| | |
|---|---|
| 出版发行 | 南京大学出版社 |
| 社　　址 | 南京市汉口路 22 号　　邮　编　210093 |
| 书　　名 | 学前儿童发展心理学<br>XUEQIAN ERTONG FAZHAN XINLIXUE |
| 主　　编 | 赵　辛　张莉莉　郭彦洁 |
| 责任编辑 | 丁　群　　　　　　编辑热线　025 - 83597482 |
| 照　　排 | 南京南琳图文制作有限公司 |
| 印　　刷 | 南京京新印刷有限公司 |
| 开　　本 | 787 mm×1092 mm　1/16　印张 17.5　字数 404 千 |
| 版　　次 | 2024 年 11 月第 1 版　2024 年 11 月第 1 次印刷 |
| ISBN | 978 - 7 - 305 - 28497 - 7 |
| 定　　价 | 52.80 元 |

网址：http://www.njupco.com
官方微博：http://weibo.com/njupco
微信服务号：NJUyuexue
销售咨询热线：(025) 83594756

＊版权所有，侵权必究
＊凡购买南大版图书，如有印装质量问题，请与所购
　图书销售部门联系调换

# 前言

学前教育是基础教育的重要组成部分。发展学前教育,对促进儿童身心健康,构建终身教育体系,全面建成小康社会具有重要意义。近年来,人民群众对学前教育质量的要求日益提高。2024年7月,党的二十届三中全会审议通过的《中共中央关于进一步全面深化改革、推进中国式现代化的决定》明确提出"提升教师教书育人能力,健全师德师风建设长效机制"。2024年8月,《中共中央 国务院关于弘扬教育家精神加强新时代高素质专业化教师队伍建设的意见》进一步强调"将师德师风和教育家精神融入教师教育课程和教师培养培训全过程"。建设一支高素质的学前教育教师队伍,不断提高广大学前教育教师的专业水平,是保障学前教育质量的关键,也是我国幼教事业长远发展的根本保证。

《国家中长期教育改革和发展规划纲要(2010—2020年)》和《幼儿园教师专业标准(试行)》颁布以来,各高职院校的学前教育专业工作者都在思考并探索如何从社会发展需要出发,培养新时期高质量的幼教师资。无疑,《教师教育课程标准(试行)》和《幼儿园教师专业标准(试行)》等文件为教师培养提供了最有利的帮助和指引,而国家幼儿园教师资格考试制度的实施和推进,将更加有力地推动学前教育专业课程和教学的改革,能否培养符合国家幼儿园教师专业标准的毕业生,以及高职院校学前教育专业的毕业生能否通过国家幼儿园教师资格考试,将会成为衡量学校教育质量的基本指标。

在此背景下,我们根据《教师教育课程标准(试行)》和《幼儿园教师专业标准(试行)》的要求,组织了理论知识和实践经验丰富的专家、一线教师,努力打造具有中国幼儿教师教育特色、符合新课程标准要求、反映课程改革新成果的精品教材。

《学前儿童发展心理学》主要面向高职院校学前教育专业的学生和一线教师,全书共分为十三个模块,主要内容包括:绪论、学前儿童心理发展的基本理论、学前儿童心理发展的年龄特征、学前儿童的注意、学前儿童的感知觉、学前儿童的记忆、学前儿童的想象、学前儿童的思维、学前儿童的言语、学前儿童的情绪与情感、学前儿童的意志、学前儿童的个性、学前儿童的社会性。每一模块分别由"学习目标""思维导图""案例导学""理论知识""知识拓展""岗位实践训练""精品练习"等部分构成。教材在编写过程中体现如下主要特点：

1. 校企双元合作,体现教材的实践性。为贯彻落实国务院印发的《关于推动现代职业教育高质量发展的意见》精神,按照深化产教融合、校企"双元"育人、深入开展教研的相关要求,本教材编写中,与湖北省省级示范幼儿园咸宁市交通实验幼儿园、湖北省罗云名师工作室深入合作,由幼教专家、一线教师参与编写教学案例、岗位实践训练等内容,有效地将教、学、做相结合,做到理论与岗位实践相结合,重点培养学生的技能和创新能力。

2. 把幼儿园教师岗位要求、课程教学要求、职业技能大赛要求、相关证书要求相结合,实现"岗课赛证"融合。将行业标准、职业资格认证要求、职业技能提升融入教材内容中,便于学生参考借鉴应用,真正做到教材为学生服务,以学生为中心,切合学前教育工作的实际需要。

3. 注重思政元素的有效融合,体现教材的时代性、思想性。将二十大精神、习近平总书记有关职业教育和思政教育重要指示、师德师风和教育家精神融入教材内容。在落实立德树人根本任务基础上,提高教材编写内容的深度与广度,注重创新思维培养,帮助学生适应时代发展需求,有效提升思想政治素质和综合素养。

教材的编者均为长期从事学前专业教育教学的教师,以及幼教专家、一线教师。本书由咸宁职业技术学院赵辛老师、南阳职业学院张莉莉老师,以及南阳农业职业学院郭彦洁老师担任主编,由德宏职业学院闫婷老师、咸宁职业技术学院祝曼老师、武汉光谷职业学院袁甜老师、陕西艺术职业学院郭宇涵老师、咸宁市交通实验幼儿园罗云老师、驻马店职业技术学院孔开开老师、咸宁市交通实验幼儿园刘玲敏老师、阮涛老师担任副主编。她们的基础理论知识扎实,教学实践经验丰富,尽心尽力将自己的教学经验凝结为文字,为编写本教材做出了很大的努力。在此,对所有的编写者及其身后的支持者们表示衷心感谢！同时,感谢南京大学出版社提供的机会和各方面的支持！

我们在研究和编写本书的过程中,借鉴了国内外专家的研究成果,虽然做了严格的注释,但可能仍存在疏漏,在此表示衷心的感谢。由于编写时间仓促和编者水平有限,本教材难免存在不足或疏漏之处,敬请广大读者批评指正。

编　者

# 目录

## 模块一　绪　论 / 001

任务一　学前儿童发展心理学概述 / 002
任务二　学前儿童发展心理学的研究方法 / 007
任务三　学习学前儿童发展心理学的意义 / 011

## 模块二　学前儿童心理发展的基本理论 / 014

任务一　学前儿童心理发展概述 / 015
任务二　学前儿童心理发展的影响因素 / 020
任务三　学前儿童心理发展的理论 / 024

## 模块三　学前儿童心理发展的年龄特征 / 037

任务一　学前儿童心理发展的年龄特征概述 / 038
任务二　0—3岁婴儿心理发展的年龄特征 / 040
任务三　3—6岁幼儿心理发展的年龄特征 / 050

## 模块四　学前儿童的注意 / 057

任务一　学前儿童注意概述 / 058
任务二　学前儿童注意的发生与发展 / 061
任务三　学前儿童注意的分散及注意力的培养 / 069

### 模块五　学前儿童的感知觉 / 076

任务一　学前儿童感知觉概述 / 077

任务二　学前儿童感觉的发展 / 083

任务三　学前儿童知觉的发展 / 090

任务四　学前儿童观察力的培养 / 095

### 模块六　学前儿童的记忆 / 103

任务一　学前儿童记忆概述 / 104

任务二　学前儿童记忆的发展 / 111

任务三　学前儿童记忆力的培养 / 121

### 模块七　学前儿童的想象 / 126

任务一　学前儿童想象概述 / 127

任务二　学前儿童想象的发展 / 133

任务三　学前儿童想象力的培养 / 138

### 模块八　学前儿童的思维 / 143

任务一　学前儿童思维概述 / 144

任务二　学前儿童思维的发生与发展 / 150

任务三　学前儿童思维品质及能力的培养 / 160

### 模块九　学前儿童的言语 / 165

任务一　学前儿童言语概述 / 166

任务二　学前儿童言语的发生 / 168

任务三　学前儿童言语的发展 / 171

任务四　学前儿童言语的培养 / 181

## 模块十　学前儿童的情绪与情感 / 187

任务一　学前儿童情绪情感概述 / 188
任务二　学前儿童情绪的发生与发展 / 191
任务三　学前儿童积极情绪情感的培养 / 201

## 模块十一　学前儿童的意志 / 206

任务一　学前儿童意志概述 / 207
任务二　学前儿童意志的发展 / 212
任务三　学前儿童意志力的培养 / 218

## 模块十二　学前儿童的个性 / 221

任务一　学前儿童个性概述 / 222
任务二　学前儿童自我意识的发展 / 225
任务三　学前儿童的气质 / 229
任务四　学前儿童的能力 / 232
任务五　学前儿童的性格 / 237
任务六　学前儿童的个性发展与教育 / 240

## 模块十三　学前儿童的社会性 / 247

任务一　学前儿童社会性概述 / 248
任务二　学前儿童的社会性行为 / 249
任务三　学前儿童的社会交往 / 253
任务四　学前儿童的性别角色 / 266

## 参考文献 / 272

# 模块一 绪 论

1. 掌握学前儿童心理学的研究对象。
2. 理解学习学前儿童心理学的意义。
3. 能在实际工作中运用学前儿童心理学的研究方法。

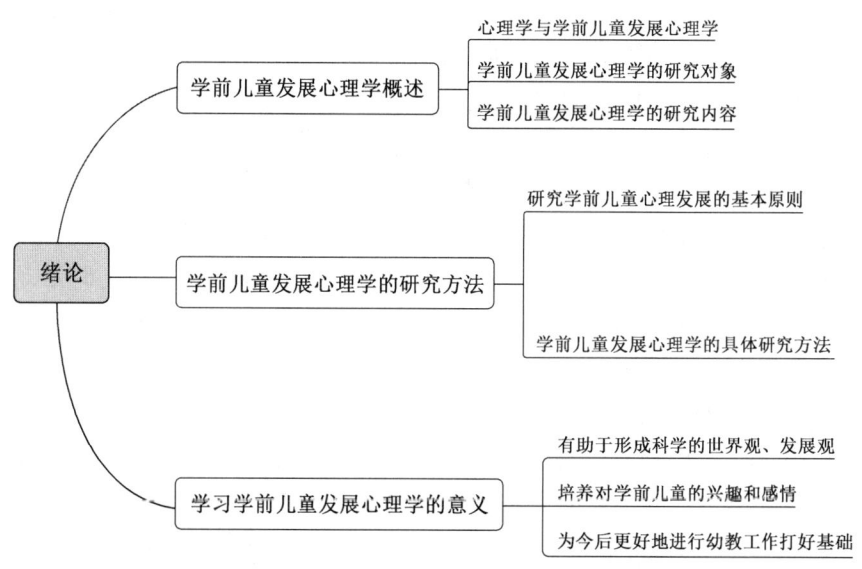

 案例导学

强强是一个活泼好动的孩子,他总是充满好奇心,喜欢探索周围一切。这让刚入职的张老师感到有些头疼,因为强强经常不听指令,当老师要求他安静下来坐好时,他总是坐不住,不是跑来跑去,就是不停地问问题。有一天,张老师正在给讲一个关于动物的故事,希望孩子们能够安静地听故事并回答问题。然而,强强一直在旁边插话,提出各种各样的问题,老师多次提醒他要注意听讲,但强强似乎根本听不进去。

面对像强强这样的孩子,你应该如何应对?是简单地批评孩子的行为,还是尝试理解他们的内心世界,找到更有效的引导方法?

# 任务一　学前儿童发展心理学概述

## 一、心理学与学前儿童发展心理学

### (一) 心理学

"心理学"(psychology)一词,最早是由希腊语中的 psykhe(灵魂)和 logos(学问)两个词构成的,意思是"灵魂",指人的精神或心理活动。人类很早就试图对它进行解释和说明,这些解释和说明形成了最初的心理学思想。后来,古希腊哲学家对人的灵魂问题进行了比较系统的研究,认为灵魂是寄居在人的身体之中的一种实体,它支配着人的行为,并有自己的活动规律。随着实践项目的深入和科学的发展,人们自然不满意"灵魂说"关于心理现象的解释,而力求对心理现象的本质做出科学的说明。19 世纪以后,由于物理、化学和生物学的发展,许多学者开始用实验的方法来研究人的心理活动特点和规律,使人类对心理现象的认识上升到了一个新台阶。1879 年,德国哲学家、生理学家冯特(W. Wunt,1832—1920)在莱比锡大学创立了世界上第一个心理学实验室,应用实验手段研究人的心理现象,这被公认为心理科学独立的标志。在世界各国心理学家的共同努力下,人们在对心理现象的研究方面积累了大量的资料,提出了许多理论,使心理学的研究脱离了主观思辨的方式,而逐渐成为一门内容丰富、体系完整的学科。总之,心理学是一门研究人的心理现象及其发生、发展规律的科学。随着科学技术的发展,心理学的基础理论研究进一步深入,应用性研究蓬勃发展。据统计,现代心理学已经有 20 多个学术学派,100 多个分支,形成了庞大的心理科学体系。今天,心理学的许多研究成果,不仅应用于教育、医疗、工程技术、航空航天等领域,而且渗透到仿生学、人类学、控制论、人工智能、系统工程等许多尖端科学技术部门,越来越显示出科学心理学的价值和强大的生命力。

## （二）学前儿童发展心理学

学前儿童发展心理学属于心理学的一个分支——发展心理学，发展心理学包括儿童（0—18岁）心理学、青年心理学、中年心理学和老年心理学等，它是心理学的重要分支，儿童心理学是发展心理学的主体，学前儿童心理学是儿童心理学的前端。学前儿童心理学是研究从初生到入学前（0—6岁）儿童的心理发生发展规律的一门科学。

## 二、学前儿童发展心理学的研究对象

### （一）学前儿童

目前，国内外教育界和心理学界对人的一生各时期的划分虽然不尽相同，但一般分为以下几个阶段（见表1-1）。

表1-1 人的一生各时期的划分

| 序号 | 年龄（岁） | 阶段 | 序号 | 年龄（岁） | 阶段 |
| --- | --- | --- | --- | --- | --- |
| 1 | 出生至1个月 | 新生儿期 | 6 | 12—15岁 | 少年期 |
| 2 | 1个月至1岁 | 乳儿期 | 7 | 15—18岁 | 青年早期 |
| 3 | 1—3岁 | 婴儿期 | 8 | 18—30岁 | 青年期 |
| 4 | 3—6岁 | 幼儿期 | 9 | 30—60岁 | 中年期 |
| 5 | 6—12岁 | 童年期 | 10 | 60岁至死亡 | 老年期 |

心理学中所涉及的"儿童"这一概念，其年龄跨度是从0—18岁，不同于日常生活中所说的儿童。儿童具有自己的特点：第一，儿童跟动物不同。儿童从出生开始就生活在特定的社会环境中，并朝着人类社会成员的方向发展。儿童从出生的时候起，就过着社会生活，在成人长期抚养和教育下，通过与成人的交流和系统的学习，去掌握人类已有的社会经验。第二，儿童跟成人也不一样。当然，从人的社会性来说，儿童跟成人是基本相同的，但从发展的水平来说，他们之间存在很大差别。例如，儿童的脑的结构和机能还未完全成熟，儿童的思维不完全等同于成人的思维，儿童的劳动能力也跟成人不完全一样。儿童时期是一个生长特别旺盛的时期，是长身体、长知识的时期，是可塑性最强的时期，因而也是受教育最好的时期。

学前期是一个人心理发展的开端时期，各种心理现象在这一阶段发生并有明显的发展。我们所说的学前儿童，是指处于表1-1中前四个时期的儿童，即学前儿童发展心理学将新生儿期、乳儿期、婴儿期、幼儿期的儿童作为主要研究和阐述的对象。"学前儿童"存在广义和狭义之分。广义的"学前儿童"是指从出生到上小学之前（0—6、7岁）或从受精卵开始到上小学之前的儿童。狭义的"学前儿童"是指从进入幼儿园伊始到上小学之前（3—6、7岁）的儿童。在没有特殊说明的情况下，本书研究的是广义的学前儿童。

### （二）心理现象

人的心理现象是自然界最复杂、最奇妙的一种现象。比如，人的眼睛可以看到五彩缤纷的世界,人的耳朵可以聆听优美的旋律,人的大脑可以贮存丰富的知识经验,人能运用自己的思维去探索自然和社会的各种奥秘,人还有七情六欲,能通过活动去满足自己的各种需要,并在周围环境中留下自己意志的印迹……

总之,人的心理现象是多种多样的。它同其他一切现象一样,是可以为我们所认识的。事实上,一个人只要活着,心理活动都在发生。心理活动无时无刻不伴随着人的生活。

1. 心理的分类

心理现象(简称"心理")的形式是多种多样的。心理学上通常把心理现象分为心理过程和个性心理两大类。

(1)心理过程。心理过程是指人脑对客观事物不同方面及其相互关系的反映过程。它相对于个性心理而言,是不断变化的、暂时性的心理现象。心理过程包括认识过程、情感过程和意志过程。

第一,认识过程。认识过程是指人脑对客观事物的现象、特性、意义及本质的反映过程,它包括感觉、知觉、记忆、思维、想象等。客观事物以各种方式作用于人的不同感官,在头脑中最先产生的映像是感觉。比如,我们看见颜色,听到树叶的沙沙声,尝到滋味,闻到气味,摸到物体的软硬或冷热等,这些就是感觉。人对客观事物个别属性的认识是感觉,对客观事物各种属性的认识则是知觉,感知反映的是客观事物的外在联系和外部特征。感知过的事物能够以经验的形式在头脑中留下痕迹,以后在一定条件下还可以再认或回忆起它的形象和特征,这称为记忆。人在头脑中不仅能够再现过去事物的形象,而且能够在此基础上创造出新的形象,这就是想象。我们发现事物的本质属性、事物之间的关系而且能够发现问题、解决问题,这些都是思维在起作用。

第二,情感过程。情感过程是指人在认识客观事物的过程中所引起的人对客观事物的某种态度的体验或感受,包括情绪和情感活动。情绪是以个体的愿望和需要为中介的一种心理活动,是人对待认知内容的特殊态度,如喜、怒、哀、乐等都是人的情绪,另外,人对客观事物的认识,并不是呆板的、冷漠的,而总是对它表现出鲜明的态度体验,渗透着某种感情色彩。例如,我们对祖国名山大川的赞美、对侵略者的愤恨、对本职工作的热爱、为取得的成绩而喜悦等,这些态度体验,心理学上称之为情感过程。

第三,意志过程。意志过程是指一个人有意识地提出目标、制订计划、选择方式方法、克服困难,以达到预期目的的内在心理活动过程。人不仅能认识客观事物,对客观事物产生一定的情感体验,而且能自觉地改造客观世界。人凭借意志的力量,支持、保护自己所喜欢的事物,反对、摒弃自己所厌恶的事物,积极主动地创造人类的物质文明和精神文明。所以,意志是人的意识能动性的集中表现。

此外,在各种心理过程中,我们还可以观察到一种普遍性的心理特征——注意。要保证认识过程、情感过程、意志过程等心理过程的顺利进行,注意是不可缺少的。它是各种心理过程的共同特征,是心理活动的方向性和集中性的体现。注意也是心理现象的重要内容之一。

心理过程是一个统一的过程。认识、情感和意志都有其自身的发生和发展的过程,但是,它们不是彼此独立的。情感和意志过程中含有认识的成分,它们都是由认识过程派生出来的。情感与意志又对认识过程产生影响,它们是统一的,是心理活动中的不同方面。认识、情感、意志过程作为心理学研究对象的一部分,统称为心理过程。

(2) 个性心理。在一定的社会环境中,人的心理发展最终形成个体稳定的精神面貌,也就是个性。由于个人的先天素质、后天生活条件不同,接受的教育不同,参与的实践活动不同,久而久之,形成了比较稳固而又和别人不同的心理倾向或心理特点。我们绝对找不到两个在兴趣、爱好、才能、气质、性格等方面完全相同的人来。个性心理包括个性倾向性、个性心理特征和自我意识三个方面。

第一,个性倾向性。个性倾向性是决定个体对事物的态度和行为的内部动力系统,是具有一定的动力性和稳定性的心理成分。比如,需要、动机、兴趣、理想、信念和世界观等个性倾向性使每个人的心理活动有目的、有选择地对客观现实做出反应。不同的理想、信念、世界观,对心理活动的组织和引导也是不同的。个性倾向性是个性心理的重要组成部分,它对相关的心理活动起着支配和控制的作用。

第二,个性心理特征。个性心理特征是个体身上经常表现出来的本质的、稳定的心理特征,主要包括能力、气质和性格,其中以性格为核心。个性心理特征影响着个体的行为举止,集中体现了人的心理活动的独特性。个体在观察的深刻性、全面性方面,在记忆的敏捷性、巩固性方面,以及在思维的灵活性、迅速性方面的差异,属于能力的差异;个体在脾气、内外向方面的差异,属于气质上的差异;个体在待人处事及克服困难的决心和毅力上的差异,属于性格上的差异,这是人的个性差异的主要表现。

第三,自我意识。自我意识指个体对自己所作所为的看法和态度(包括对自己以及自己对周围的人或物的关系的意识)。在自我认识的过程中,个体是把认识的目光对着自己,这时的个体既是认识者,又是被认识者。自我意识包括了三种形式,即自我认识(狭义的自我意识)、自我评价和自我调节。

心理过程和个性心理是密切联系着的,二者是同一现象的两个不同方面。个性心理以心理过程(认识、情感、意志)为基础,没有心理过程,个性心理就无法形成。人的个性心理的形成和发展,是在一定的社会影响和教育下,通过心理过程反映客观现实而逐渐定型化的结果,是个体社会化的过程。同时,已经形成的个性心理又反过来制约着每个人的心理过程并在心理过程中表现出来。例如,具有不同兴趣和能力的人,对同一首歌、同一幅画、同一出戏的评价水平、欣赏水平是不同的。

(3) 心理状态。心理状态是心理过程与心理特征相结合的产物,心理过程与心理特征必须通过心理状态才能表现出来。如注意的分心与集中,思维的明确性、迅速性和"灵感"状态,情绪的激动与沉着,意志方面的果断与犹豫等。

2. 心理的实质

心理就是人脑对客观现实能动的反映。具体地说有以下三个要点:

首先,心理是人脑的机能。人的心理活动是脑的产物,神经系统和脑是心理产生的器官。一个人如果大脑受到损伤,心理活动就会受到影响,甚至会引起精神异常,如"植物人"的心理活动已全部丧失。生来脑发育严重不健全的婴儿,经过极大努力,也不能完全达到正常婴儿的心理水平。儿童的心理是在大脑发育的基础上发展的,儿童的脑还没有发育成熟,不能有和成人一样的心理。动物不具备人脑的功能和结构,不能形成人的心理。

其次,心理是人脑对客观现实的反映。客观现实是心理产生的源泉,只有当客观现实作用于人脑时,人脑才产生心理。各种心理现象就是人脑对客观现实反映的不同形式。具备人类生理解剖特点的个体,一旦离开人类社会,其心理的发展也就无从谈起,如"狼孩"卡玛拉就是其中一例。周围的客观现实不同,人们也会产生不同的心理现象。即使面对同样的情境,我们也不能要求人们产生同样的心理。

最后,心理的反映具有能动性。人的心理是人脑对客观现实的反映。但是它不是消极地、被动地、像镜子一样地反映现实,而是在实践项目中积极地、主动地、有选择性地反映现实和反作用于现实。每个人的成长经历、兴趣爱好、知识修养和个性特点各不相同,对同一事物的认识也不相同。人的心理的主观能动性的大小依赖于人们对客观世界规律的认识水平,因此,幼儿教师应不断地提高自身文化修养,完善自身的知识技能,以便更好地适应未来幼教事业的需要。

### 三、学前儿童发展心理学的研究内容

学前儿童的身心发展变化急剧,可塑性比较强,受到心理学者与教育者的关注。学者形象地用三个"W"来表示学前儿童发展心理学的研究内容,即 what(是什么),描述或揭示学前儿童心理发展过程的共同特征与模式;when(什么时间),这些特征与模式发展变化的时间表;why(什么原因),对学前儿童心理发展变化的过程加以解释,分析发展的影响因素,揭示发展的内在机制。因此,学前儿童心理学的研究内容,主要包括以下三个方面:

(一)学前儿童心理发展的影响因素

影响儿童心理发展的因素是多种多样的,大致可以分为两大类:一是客观因素,二是主观因素。在影响因素方面,关于遗传和环境问题的争论就没有停止过,存在"遗传决定论""环境决定论"和"相互作用论"等观点。"遗传决定论""环境决定论"都片面强调遗传或环境的重要性,而"相互作用论"观点认为儿童心理的发展是主客观因素共同作用的结果,主客观的相互作用是在活动中实现的,这一观点被大家广泛接受。研究影响儿童心理发展的因素及相互关系,是学前儿童心理学的重要内容之一。

(二)学前儿童心理发展的年龄特征

学前儿童心理发展的年龄特征主要针对学前儿童心理发展的年龄阶段,在一定的社会条件下,学前儿童从胎儿、出生到成熟大约经历了胎儿期、新生儿期、婴儿期、幼儿期。这些年龄阶段是相互连续的,同时又是相互区别的,一个时期紧接着另一个时期,旧的阶段被新的阶段所代替。从许多具体的、个别的儿童心理发展的事实中概括出来的学前儿童心理的年龄特征,是代表该阶段儿童一般的、典型的和本质的特征。例如,在认识过程中的思维发展上,学前儿童表现出比较明显的年龄特征,婴儿期为直观行动

思维阶段，幼儿期为具体形象思维阶段，幼儿晚期为抽象逻辑思维萌芽阶段。研究学前儿童心理发展的年龄特征，也是学前儿童心理学的主要内容。

（三）学前儿童心理发生和发展的规律

学前阶段是人生的早期阶段，各种心理活动都在这个阶段发生。婴儿出生时，只有最简单的感知活动，与生理活动难以区分。人类特有的心理活动，包括人类的知觉和注意、记忆、表象和想象、思维和语言、情感和意志以及个性心理特征，都是在出生后发生的。

学前儿童并不是一出生就具备了人类的各种心理过程。各种心理过程的发展是有一定的顺序和发展方向的，且这些顺序和发展方向是有客观规律性，不以人们的意志为转移的。每个学前儿童心理发展的表现也不同，其心理发展有或早或晚之别。但是学前儿童心理发展的过程都是从简单、具体、被动、凌乱，朝着复杂、抽象、主动和成体系的方向发展，其发展趋势和顺序大致相同。相同年龄儿童的心理，一般具有大致相似的特征。同时，儿童心理发展的过程并不是孤立进行的，它总是受到遗传、环境以及其他各种因素的影响。但是，这些因素所起的作用也不是不可捉摸的，而是有规律可循的。这一切说明，学前儿童心理的发展受客观规律所制约。这些规律包括制约学前儿童心理发展过程本身的规律和制约学前儿童心理发展的各种因素作用的规律，研究这些规律，是学前儿童心理学的另一重要内容。

# 任务二　学前儿童发展心理学的研究方法

要揭示学前儿童心理发展的规律和特点，研究者必须坚持正确的基本原则，明确具体的研究方法，以便于更好地进行学前儿童心理发展的研究。

## 一、研究学前儿童心理发展的基本原则

（一）客观性原则

客观性原则是任何科学研究都必须遵循的基本原则。所谓客观性就是按照事物本来面目去认识事物，也就是实事求是。在学前儿童心理研究中，客观性原则主要包括以下三个方面的含义。

第一，学前儿童的心理是在客观因素的影响下产生的。在研究他们的心理发展特点和规律时，不能脱离其生活的社会环境和教育条件，并且应当在他们的日常活动中进行研究。

第二，生理是心理发展的客观基础，直接制约着人的心理发展。在分析和评价儿童心理状况和发展水平时，还应该充分考虑儿童的生理状态，尤其是儿童高级神经系统的发展状况。

第三,任何结论都要以充分的事实材料为依据。在研究学前儿童的心理时,应当实事求是,广泛收集数据资料,如实记录研究过程,全面分析事实材料,得出结论时不能主观臆断,或设法使之符合自己的假设。

### (二)发展性原则

发展性原则也是学前儿童心理研究中必须遵守的一条重要原则。所谓发展性原则是指在发展中研究人的心理现象。

客观世界处于永恒的运动和变化中,学前儿童作为主体也在迅速成长中。因此,必须用发展的观点研究学前儿童,不仅要注意已经形成的心理特征和新品质,还要考虑儿童的历史发展状况,更应该注意那些刚刚萌芽的新特征和新品质,这对于预测学前儿童心理的发展趋势和发展前景具有独特的重要意义。

### (三)教育性原则

所谓教育性原则就是指一切学前儿童心理的研究都必须符合教育的要求,不允许进行可能损害儿童身心健康的研究。

学前儿童处于身心迅速成长的时期,即受教育时期,此时,对学前儿童的研究应该有利于他们的健康成长。从研究方案设计、时间安排到研究者的举止行为,都必须考虑到对学前儿童心理产生的影响。这是对学前儿童心理发展进行研究的先决条件,也是研究者必须遵循的职业道德。

### (四)活动性原则

活动性原则,也被称为实践性原则。学前儿童发展心理学研究的实践性原则主要包括以下两层含义:

第一,学前儿童的心理是在实践中,尤其是在其日常活动中形成的,并且通过活动表现出来。他们年龄较小,语言能力和行为能力十分有限,不可能非常清楚地讲述自己的内心想法。因此,研究学前儿童的心理,必须从他们的活动中收集资料,观察和分析他们的行为表现。

第二,学前儿童发展心理学的研究结论能够指导儿童的保教活动。研究结论需要在教育实践中不断进行检验和修正。这种检验和修正的过程只有在学前儿童的日常活动中得以实现。

## 二、学前儿童发展心理学的具体研究方法

科学研究的成功与否,很大程度上取决于是否恰当运用了研究方法。学前儿童心理发展的研究方法基本上与发展心理学的一般研究方法相同,最主要的方法有六种,即观察法、实验法、测验法、调查法、谈话法和作品分析法。

### (一)观察法

观察法是指在自然条件下,研究者有目的、有计划地通过感官或借助于一定的科学仪器,对社会生活中人们行为的各种资料的搜集过程。观察法是研究学前儿童心理活动的最基本方法,因为幼儿的心理活动有突出的外显性,通过观察其外部行为,可以了

解他们的心理活动。同时,观察法是在自然状态下进行的,可以比较真实地得到学前儿童心理活动的资料。

观察法的种类很多,从时间上看,分为长期观察和定期观察。长期观察指研究者在一个相当长的时期内,连续进行系统观察,积累资料,并加以整理和分析。定期观察指按一定的时间间隔持续观察(如每周一次),到一定阶段后予以总结。从范围上看,分为全面观察和重点观察。全面观察指在同一研究内对若干心理现象同时加以观察、记录。重点观察则是在同一研究内只观察记录某一种心理现象。从规模上看,可分为群体观察和个体观察。群体观察指研究者的观察对象是一组儿童,记录这一群体中发生的各种行为表现。个体观察又称个案法,是对某一特定儿童做专门的观察。个案法是一种最简单、最直接的心理学研究方法,具有启蒙和试点的作用。

在学前儿童心理研究中较为常用的是日记法和传记法。日记法是通过对一个或一组儿童的长期跟踪与反复观察,以日记的形式描述性地记录儿童的行为表现的一种方法。它可以记录详细且长期的资料,方便易行。但是缺乏代表性,只能说明少数儿童的特点与情况,且比较费时费力,效率不高。传记法是搜集与研究对象有关的传记资料以考察其心理和行为特征的心理学辅助性研究方法。这种方法不仅可以记录儿童显著的行为或言语反应,还可以记录观察者认为有价值、有意义的任何可表现儿童个性或某方面发展的行为情境。但是在记录过程中有时候会受到主观性、遗漏、误差、偏见等因素的影响,不能直接获得研究对象的言语活动和行为反应。

运用观察法研究学前儿童时需要注意:① 观察者在观察前要做好准备工作,确定观察计划、观察内容和记录方式等,并对观察人员进行必要的培训;② 在实施观察的过程中,尽量使儿童保持自然的状态,减少观察者对被观察儿童的影响;③ 观察记录必须详细、准确、客观,既要记录行为本身,又要记录行为的前因后果,必要时可借助表格、录音和录像等辅助手段;④ 对儿童的观察一般应在较长时间内系统地反复进行,以排除偶然性因素的影响;⑤ 可同时由两名观察者对儿童的行为进行评定,避免主观性的影响。

(二) 实验法

实验法是根据研究目的,改变或控制学前儿童的活动条件,以引起某种心理活动的恒定变化,从而揭示特定条件与心理活动关系的方法。学前儿童心理学常用的实验法有两种,即自然实验法和实验室实验法。

自然实验法是研究学前儿童心理的主要方法之一。它是指在儿童的日常生活、游戏、学习和劳动等正常活动中,有目的、有计划地控制和改变某些条件,以引起并研究儿童心理变化的方法。自然实验法的优点是幼儿在实验过程中心理状态比较自然,同时研究者又可以控制儿童心理产生的条件,既与观察法接近,又是实验方法,兼有两者的优点。自然实验法的缺点是由于强调在自然的活动条件下进行实验,难免出现各种不容易控制的因素。此外,一般来说,自然活动条件环境不像实验室那样有各种仪器设备,因而对实验自变量和因变量的控制和记录条件不及实验室实验。

实验室实验法是在具有特殊装备的实验室内,利用专门的仪器设备进行心理研究的一种方法。这种方法在研究出生头几个月的婴儿时被广泛应用,如为了研究婴儿的深度知觉设计的"视崖"等。实验室实验法的最主要优点是能够严格控制条件，可以重复进行；可以通过特定的仪器探测一些不容易观察到的情况，取得有价值的科学资料。但是这种方法的不足之处在于，幼儿在实验室环境内往往会产生不自然的心理状态，由此导致所得实验结果有一定的局限性。

### （三）测验法

测验法是根据一定的测验项目和量表来了解儿童心理发展的方法。测验主要用于查明学前儿童心理发展的个别差异，也可用于了解不同年龄心理发展的差异。由于学前儿童的独立性差，模仿性强，对他们的测验应该逐个进行，不宜用团体测验。测验人员必须受过训练，测验中要善于取得儿童的合作，使其表现出真实的心理水平。由于学前儿童心理活动有极大的不稳定性，任何一次测验结果都难以作为最终评定依据。因此，判断某个学前儿童发展水平和状况，还应用多种方法从多方面进行考察。

测验法的优点是比较简单，在较短时间内能够粗略了解儿童的发展状况。缺点是测验所得往往只是被试完成任务的结果，不能说明取得结果的过程；测验只做量的分析，缺乏质的研究；测验题目很难同时适用于不同生活背景的各种学前儿童。因此，目前对测验法争议较大。随着科学技术的发展，学前儿童测验成为专门的学科，测验法将会不断改进。然而测验法与学前儿童心理研究的其他方法一样，只能作为了解学前儿童心理的方法之一，还应该与其他方法配合使用。

国际上已经有一些较好的学前儿童发展测量表，如格塞尔成熟量表(1938)、贝利婴儿发展量表(1969)、维克斯勒学前和小学智力量表(1967)等。由于编制智力测验的工作量很大，大多数研究者都是根据本国基本情况对较成熟的量表进行修订。我国早在1924年已经有陆志韦修订的《中国比奈西蒙智力测验》，1936年进行了第二次修订，1982年吴天敏做了第三次修订，该修订版名为《中国比奈测验》。近年来，各地还有一些学者对其他量表进行修订。

### （四）调查法

调查法是通过问卷或访谈等方法，对学前儿童心理发展现象进行有计划、系统的间接了解和考察，并对所收集到的资料进行统计分析或理论分析的一种研究方法。研究者在进行调查研究时，主要有问卷法和访谈法两种具体的实施方法。

问卷法是研究者用统一、严格设计的问卷来收集研究对象有关的心理特征和行为数据资料的一种研究方法。它是通过把要调查研究的主题分为详细的纲目，拟成简明易答的一系列问题，编制成标准化的问卷，然后根据收回的答案，进行统计处理，得出结论的方法。

访谈法是研究者通过与研究对象进行口头交谈的方式来收集对方有关心理特征和行为资料的一种研究方法。利用访谈法有利于研究者与被访问的儿童家长、教师或其他人进行个别交谈，较深入地了解情况。访谈必须有充分的准备，包括拟定访谈提纲等，调查访问人员还应善于向被访问者提出问题。访谈的缺点也很明显，就是比较浪费时间，而且被访谈者的报告往往不够精确，可能是由于访谈者记忆不确切，也可能是受访谈者个人偏见及态度的影响。

(五)谈话法和作品分析法

谈话法也是研究学前儿童心理的常用方法。和儿童谈话时,形式应该是自由的,但研究者的目的必须非常明确,因此谈话者应有足够的理论修养和熟练技巧。谈话应有充分的准备,如实地做记录,以便进行科学的分析。

作品分析法是通过分析学前儿童的作品(如手工、绘画等)去了解学前儿童的心理的方法。由于学前儿童在创造活动过程中,往往用语音和表情去辅助或补充作品所未能表达的思想,所以脱离学前儿童的创造过程来分析其作品,难以充分了解其心理活动,对学前儿童作品的分析最好是结合观察和实验进行。

综上所述,在研究学前儿童心理的过程中,我们不必拘泥于某一种研究方法,可以采取综合方法,根据不同的研究目的和课题,以及研究的具体条件,对各种方法加以灵活运用。

# 任务三 学习学前儿童发展心理学的意义

## 一、有助于形成科学的世界观、发展观

学前儿童发展心理学揭示了学前儿童心理发展的规律,使我们可以具体了解0—6岁儿童的各种心理现象是在什么条件下产生的,在什么条件下变化和发展的,外界环境对其心理发展起什么作用,等等。每个孩子的心理特点和心理行为,都可以找到其发生的原因。这些知识有助于幼教工作者形成唯物主义的观点,树立科学的世界观。

学习学前儿童发展心理学,有助于幼教工作者树立科学的儿童发展观,明白学前儿童的心理处于动态发展中,既能适时适当地对幼儿提出发展的要求和目标,动态地评价幼儿重要的心理发展,又能根据不同幼儿的个别差异,因材施教,促使每个幼儿得到最大限度的发展和提高。

## 二、培养对学前儿童的兴趣和感情

苏联著名教育家苏霍姆林斯基指出:"情感如同肥沃的土地,知识的种子就播种在这个土壤上。"心理学研究表明,教育过程是一个情感交流的过程,情感因素是影响教学质量的一个心理因素。积极、丰富的情感能促进认识过程、意志过程和个性品质的全面发展。

幼儿教师的教育活动过程不仅仅是智力活动的过程,也是教师与幼儿进行情感交流的过程。幼儿教师只有在了解学前儿童心理发展的特点和规律的基础上,才能学会欣赏幼儿的主动性和积极性,与幼儿建立深厚的感情。因此,幼儿教师应高度重视其情感素质对幼儿的重要影响,发扬积极情感,克服不良情感,从而促进幼儿身

心健康发展。

### 三、为今后更好地进行幼教工作打好基础

幼教工作者学习学前儿童发展心理学是自身专业发展和素质提高的需要,也是搞好幼教工作的需要。

首先,幼教工作者掌握了幼儿认知发展的规律和各年龄阶段认知发展的水平与特点后,可以以此为依据来确定适当的教育内容、教育方法,正确组织幼儿园的各种活动,更好地开发幼儿的智力。例如,通过对幼儿认知特点与行为的分析,可以找到培养儿童集中注意力、控制行为的有效手段,从而减少幼儿的多动行为。

其次,幼教工作者掌握了幼儿行为习惯与道德品质形成的心理规律,有助于培养幼儿良好的行为习惯与道德品质,也有助于对幼儿不良品行进行矫正。例如,根据幼儿善于模仿的特点,可以采用榜样法来消除幼儿的攻击性行为。

最后,幼教工作者掌握了幼儿个性心理的知识,了解了幼儿心理发展的个体差异,则可以进行因材施教,促使每个幼儿在原有基础上得到最大限度的发展与提高。例如,根据幼儿的不同气质类型,采取不同的教育方式,这将有利于幼儿心理的健康发展。

除此之外,学前儿童发展心理学不仅为学前教育工作的实践服务,还为与幼儿有关的工作领域服务,如学前儿童卫生保健、儿童文学艺术创造、儿童玩具设计、儿童服装设计等。同时,随着研究的深入,学前儿童发展心理学必将对正确认识学前儿童的特点,保护他们的合法权益,促进他们的和谐发展,提高他们的生命质量和推进社会文明进步做出应有的贡献。

岗位实践训练

案例分析

#### 1.1 图片配对

适合年龄:1.5 岁左右。

活动目标:训练幼儿的视觉观察能力。

活动准备:日用品图片(袜子、手套、筷子、碗、杯子、硬币、小瓶子图片各一对),内容相同图画不同的图片(最多三对)。

活动时间:10 分钟。

活动过程:

1. 先从日用品图片配对开始练习,准备袜子、手套、筷子、碗、杯子、硬币、小瓶子图片各一对,凌乱地放在桌上。

2. 让幼儿把这些用品一一配对摆好,每配好一对说出物品的名字,如果说不出来,成人要进行提醒,之后让幼儿跟着再说一遍,以巩固对物品的认识。

3. 成人再找出内容相同但图不相同的图片,如都是猫,但画面不一样,散乱地放在桌上,让幼儿配对。由于两幅图不完全一样,需要大人示范,幼儿才能记住,这种配对每

次可记住一对,最多三对。成人示范时一定要强调特点,让幼儿从名称和特点两个相同处来配对。

活动建议:有的幼儿观察能力很好,在11个半月时就能匹配6对动物的图片,而且是第一次看到这些图片。有的幼儿观察新的图片需要较长的时间,能匹配对的少些。配对的能力与图像思维能力有关,配对好的幼儿可能在画图方面有较好的潜能。

岗位实践训练
1.2、1.3

## 一、单项选择题

1. 我们平时常说的"看见""听到""回忆""思考"等,属于人的( )。
   A. 意志过程　　B. 认识过程　　C. 思维过程　　D. 情感过程
2. 人的能力、气质、性格属于( )。
   A. 个性心理特征　B. 心理过程　　C. 意志过程　　D. 个性倾向性
3. 研究学前儿童心理最基本的方法是( )。
   A. 实验法　　　B. 测验法　　　C. 问卷法　　　D. 观察法
4. 为了解幼儿同伴交往特点,研究者深入幼儿所在的班级,详细记录其交往过程的语言和动作等。这一研究方法属于( )。(2013年下国考题)
   A. 访谈法　　　B. 实验法　　　C. 观察法　　　D. 作品分析法
5. 评估幼儿发展的最佳方式是( )。(2019年国赛试题)
   A. 平时观察　　B. 期末检测　　C. 问卷调查　　D. 家长访谈

## 二、填空题

1. 人的心理是人脑对_____的反映。心理是_____机能。
2. 研究学前儿童心理学应遵循的基本原则有:客观性原则、发展性原则、_____和_____。
3. 研究学前儿童心理常用的实验法有两种,即_____和自然实验法。

## 三、判断与说明(判断下面的说法是否正确,并说明理由)

1. 学前儿童心理学也叫发展心理学。　　　　　　　　　　　　　　( )
2. 婴儿就是还在大人怀里抱着,不会走路的儿童。　　　　　　　　( )
3. 心理过程包括认知过程、情绪情感过程和意识过程。　　　　　　( )
4. 学习学前儿童心理学可以理解学前儿童心理发展的特点,从而有效开展教育活动。( )

课后自测

# 模块二 学前儿童心理发展的基本理论

1. 掌握心理发展的概念及一般特点。
2. 了解影响学前儿童心理发展的主要因素。
3. 能在实际工作中结合学前儿童心理发展的特点组织活动。

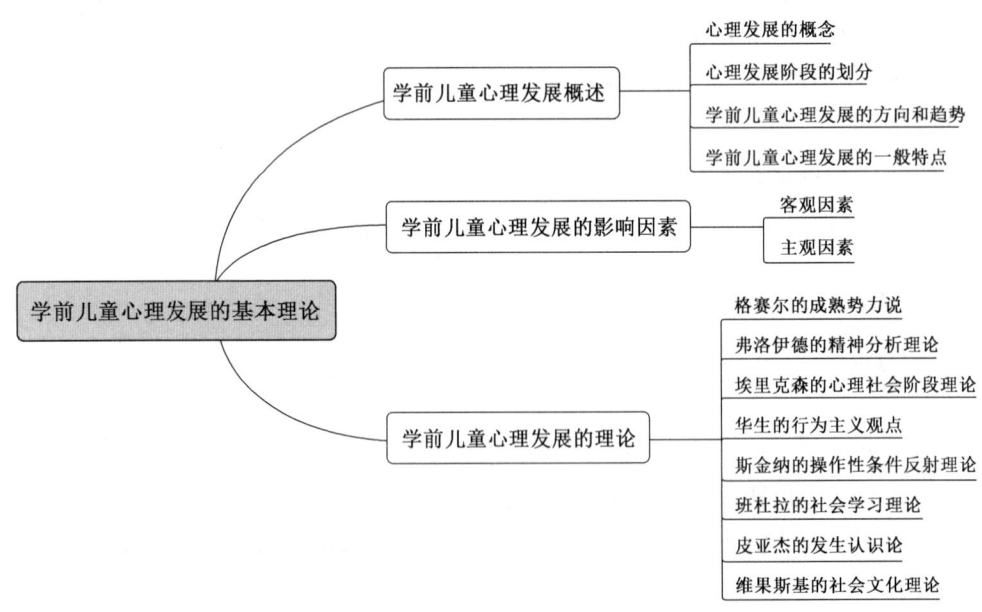

案例导学

一对双胞胎兄弟小明和小亮,由于生母没有能力抚养,分别送人领养。小明的养父母是受过高等教育的知识分子,他们为小明提供了丰富的学习资源和良好的教育环境。从小,小明的知识和见识远远超过了许多同龄人。在他的成长过程中,充满了爱与支持。而小亮的养父母的家庭环境则截然不同。他的父母忙于生计,很少关注他,小亮为此常常感到孤独和无助,他的童年缺乏关爱和陪伴。随着时间的推移,这对双胞胎兄弟的心理和智力发展出现了明显的差异。小明聪明伶俐,善于表达自己的想法和情感,而小亮则显得沉默寡言,缺乏自信。

为什么拥有相同遗传基因的双胞胎兄弟,在成长过程中会出现如此大的差异?这背后到底隐藏着哪些影响学前儿童心理发展的因素?

# 任务一 学前儿童心理发展概述

## 一、心理发展的概念

发展,指的是人类个体从诞生到死亡的整个生命过程中所发生的身心变化,包括生理与心理两方面的发展。

生理发展也叫生物因素的发展,指人类个体的生理结构与机能及其本能的变化。个体的生理发展过程是一种内发过程,即个体按照自身预定的程序和节奏而自然成熟、成长。

心理发展即个体从出生、成熟、衰老直至死亡的整个生命进程中所发生的一系列心理变化。学前儿童心理学研究的是狭义的个体心理发展,即个体从出生到心理成熟阶段所发生的积极的心理变化。它具体表现为以下四个方面:

第一,心理活动从不分化到逐渐分化。例如,幼儿最早的情绪反应只是一般性的激动,以后才逐渐分化出快乐和痛苦正负两种情绪,并在此基础上进一步分化。同样,认识过程和意志过程也存在着从不分化到分化的发展过程。

第二,心理活动从无意性为主到有意性为主。例如,低龄幼儿的心理过程中,无意注意、无意记忆和无意想象占主导地位,到了一定年龄阶段后,有意注意、有意记忆和有意想象便占据了主导地位,表明意识对心理活动的控制加强了。

第三,从反映事物的外部现象到反映事物的本质属性。例如,低龄幼儿对事物和人际关系的认识停留在偶然的、直观的、非本质的外部特征上,而后来则逐渐能认识到对象的本质特征以及各事物之间的客观联系。

第四，对事物的态度从不稳定到逐步稳定。最初，幼儿的心理活动容易受到情绪影响而经常变换，心理活动之间缺乏有机联系，表现为婴幼儿情绪喜怒无常，经常破涕为笑等，随着他们的不断发展，心理活动逐渐组织起来，形成整体，有了系统性，表现出相对稳定性。

## 二、心理发展阶段的划分

在人的一生中，个体身心特征的发展既是一个连续的过程，也可以分为不同的阶段。个体发展到一定的年龄阶段，应该表现出与个体年龄相符合的行为特征。这种社会期待性的行为标准，称为发展任务。心理学家依据个体的年龄和主要特点，将人的一生划分为以下几个阶段：产前期、新生儿期(出生至1个月)、乳儿期(1个月至1岁)、婴儿期(1岁至3岁)、幼儿期(3岁至6,7岁)、童年期(6,7岁至11、12岁)、少年期(11、12岁至15、16岁)、青年早期(15、16岁至18、19岁)、青年期(18、19岁至30岁)、中年期(30岁至60岁)以及老年期(60岁以上)等。以上年龄阶段的划分，如果配合我国当前的学制，3岁前的婴儿期为先学前期(托儿所)，幼儿期为学前期(幼儿园)，童年期为学龄初期(小学)，少年期为学龄中期(初中)，青年期为学龄晚期(高中)。但是，由于每个阶段还没有明确的生理和心理的发展指标，在社会评价指标上也存在着差异，对各个发展阶段的划分只是相对的，各个阶段的起止时间也只是近似的。

## 三、学前儿童心理发展的方向和趋势

正如世间万物都在不停地变化一样，学前儿童心理也总是在不断地发生变化。学前儿童心理变化的特点是它的进步性。成人的心理也在变化，但是，变化的方向有时是进步，有时则是退步。比如，成人到了一定的年龄，记忆力的变化表现为衰退。学前儿童心理的变化则总是在进步。学前儿童的记忆力，总是在不断地提高，思维的发展也是如此，无论是心理过程或个性方面，都向着更高级的方向变化，这种变化称为"发展"。

学前儿童心理的发展，偶尔也出现短时的停顿，或类似倒退的现象。例如，有的小孩在学会自己拿小勺吃饭以后，突然不好好吃了，把饭撒在桌子上；有的小孩刚满周岁时会喊"妈妈"，会说出几个单词，过一个月，却不开口了。这些现象往往使年轻的父母烦恼和担忧。其实，只要耐心等待和细心观察，就会发现，这是孩子在前进中的倒退，他在酝酿着新的发展。原来，不再好好吃饭的孩子正在学习新的动作技能，他发现了可以用两个手指头去捡起小东西，于是兴致勃勃地把撒在桌上的饭粒逐一捡起来；停止开口的孩子，则正在积累语言进一步发展的力量，过一段时间以后，他会忽然不断地说出许多话来。

学前儿童心理的发展，不但有必然的方向性，而且有必然的顺序和趋势。心理学家通过长期的、大量的研究，揭示出幼儿心理发展的一般趋势：从简单到复杂，从具体到抽象，从被动到主动，从零乱到成体系。

### （一）从简单到复杂

幼儿最初的心理活动，只是非常简单的反射活动，以后越来越复杂化。这种发展趋势又表现在两个方面：

**1. 从不齐全到齐全**

幼儿的各种心理过程在出生的时候并非已经齐全，而是在发展过程中先后形成。比如，幼儿最初的情绪只有愉快和不愉快的分别，后来逐渐出现喜爱、高兴、快乐和痛苦、嫉妒、畏惧等复杂而多样的情感。

**2. 从笼统到分化**

幼儿最初的心理活动是笼统、弥散而不分化的。无论是认识活动还是情绪情感，发展趋势都是从混沌或模糊到分化和明确。也可以说，最初是简单和单一的，后来逐渐复杂和多样。例如，较小的幼儿只能分辨颜色的鲜明和灰暗，3岁左右才能辨别各种基本的颜色。

### （二）从具体到抽象

幼儿的心理活动最初是非常具体的，以后越来越抽象和概括化。幼儿思维的发展过程就典型地反映了这一趋势。幼儿对事物的理解是非常具体形象的，成人典型的思维方式——抽象逻辑思维在学前末期才开始萌芽。例如，幼儿即使知道 $1+1=2$ 的道理，在计算时依然要借助实物。

### （三）从被动到主动

幼儿心理活动最初是被动的，心理活动的主动性后来才发展起来，并逐渐提高，直到长大后具有极大的主观能动性。幼儿心理发展的这种趋势主要表现在两个方面：

**1. 从无意向有意发展**

幼儿心理活动是由无意向有意发展的。新生儿的原始反射是本能活动，是对外界刺激的直接反应，完全是无意识的。例如：新生儿会紧紧抓住放在他手心的物体，这种抓握完全是无意识的本能活动。随着年龄的增长，幼儿逐渐开始出现了自己能意识到的、有明确目的的心理活动，然后发展到不仅意识到活动目的，还能够意识到自己的心理活动进行的情况和过程。大班幼儿不仅能知道自己要记住什么，而且知道自己是用什么方法记住的，这就是有意记忆。

**2. 从主要受生理制约发展到自己主动调节**

低龄幼儿的心理活动很大程度上受生理局限，随着生理的成熟，心理活动的主动性也逐渐增长。比如：两三岁的幼儿注意力不集中，主要是生理上不成熟所致，随着生理的成熟，注意力逐渐集中。四五岁的幼儿在有的活动中注意力集中，而在有的活动中注意力却很容易分散，表现出个体主动的选择与调节。

### （四）从零乱到成体系

幼儿的心理活动最初是零散杂乱的，心理活动之间缺乏有机的联系。比如，低龄幼儿一会儿哭，一会儿笑，一会儿说东，一会儿说西，都是心理活动没有形成体系的表现。正因为不成体系，心理活动非常容易变化。随着年龄的增长，心理活动逐渐组织起来，有了系统性，形成了整体，有了稳定的倾向，出现每个人特有的个性。

### 四、学前儿童心理发展的一般特点

心理发展是有客观规律的，它是通过量变达到质变的过程；是从简单到复杂、由低级到高级、新质否定旧质的过程；是矛盾着的对立面既统一又斗争的过程。个体心理发展表现出一些普遍性的特点，概括起来有以下几点：

（一）发展的连续性和阶段性

心理发展是一个持续不断的过程，每一心理过程和个性特点都逐渐地、持续地发展着，由较低水平到较高水平。

心理发展的连续性表现为个体整个心理发展是一个持续不断的变化过程。当某一种心理活动在发展变化之中而又未出现新质变时，它就正处于一种量变的积累过程，而这种量变就是心理发展的连续性。

连续性主要表现在两个方面：

一是指心理的前后发展有着内在的必然联系，先天的发展是后天发展的基础，而后天的发展又是先天发展的基础。

二是指心理的发展进入高一级水平后，原先的发展水平并不是简单的消亡，而是被高一级的水平所整合和包容，是一个不断矛盾统一，从量变到质变的发展过程。先有量变，量变积累到一定程度发生质变。

心理变化遵循连续性的同时，每一时期又有相对固有的特性，这就是心理发展的阶段性。心理发展的阶段性表现为个体心理发展这个连续过程由一些具体的发展阶段组成，每个不同的阶段都有各自不同的、一般的、典型的、本质的心理特征。

如果把心理发展的连续性看作一种矛盾运动过程中数量的积累，那么矛盾运动的质变就决定了幼儿心理发展的阶段性。心理发展过程呈现出许多阶段，前后相邻的阶段有规律地更替着，前一阶段为后一阶段准备了条件，从而使心理发展有规律地过渡到下一阶段。

幼儿心理发展的阶段性是与年龄相联系的。由此，心理学上把个体心理发展各年龄阶段所表现出来的一般的、典型的、本质的特征，称为"心理年龄特征"。这就要求教育要针对不同阶段幼儿的需求，给予相应的教学内容和教学方法。幼儿心理发展的连续性和阶段性不是绝对对立的，而是辩证统一的。如幼儿思维发展的主要特征是具体形象性，但幼儿初期仍保留直观行动思维的特征，幼儿晚期抽象逻辑思维开始萌芽。

（二）发展的顺序性和定向性

心理发展总是要遵循一定的先后顺序，而这种顺序是不可逆转、不可逾越的。心理发展的顺序性和定向性是由遗传决定的，不会因为各种外部环境的影响，或者学习、训练的作用而发生改变。

如个体动作的发展，就遵循自上而下、由躯体中心向外围、从粗动作到细动作的发展规律,这些规律可概括为动作发展的头尾律、近远律和大小律,体现在每个幼儿身上,都是如此。幼儿体内各大系统成熟的顺序是神经系统—运动系统—生殖系统。这种方向性和不可逆性在某种程度上体现出基因型在环境的影响下不断把遗传程序编制显现出来的过程。

（三）发展的不平衡性

心理发展的不平衡性主要是指人一生的心理发展并不是以相同的速率前进的,而是按不均衡的速率向前推进的,同时各方面的发展速率也是不同的。

第一,个体同一个方面的发展,在不同的年龄阶段是不均衡的。儿童年龄越小,发展的速度越快,这是学前期儿童心理发展的规律。新生儿的心理,可以说是一周一个样,满月以后,是一个月一个样,可是,周岁以后,发展速度就缓慢下来,两三岁以后的儿童,相隔一周,前后变化一般不那么明显了。

第二,个体不同方面的发展具有不均衡性。学前儿童心理活动的各个方面并不是均衡地发展的。感知觉等认识过程在出生后迅速发展,单纯的感知能力很快就达到比较发达的水平,而思维的发生则要经过相当长的孕育过程,两岁左右才真正发生发展起来,到学前期末,仍处于比较低级的发展阶段——只有逻辑思维的萌芽。

第三,不同儿童心理发展的不均衡。不同的学前儿童,虽然年龄相同,心理发展的速度却往往有所差异。比如,有的孩子刚刚 1 岁 2 个月就会说话,有的孩子已经两岁了,还不会说话;有的孩子刚刚两岁,已经会从 1 数到 100,而许多 3 岁孩子,还数不清楚。但是,所有这些都是正常儿童,而且早晚会具备基本的心理活动能力,只不过是发展速度上有个别差异而已。

现在由于社会发展对个体要求的提高,学习年限延长,独立生活和工作期限后移,人的心理成熟、社会性成熟相应后移;由于食物营养的改善、社会文化的影响,个体生理成熟的年龄相应提前,从而使个体身心发展的不平衡性表现得更为突出。

（四）发展的差异性

心理发展的差异性指不同个体在心理发展过程中表现出来的心理状况、速度、水平等方面的差别。

虽然同一年龄阶段的幼儿无论在身体还是心理方面都存在着发展的共同趋势和规律,但对于每一个幼儿而言,其发展的速度、发展的优势领域、最终达到的发展水平等都可能是不同的。如有的人观察能力强,有的人记性好;有的人爱动,有的人喜静;有的人善于理性思维,有的人长于形象思维;有的幼儿发育早,心理成熟早,有的则晚;幼儿在个性方面也存在很大差异,在兴趣、性格及能力等方面也都是不同的。

# 任务二 学前儿童心理发展的影响因素

影响学前儿童心理发展的因素是多种多样的,但基本上可以分为两大类:客观因素和主观因素。客观因素主要指儿童心理发展必不可少的外在条件,主观因素则指儿童心理本身的特点。主客观因素总是处于相互作用中。

## 一、客观因素

### (一) 遗传素质是儿童心理发展的自然前提

遗传是一种生物因素。人类通过遗传将祖先的一些生物特征传递给后代,完成种族的繁衍。遗传因素在个体身上体现为遗传素质,主要包括机体的构造、形态、感官和神经系统的特征等通过基因传递的生物特性。遗传因素是学前儿童心理发展的生物前提和自然条件。

首先,遗传提供人类心理发展的最基本的自然物质前提。人类共有的遗传因素是使儿童在成长过程中有可能形成人类心理的前提条件,也是儿童有可能达到一定社会所要求的那种心理水平的最初的、最基本的条件。由于遗传缺陷造成脑部发育不全的儿童,其智力障碍往往难以克服。例如,唐氏综合征的孩子,无论后天如何训练都达不到正常儿童的心理发展水平。

其次,遗传奠定学前儿童心理发展个别差异的最初基础。同卵双生子是由一个受精卵分裂为两个发育而成的,具有相同的遗传素质。关于同卵双生子的研究表明,同卵双生子有近乎相同的智力。英国心理学家西里尔·伯特(Cyril Burt)的研究材料表明:在一起长大的无血缘关系的儿童智力相关很小,而有血缘关系的儿童之间的智力相关依家族谱系的亲近程度而逐渐增高,同卵双生子的智商有很高的相关性(见表2-1)。

表2-1 不同血缘关系者一同抚养或分开抚养时的关联度

| 遗传变量 | 同卵双生子 | | 异卵双生子 | 非孪生兄弟姐妹 | 无血缘关系儿童 |
|---|---|---|---|---|---|
| 环境变量 | 一起长大 | 分开长大 | 一起长大 | 一起长大 | |
| 智商相关 | 0.85 | 0.74 | 0.59 | 0.46 | 0.26 |

(资料来源:张永红.学前儿童发展心理[M].2版.北京:高等教育出版社,2014.)

美国教育心理学家詹森(Jensen,1968)对8个国家100多种有关不同亲属关系者的智商相关的研究材料做了总结,也得出类似的结论:幼儿与亲生父母的智商相关高于与养父母的;异卵双生子与一般兄妹间的智商相关相似;同卵双生子的智商相关最高。即遗传关系越近,智力发展越相似。

### (二) 生理成熟为儿童心理发展提供了物质前提

生理成熟,又叫生理发展,是指身体结构和机能生长发育的程度和水平。生理成熟对儿童心理发展的作用表现在以下几点:

第一,生理成熟的程序制约着儿童心理发展的顺序。儿童出生以后,身体各部分、各器官的结构和机能都在不断地生长发育,幼儿的生理发育和成熟是有一定顺序或规律的。如幼儿生长发育的顺序是:从头到脚,从中轴到边缘,即所谓"首尾方向"和"近远方向"。儿童心理的发展与生理的发展,特别是脑和神经系统的发展关系密切。儿童的生理发育和成熟的程序影响或制约着儿童心理发展的顺序。

第二,生理成熟为儿童心理发展提供物质前提。生理成熟对儿童心理发展的具体作用是使心理活动的出现或发展处于准备状态。美国心理学家格塞尔的双生子爬梯实验说明了生理成熟在学前儿童心理发展中的重要作用。因为,若在某种生理结构和机能达到一定成熟时,适时地给予适当的刺激,就会使相应的心理活动有效地出现或发展。如果机体尚未成熟,那么即使给予某种刺激,也难以取得预期的结果。

第三,生理成熟的个体差异是儿童心理发展个体差异的生理基础。儿童生理成熟的时间、速度等方面存在个体差异,这些差异影响并制约着儿童心理发展的个体差异。比如,女孩的语言发展比男孩早,是和女孩的相应部分的生理成熟较早有关。

### (三) 环境因素使儿童心理发展成为现实

环境指个人身体之外的客观现实,按其性质与作用可分为自然环境和社会环境两大类。

自然环境为儿童的生存提供必要的物质条件,如水分、空气、阳光、养料等。人的自然环境是经过"人类化"了的自然,即受社会环境制约的自然。最典型的是儿童出生前所处的胎内环境。一方面它是胎儿得以保护和生存的自然环境,另一方面又受母亲所处的社会环境的制约。因此,对于儿童心理的发展而言,社会环境比自然环境更重要。

社会环境主要是指儿童直接所处的社会地位、家庭情况、全部的人际关系和周围的社会风气等社会生活条件。社会生活条件归根结底又受社会生产力水平、社会制度和文化传统的制约。儿童处于受教育过程,教育条件是儿童社会环境中最重要的部分,是有目的性,方向性最强,最有组织的具体引导儿童发展的环境。所谓环境对儿童心理发展的作用,主要指社会生活条件和教育的作用。

社会环境对儿童心理发展的作用,集中表现在以下三个方面:

第一,社会环境使心理发展的可能性变为现实。儿童心理发展的可能性是由遗传因素提供的,但是如果没有社会环境的作用,可能性是不会变成现实的。例如,遗传素质提供了儿童直立行走的可能性,但在不良教养条件下的婴儿,直立行走的时间会大大推迟。和野生动物一起生活的人类婴儿,即便长到很大,也不会直立行走。只有在正常的人类生活环境中,婴儿直立行走的可能性才能得以正常实现。又如,人类婴儿具有说话的遗传素质,但婴儿只有在社会的语言环境中,通过交往才能学习并掌握语言。如果缺乏语言的社会刺激,会说话的可能性便无法实现。和动物一起生活的人类婴儿不会说话，也没有人类的表情和动作。1983年辽宁省发现一个8岁4个月的女孩，由于自小很少得到家人的照顾，而绝大部分时间"与猪为伍"，吃猪奶、抢猪食，养成了不少猪的习性，经测定智商只有39，不辨性别、颜色和大小，不懂高低，更没有数的概念，仅能说的少数单词也模糊不清，情绪多变不稳定。历经3年的专门训练，智商提高到68，达到轻度智力障碍水平，学习和社会适应能力也有较大提高，能参加集体活动和自理生活。

第二，社会生活条件制约着儿童心理发展的方向、速度和水平。马克思指出："物质生活的生产方式制约着整个社会生活、政治生活和精神生活的过程。"也就是说，社会生产力的发展水平，影响着政治制度、经济生活、道德风貌、科学文化和教育水平，最终影响着儿童心理发展的方向、速度和水平。

社会生产力的发展水平，影响国民经济生活，影响科学文化和教育水平，从而影响到学前儿童心理的发展水平。近百年来特别是近几十年来人类在改变自然界方面的极大发展，即生产力的飞速发展，使新一代儿童的智力也有很大发展。近年来人们公认，婴幼儿比过去的聪明，这些都是当代社会生产力发展的反映，现代儿童生活环境的多样化和复杂化，是前辈在儿时望尘莫及的。

人所处的环境，除了"人类化的自然"（马克思语）之外，还有人与人之间的关系。具体来说，父母的工作单位、父母的交友关系，以及生活所在地、社区的各种服务设施等，都会对学前儿童的心理发展产生影响。在工业发展的资本主义社会里，恩格斯在《英国工人阶级状况》一书中详细描述了工人阶级的子女所处的贫困地位，他们的生活条件非常差，教育水平极低，所调查的儿童3/4不会读也不会写，上过几天学的孩子连字母都分不清，这些孩子的心理发展水平可想而知。

社会风气不但制约着儿童心理发展的水平，也影响着儿童个性形成的方向。列宁指出："旧社会依据的原则是，不是你掠夺别人，就是别人掠夺你，不是你给别人做工，就是别人给你做工，你不是奴隶主，就是奴隶。可见，凡是在这个社会里教养出来的人，可以说从吃奶的时候起就染上了这种心理、习惯和观点……"当今中国，各类社区为学前儿童提供游戏、阅读的机会，建立学前儿童游乐场地、学前儿童图书馆等场所，同时，社区还积极培养学前儿童助人为乐的精神，如组织"小小志愿者"，让学前儿童定期参加社区的"向老人问好""给老人带去欢乐和歌声"等活动。通过这些活动，学前儿童学会理解、尊重和帮助别人，这对他们的心理发展有着重要的作用。

第三，教育在儿童心理发展中起主导作用。学校教育是一种特殊的社会环境，是一种有目的、有计划、有组织的系统活动，它的影响较为强烈而集中，其作用是一般社会环境中那些自发的、偶然的、片面的影响无法比拟的。学校教育是在经过专门训练的专职教育者指导下进行的活动，他们受社会的委托，明确教育目的，懂得教育规律，学有专长，精于教技，能使学生的身心得到健康发展。教育对遗传和环境因素的影响能给以调节，加以选择，有助于各因素扬长避短，从而协调和优化教育影响，促进儿童心理的健康发展。

## 二、主观因素

（一）儿童的心理活动是学前儿童心理发展的内部原因

影响学前儿童心理发展的主观因素，笼统地说，包含学前儿童的全部心理活动；具体地说，包括学前儿童的需要、兴趣爱好、能力、性格、自我意识和心理状态等。

需要是最活跃的因素。婴儿从出生时起，就有对食物的需要、对温暖的需要。稍大的婴幼儿，有和人交往的需要、认识的需要、游戏的需要等。成人对幼儿进行教育，如果不引起他们接受教育的需要，那么教育也不可能奏效。

兴趣和爱好是影响心理发展的重要因素。比如，在有趣的游戏里，幼儿的坚持性有明显的提高。学钢琴时，爱好弹琴的孩子很快就掌握了一些基本能力，不爱好的孩子则学习起来特别费力或始终学不会。

能力是影响心理活动效率的基本因素，人的活动能否顺利进行，与能力有关。比如，搭积木的时候，有的幼儿能迅速搭出高高的城堡，一层又一层；而有的幼儿搭了半天，只能搭出一两层的小房子，还容易倒。

性格在人的心理发展中起着重要的作用。比如，有些幼儿性格比较内向、害羞，容易紧张和不安，需要更长时间才能适应社交环境，其中有部分幼儿可能会对自己的性格特点感到不满意，甚至产生自卑情绪。而有些幼儿性格开朗、外向，更善于表达自己的情感，喜欢与他人交往和沟通，他们更易于接受自己的性格特点，并学会发掘、利用自己的优势，培养自信心和自尊心。

自我意识在人的心理活动中起控制作用。比如，自尊心强的幼儿，心理活动的积极能动性比较突出。例如，有个幼儿在全班小朋友都得到小红花时，他没有得到，因为他打人了。当天妈妈来接他时，他不肯回家，非要拿到小红花才肯离园。经过说服，他明白了道理。从第二天起，他自觉控制自己的行为，每天下午问老师"我今天表现好吗"，终于有一天，老师说他有进步，给他一朵小红花，他高兴得又蹦又跳。

心理状态在人的心理活动中起着调节作用。当幼儿处于良好的心理状态，如幸福、满足或自信时，在游戏活动中会表现得更为积极活跃。相反，当幼儿处于不良的心理状态，如疲劳、忧伤或紧张时，在游戏活动中会表现得消极被动。

（二）心理的内部矛盾是推动儿童心理发展的根本原因或动力

婴幼儿心理活动的各种心理成分或因素既是不可分割的，又经常是对立统一的。比如，有的幼儿有完成任务的动机，却缺乏坚持到底的意志力。婴幼儿心理的内部因素之间的矛盾，是推动他们心理发展的根本原因。婴幼儿心理的内部矛盾可以概括为两个方面，即新的需要和旧的心理水平或状态。需要是由外界环境和教育引起的。随着婴幼儿的成长和生活条件的变化，外界对婴幼儿的要求也不断变化。客观要求如果被婴幼儿接受，它就变成婴幼儿的主观需要。需要是新的心理反应，旧的心理水平或状态是过去的心理反应，这两种心理反应之间总是不一致的，不一致即差异，差异就是矛盾。两者不断发生矛盾，总是处于相互否定、相互斗争中，有了新的需要就不满足于已有的水平。

学前儿童心理内部矛盾的两个方面又是互相依存的。一方面,他们的需要依存于儿童原有的心理水平或状态,因为需要总是在一定的心理发展水平或状态的基础上产生的;另一方面,一定的心理水平的形成又依存于相应的需要。没有需要,学前儿童就不去学习任何知识技能,心理水平就不能提高。教育的任务是根据已有的心理水平和心理状态,提出恰当的要求,帮助学前儿童产生新的矛盾运动,促进其心理发展。

总之,学前儿童心理发展的客观影响因素和主观影响因素是相互联系、相互影响的,只有正确认识它们的相互作用,才能厘清学前儿童心理发展的原因。

## 任务三 学前儿童心理发展的理论

德国心理学家艾宾浩斯(H. Ebbinghaus,1850—1909)说过,心理学有着"悠久的过去,短暂的历史"。学前儿童发展心理学也不例外。伴随着学前儿童发展观的不断改变,学前儿童发展心理学理论也日益成熟。这里重点介绍对当代影响巨大、具有代表性的格塞尔的成熟势力说,弗洛伊德的精神分析理论,埃里克森的心理社会阶段理论,华生、斯金纳和班杜拉的行为主义理论,皮亚杰的发生认识论以及维果斯基的社会文化理论。

### 一、格塞尔的成熟势力说

格塞尔(A. Gesell,1880—1961)是美国著名儿童心理学家,1911年他建立了儿童发展的临床诊所。格塞尔和他的同事们广泛而详尽地研究了儿童(包括婴儿)的神经运动发展,提出了心理发展的成熟势力说,简称"成熟论"。

成熟势力说强调儿童心理的发展取决于个体生理,尤其是神经系统的成熟,外界环境只为正常生长提供必要的条件,不能改变自然的成熟程序。格塞尔认为支配儿童心理发展的因素是成熟和学习。他更看重成熟,认为成熟与内环境有关,而学习则与外环境有关。儿童心理发展是儿童行为或心理形式在环境影响下按一定顺序出现的过程。这个顺序与成熟(内环境)关系较大,而与外环境关系较小,外环境只是给发展提供适当的时机而已。

为了证实自己的学术观点,格塞尔做过一个著名的"双生子爬梯"实验。他让一对同卵双胞胎练习爬楼梯。其中一个实验对象(代号为T)在他出生后的第46周开始练习,每天练习10分钟。另外一个实验对象(代号为C)在他出生后的第53周开始接受同样的训练。两个孩子都练习到他们满54周的时候,T练了8周,C只练了2周。实验结果却出人意料——只练了2周的C爬楼梯的水平比练了8周的T好——C在10秒钟内爬上特制的五级楼梯的最高层,T则需要20秒钟才能完成(见图2-1)。因此,格塞尔得出结论,不成熟就无从产生学习,而学习只是对成熟起一种促进作用。

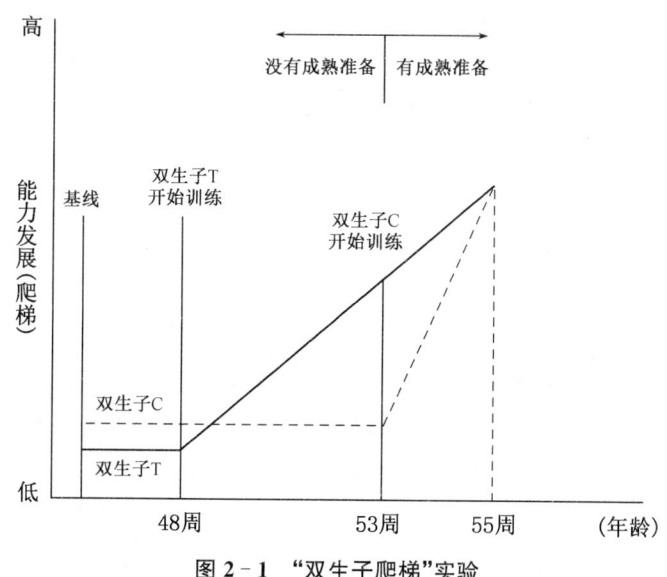

图 2-1 "双生子爬梯"实验

格塞尔将成熟概念用于自己的理论中,使得心理过程中的生物因素变得更为确切和具体。成熟决定了心理与行为的发展,尽管儿童行为的习得离不开学习、教育和社会影响等环境因素,但脱离成熟谈教育是不妥的,甚至是有害的。不过,格塞尔过分夸大了生理成熟的作用,而忽视了儿童心理发展的其他条件。尽管格塞尔在解释行为发育诊断量表的时候,也提到了个别差异的问题,但是发展的事实却带有太多的多样性。

## 二、弗洛伊德的精神分析理论

弗洛伊德(Sigmund Freud,1856—1939)是奥地利著名的精神病学家,精神分析学说的创始人。1895年,他和布洛伊尔(J. Breuer,1842—1925)合著的《癔病研究》一书的出版,标志着精神分析学派的诞生。弗洛伊德与达尔文、哥白尼齐名,都被认为是推动人类认识自身的世界级大师。

弗洛伊德认为人的人格结构由本我、自我和超我构成。本我即原我,是指原始的自己,包含生存所需的基本欲望、冲动和生命力。本我是一切心理能量之源,遵循快乐原则,即什么能让个体感到快乐舒服它就趋向什么,它是无意识的,不被个体所觉察。超我则与本我恰恰相反,它是人格结构中代表理想的部分,是个体在成长过程中通过内化道德规范,内化社会及文化环境的价值观念而形成的。超我的特点是追求完美,所以它与本我一样是非现实的,大部分也是无意识的。超我要求自我按社会可接受的方式去满足本我,它所遵循的是道德原则。而处在本我和超我之间对这两者进行调解仲裁的是自我。自我,其德文原意即指"自己",是自己可意识到的执行思考、感觉、判断或记忆的部分,自我不会放任本我,也不会盲目地膜拜超我,它遵循现实原则,它主张行动要合情合理,具体问题具体分析。

弗洛伊德还认为,每个儿童都要经历几个先后有序的发展阶段,儿童在这些阶段中获得的经验决定了他的人格特征。事实上,弗洛伊德相信人格实际上在生命的第五年就已形成。弗洛伊德以身体不同部位获得性冲动的满足为标准,将儿童心理发展划分为五个阶段,称为"心理性欲阶段",包括口唇期(0—1岁)、肛门期(1—3岁)、性器期(3—5岁)、潜伏期(5—12岁)、生殖期(11岁或13岁开始)。

### (一) 口唇期

口唇期出现在生命的第一年,这个时期的动欲区是嘴。在口唇阶段的初期(0—8个月),快感主要来自唇与舌的吮吸活动,吮吸本身可产生快感,婴儿不饿时也有吮吸手指的现象就是例证。根据弗洛伊德的观点,一个被"停滞"在口唇阶段初期的人可能会从事大量的口唇活动,诸如沉溺于吃、喝、抽烟与接吻等,这种人的人格被称为口欲综合型人格。在口唇期的晚期(8个月至1岁),体验的感受部位主要是牙齿、牙床和腭部,快感来自撕咬活动,一个被"停滞"在口唇阶段晚期的人会从事那些与撕咬行为相似的活动,如挖苦、讽刺与仇视,这种人的人格被称为口欲施虐型人格。

### (二) 肛门期

肛门期出现在生命的第二年,动欲区在肛门区域。这个时期随着肌肉、神经系统的发育,儿童可以控制自己的大小便。在肛门期,快感主要来自对粪便的排出与克制。在这一时期,儿童必须学会控制生理排泄,使之符合社会的要求,也就是说儿童必须形成卫生习惯。如果这一时期出现停滞现象,可使人格朝着慷慨、放纵、生活秩序混乱、不拘小节或循规蹈矩、谨小慎微、吝啬、整洁两个方向发展,形成"肛门排泄型"人格或"肛门滞留型"人格。

### (三) 性器期

这个时期发生在生命的第三至第五年,动欲区在生殖器区域,它是弗洛伊德发展阶段理论中最复杂和争议最大的阶段。在这个阶段里,最显著的两个行为现象是"恋亲情结"和"认同作用"。恋亲情结因儿童性别的不同有"恋母情结"和"恋父情结"之分。根据弗洛伊德的说法,男孩子到这个年龄,开始对自己的母亲产生一种爱恋的心理和欲求,同时有消除父亲以便独占母亲的心理倾向,却又因为这些想法而产生"阉割恐惧",害怕自己的性器会被父亲割掉。为了应付由此产生的冲突和焦虑,男孩终于抑制了自己对母亲的占有欲,同时与自己的父亲产生认同作用,学习男性的行为方式,这对个人的成长和社会化极为重要。与此类似的心理过程和行为反应也在女孩身上发生,这就是所谓的"恋父情结"。女孩最后也与母亲发生认同作用,开始习得女性的行为方式。

弗洛伊德认为,适当地处理性器期的矛盾冲突是影响人格健全发展的重要因素。与父母亲的认同不但是超我发展的开端,同时也是两性行为方式的基本学习历程。弗洛伊德认为这一时期的矛盾冲突不易解决,因而产生的滞留现象很多,这是造成日后许多不良行为(如侵略性人格和异常性行为)的导因。

### (四) 潜伏期

这里所谓的"潜伏",指的是儿童对性器兴趣的消失。这种情形的发生可能与儿童因年龄增大而其生活圈也随之扩大有关。儿童到了这个年龄,他们的兴趣不再局限于自己的身体,对于外界环境也逐渐有了探索的倾向。由于这个时期的行为较少与身体某一部位快感的满足有直接关系,于是有了"潜伏"的说法。总之,6岁以后,儿童很少再有性欲的表现,性欲的发展呈现出一种停滞或退化现象。

(五) 生殖期

到了青春期,随着生理发育的成熟,于是进入人格发展的最后时期——生殖期,女孩约11岁开始,男孩约13岁开始。在这个时期,个人的兴趣逐渐地从自己的身体刺激的满足转变为异性关系的建立与满足,所以又称为两性期。弗洛伊德认为这一时期如果不能顺利发展,儿童就可能产生性犯罪、性倒错,甚至患精神疾病。在本阶段,青少年努力摆脱成人的束缚,想要建立自己的生活,就不免与成人产生摩擦。生殖期持续时间最长,从青春期直至走向衰老。

弗洛伊德认为,人在个性发展方面的许多差异都是上述各个发展阶段进展的不同情况造成的。在心理发展过程中,儿童在某一阶段如果得到过多满足或受到过多挫折,就会在其人格中留有该阶段的特定印记,造成儿童在某一阶段的固着和退化。任何一种心理活动都与另外的心理活动有因果关系,所有的心理活动都是持续的,现在的心理特征或病症可以追溯到过去,追溯到幼儿期。

弗洛伊德的人格理论规模庞大、内容丰富、体系完整、见解奇特,对心理学界影响极其广泛。不足之处是他过分强调了性在人的发展中的作用,忽略了社会、文化、意识、教育对人的重大作用,以及遗传因素和社会生活条件对人格的影响。

## 三、埃里克森的心理社会阶段理论

埃里克森(E. H. Erikson,1902—1994)是美国精神分析医生,同时也是美国现代最有名望的精神分析理论家之一。他认为,人的自我意识发展持续一生,他把自我意识的形成和发展过程划分为八个阶段(见表2-2),这八个阶段的顺序是由遗传决定的,但是每一阶段能否顺利度过是由环境决定的,这一理论称为心理社会阶段理论。每一个阶段都是不可忽视的,任何年龄段的教育失误,都会给一个人的终生发展造成障碍。

表2-2 埃里克森的人格发展八个阶段及相应的发展危机和任务

| 人格发展阶段 | 年龄 | 发展危机 | 发展任务 |
| --- | --- | --- | --- |
| 婴儿期 | 0—1.5岁 | 信任与不信任的冲突 | 发展信任感,克服不信任感,体验希望的实现 |
| 儿童早期 | 1.5—3岁 | 自主与害羞(或怀疑)的冲突 | 获得自主感,克服害羞和怀疑,体验意志的实现 |
| 学前期 | 3—6岁 | 主动与内疚的冲突 | 获得主动感,克服内疚感,体验目的的实现 |
| 学龄前 | 6—12岁 | 勤奋与自卑的冲突 | 获得勤奋感,克服自卑感,体验能力的实现 |
| 青春期 | 12—18岁 | 自我同一性与角色混乱的冲突 | 建立自我同一性,防止同一性混乱,体验忠实的实现 |

续表

| 人格发展阶段 | 年龄 | 发展危机 | 发展任务 |
| --- | --- | --- | --- |
| 成年早期 | 18—25岁 | 亲密与孤独的冲突 | 获得亲密感,避免孤独感,体验爱情的实现 |
| 成年中期 | 25—65岁 | 繁殖感与停滞感的冲突 | 获得繁殖感,避免停滞感,体验关怀的实现 |
| 成年晚期 | 65岁后 | 完善感与绝望期的冲突 | 获得完善感,避免失望、厌倦感,体验智慧的实现 |

（一）第一阶段:信任对不信任的冲突(0—1.5岁)

婴儿期的社会性信任表现在胃口好,睡得深,大小便通畅。本阶段主要满足婴儿生理上的需要,发展信任感,克服不信任感,体验希望的实现。如果母亲对婴儿给予爱抚和有规律的照料,婴儿将在生理需要的满足中,体验到身体的康宁、环境的舒适,从而感到安全,产生信任感;如果母亲的爱抚和照料有缺陷,婴儿将产生不信任感。埃里克森认为一定比率的不信任感有利于儿童躲避危险,但是信任感应当超过不信任感。这一原则也适用于其他阶段。

如果成功解决了本阶段的发展危机,儿童的人格中便形成了希望的品质,这种儿童敢于冒险,不怕挫折和失败,容易成为易于信赖和满足的人。如果危机不能成功解决,儿童的人格中便形成了恐惧的特质,这种儿童胆小懦弱,易成为不信任他人、苛刻无度的人。

（二）第二阶段:自主与害羞、怀疑的冲突(1.5—3岁)

本阶段婴儿学会各种动作,学会说话、做事,要求独立,渴望探索新世界,从而产生自主感。这一时期儿童反复使用"我""我的"等字眼,凡事想亲力亲为,表现出强烈自主的意愿。一方面,父母应承担起控制儿童行为使之符合社会规范的任务,即养成儿童良好的习惯,如训练儿童大小便,使他们对随地大小便感到羞耻,训练他们按时吃饭、节约粮食等;另一方面,儿童开始产生自主感,他们坚持自己的进食、排泄方式,所以训练良好的习惯不是一件容易的事。如果儿童受到过于严格的训练和不公正的对待,就会产生羞怯和疑虑。因此,明智的父母对儿童的态度应当掌握好分寸,既要给儿童足够的自主空间,又要在不伤害儿童自尊心的前提下给予必要的节制。

本阶段危机的成功解决,将会在儿童的人格中形成意志品质。埃里克森认为,所谓意志就是进行自由选择和自我抑制的不屈不挠的决心。如果不能成功解决危机,则会形成自我怀疑的人格特征。顺利度过本阶段,对于个人今后对社会组织和社会理想的态度将产生重要的影响,有利于个人为未来的秩序和法制生活做好准备。

（三）第三阶段:主动与内疚的冲突(3—6岁)

在这一时期如果幼儿表现出的主动探究行为受到鼓励,幼儿就会形成主动性,为他将来成为一个有责任感、有创造力的人奠定基础;如果幼儿的想象力和创造性表现受到成人的嘲笑和挖苦,他们就会产生内疚感,丧失自信心。

埃里克森认为,顺利度过前两个阶段的儿童已认识到自己是人,在这一阶段中,他们面临的问题是他们能成为什么样的人。他们充满想象力,其行为也更具目的性和主动性。在日常生活和游戏中,他们积极地检验各种限制,确定什么是允许的,什么是不允许的。这一阶段儿童表现出对性别差异特别的好奇心和求知欲,他们常问"为什么",他们模仿成人的行为,常以父母作为榜样,他们对性别差异有较多的兴趣,日益清楚男女的差别,学习认同性别角色。他们的自我概念进一步发展,并表现出较强的自我中心倾向和独立性。当儿童认识到他们的行为或计划是注定要遭到成人的禁止时,就产生了内疚感,而后便以一种新的形式控制自己的思想和行为。

(四)第四阶段:勤奋与自卑的冲突(6—12岁)

在本阶段中,儿童进入学校学习文化知识和基本技能。学校是训练儿童适应社会,掌握今后生活所必需的知识和技能的地方。在学习过程中,一方面,儿童努力追求着自身的完善,促生了勤奋感;另一方面,儿童在努力追求的过程中伴随着一种害怕失败的自卑感。因此,勤奋对自卑便构成了本阶段的发展危机。

学业的成功、家长和教师的认可、同伴的接纳都可以使儿童产生勤奋感。勤奋感占优势的儿童在生活和学习中常常能体验到"灵巧和智慧在完成任务时的自如运用",即能力的实现。如果儿童的表现不能合乎家长和教师的期望,本身不被同伴接纳,就会对自己感到失望,体验到自卑感或无能感。

(五)第五阶段:自我同一性与角色混乱的冲突(12—18岁)

埃里克森强调青春期的主要任务是建立新的自我同一性,防止同一性混乱,体验忠实的实现。这里的"同一性"是一个内涵非常丰富的概念,主要是指一个人知道自己是怎样的一个人——包括过去的、现在的、将来的自己,了解自己的需要、理想和责任,清楚自己的社会角色,以及运用自己的方式把握事件时的内在自信等各方面的协调整合。如果青少年在本阶段未能建立自我同一性,就会产生角色混乱或消极的同一性(获得一定的社会文化所不予认同的、令人反感的角色)。

(六)第六阶段:亲密与孤独的冲突(18—25岁)

埃里克森认为,只有建立起良好同一性的青年才能建立与异性伴侣的亲密关系。当两个人愿意共享和调节他们生活中的一切重要方面时,便获得了真正的亲密感。如果一个人未能确保自己的同一性,就会在与情人的交往中过分关注自己,不能忘我地关心对方,因而难以产生真正的感情共鸣,导致孤独感。青年如果能成功解决本阶段的发展危机,那么就会形成爱的品质;反之,就会导致乱婚。

(七)第七阶段:繁殖感与停滞感的冲突(25—65岁)

在本阶段中,个体已经建立家庭,他们的兴趣开始扩展到下一代,同时他们也非常关心各自在工作和生活中的状态,在埃里克森看来,他们进入了繁殖对停滞的时期。此时,相应的发展任务便是获得繁殖感,避免停滞感,体验关怀的实现。这里的"繁殖"是一个意义相当广泛的词,不仅指生儿育女、关怀、照料下一代,而且指创造新事物和产生新思想。埃里克森更侧重于后者。有的人即使没有孩子,但是他们在其专业领域充分发挥自己的智慧和力量,最终有所作为,也能获得繁殖感。

(八) 第八阶段:完善感与绝望期的冲突(65 岁以后)

这是人生的最后阶段。随着时光流逝,老年人发生了一系列变化,如身体机能逐渐衰退,离开了工作岗位,社会角色转变,收入减少,亲友、配偶相继离去等。因此,老年人需要做出一系列生理、心理和社会的重大调整,以适应这些变化。

自我调整是一种接受自我、承认现实的感受,是一种超脱的智慧之感。埃里克森认为,拥有幸福生活,对自己持满意态度的人,当他们回首往事的时候,自我是整合的,体验到生活的美满和人生的完善,能以一种"超脱的态度对待生活和死亡",即智慧的实现。而那些在人生旅途上留下太多遗憾和空白的人,则因无法重新选择而体验到深深的失望和厌倦。当老年人感到失望和厌倦时,应当面对现实,从另一角度去总结自己的人生,努力获得自我整合感。老年人对死亡的态度直接影响下一代儿童时期信任感的形成。因此,第八阶段和第一阶段首尾相连,构成一个循环或生命的周期。

埃里克森认为,在每一个心理社会发展阶段中,解决了核心问题之后所产生的人格特质,都包括了积极与消极两方面的品质,如果各个阶段都保持向积极品质发展,就算完成了这阶段的任务,逐渐实现了健全的人格,否则就会产生心理社会危机,出现情绪障碍,形成不健全的人格。

从以上内容可以看出,埃里克森强调个体与社会环境的相互作用,重视家庭、社会对儿童教育的作用。这无疑是精神分析学派的一大进步。

## 四、华生的行为主义观点

美国心理学家华生是行为主学派的创始人。华生认为,心理的本质就是行为,行为是可以预测和控制的。已知刺激能预测反应,已知反应能推断出刺激,这就是"刺激(S)—反应(R)"理论。华生曾说过:"给我一打健全的婴儿,在我所设计的世界里抚养他们,不管他们的天赋、喜好、倾向和能力等如何,我保证可以任选其一,将其培养成为任何我选择的行业专家——医生、律师、艺术家、商人,甚至乞丐和小偷。"华生否认遗传的作用,他从"刺激反应"的公式出发,认为环境和教育是行为发展的唯一条件。因此,他认为学习的本质是刺激与反应之间的联系。

早期行为主义心理学的建立改变了当时过分重视意识研究的倾向,开始强调并重视环境和教育在人的心理发展上的作用,并在儿童学习和教育上提出了很多有益的建议,但华生片面强调环境对心理发展的影响,认为人的行为完全是由环境决定的,否认了遗传的作用,否定了儿童在发展中的主动性和能动性,以及儿童心理发展的阶段性和年龄特征,这是不可取的。

小艾伯特实验

## 五、斯金纳的操作性条件反射理论

斯金纳根据自己创制的斯金纳箱对白鼠和鸽子进行了实验。动物在箱里面可以自由活动,当它无意中压了杠杆时,会得到食物作为奖励,以后动物就会经常地下压杠杆。他将反应的比率作为测量学习的指标,当反应受到强化时,行为发生的比率也会增加。

斯金纳将行为分为两类:一类是应答性行为,另一类是操作性行为。前一类行为是由经典条件反射中刺激引发的行为;后一类行为是个体自发出现的行为,其发生频率会在紧随其后的强化作用下增强。他认为,操作性行为比应答性行为扮演更为重要的角色。

白鸽转圈实验

斯金纳的操作性学习理论中有两个重要概念——强化和惩罚,并且他进一步将强化区分为正强化和负强化,将惩罚区分为正惩罚和负惩罚。正强化是通过呈现一些令人愉快的刺激物或行为,如食物、玩具、表扬和关注等,促使个体更多地表现出某种行为。负强化是通过消除某种令人厌烦的刺激从而使个体更多地表现出某种行为,如为了避免被老师批评,幼儿们在课堂上遵守纪律。强化是为了增加行为的发生频率,与强化相反,惩罚则是为了降低某种行为的频率甚至消除这种行为。比如,当某个幼儿出现攻击行为时,老师让他待在反思角属于正惩罚,收走他获得的红花奖励属于负惩罚。斯金纳的操作学习理论在塑造孩子的良好行为以及消除孩子的不良行为习惯方面有着积极的价值。

## 六、班杜拉的社会学习理论

班杜拉是美国新行为主义的心理学家,他强调模仿学习,即观察学习。所谓观察学习,就是通过观察榜样人物的行为进行的学习。观察和模仿都带有选择性,通过对他人行为及其强化行为结果的观察,儿童可以获得某些新的反应,或现存的反应特点得到矫正。

班杜拉认为,当观察到他人的行为受到表扬或惩罚时,儿童也会受到相应的强化,如当他看到一个小朋友在地上打滚,获得了想要的玩具时,该儿童在以后的生活中会尝试使用这种方法达到目的,这就是替代性强化。

波波玩偶实验

除了替代性强化外,个体还存在自我强化。当自身的行为达到自己设定的标准时,儿童就会用自我肯定的方法对自己的行为做出反应,如当儿童在建构游戏中,用积木成功搭建了一座房子后,会兴奋地拍手叫好。

儿童通过对他人自我表扬和自我批评的观察,以及对自己行为价值的评价,逐渐发展出自我效能感,即认为自己的能力和个性能使自己获得成功的信念。

## 七、皮亚杰的发生认识论

皮亚杰(Jean Piaget,1896—1980),瑞士著名心理学家,日内瓦学派最重要的创始人之一。皮亚杰认为知识的获得是儿童主动探索和操纵环境的结果,学习是儿童进行发明与发现的过程。他认为教育的真正目的并非增加儿童的知识,而是设置智慧刺激,让儿童自行探索,主动学到知识。

皮亚杰称他自己的理论框架为"发生认识论"。皮亚杰认为,认知发展是生物发展的扩展,其中,智力发展控制着情绪、社会性以及道德发展。认知发展是个体在和环境的交互作用中,认知结构不断形成和更新的结果。新的认知结构的建构要通过三个不同的心理过程:同化(assimilation)、顺应(accommodation)和平衡(equilibration)。儿童心理发展的实质,就是机体在和环境发生不断的交互作用中,对环境的适应过程,也就是不断打破旧平衡,建立新平衡的过程。

皮亚杰根据认知结构的不断变化,把儿童的认知发展过程划分为四个阶段(见表2-3)。

表2-3 儿童认知发展阶段

| 阶段 | 年龄/岁 | 特征 |
| --- | --- | --- |
| 感知运算阶段 | 0—2 | 智力表现为运动神经的活动,即对可看见、可触摸、可感觉的事物进行探索 |
| 前运算阶段 | 2—6、7 | 能使用符号,语言的运用日趋成熟,记忆和想象蓬勃发展,思维方式以自我中心为主,不合逻辑 |
| 具体运算阶段 | 6、7—11、12 | 自我中心式的思维方式逐渐减少,开始用数字、空间、类别、规则构建世界,针对具体事物可运用逻辑运算,建立物体守恒的概念和思维的可逆性 |
| 形式运算阶段 | 11、12—15 | 思维逐步抽象化,能合乎逻辑地使用与抽象概念相关的符号,进行假设、归纳、推理,并形成观点 |

皮亚杰在进行上述年龄阶段的划分时,提出下列重要原理:

(1)认知发展的过程是一个结构连续的组织和再组织的过程,过程的进行是连续的,但它造成的后果是不连续的,故发展有阶段性。因此,要根据儿童的认知方式来设计教学,如果忽视儿童的成长状态,一味按照成人的想法,只会给儿童带来压力和挫折,让他们感到学习是一件痛苦而不是有趣的事,扼杀了儿童学习的欲望与好奇心。

(2)发展阶段是按固定顺序出现的,出现的时间可因个人或社会变化而有所不同,但发展的先后次序不变。

(3)发展阶段是以认知方式的差异而不是个体的年龄为根据的。因此,阶段的上升不代表个体的知识在量上的增加,而是表现在认知方式或思维过程品质上的改变。个体认知发展的速率是不同的,有快有慢,并不是同样年龄的儿童,其认知水平就是相同的。因此在教学中要注意个别差异,做到因材施教。

皮亚杰是20世纪最有影响力的心理学理论家之一,他为心理学的发展做出了巨大的贡献,他的研究积累了大量的关于儿童发展的经验资料,其中的许多资料激发了以后的研究。他提出的儿童认知发展阶段论、相互作用论,对我们今天的儿童教育具有重要的指导意义。他的认知学说是一个十分庞大和深奥的理论体系,值得我们认真研究。

## 物体守恒实验

物体守恒是指物体的数量不随着物体形状的改变而改变的性质。皮亚杰设计实施的一些物体守恒实验显示：3—6 岁幼儿的思维往往还不具有守恒性。例如，研究者给幼儿呈现两排相同颜色的珠子，这两排珠子按照同样的间距放置，儿童认为两排珠子的数量一样多。然后研究者当着儿童的面将第二排珠子的间距扩大，再让儿童判断两排珠子的数量是否一样多，未获得守恒概念的儿童会认为第二排的珠子数量更多（见图 2-2）。

（a）儿童认为两排珠子的数量一样　　（b）未获得守恒概念的儿童认为第二排珠子多

图 2-2　守恒能力测验示意图

## 三山实验

心理学家皮亚杰做过一个著名的实验："三山实验"（见图 2-3），在一个立体沙丘模型上错落摆放了三座山丘，首先让儿童从前后、左右不同方位观察这座模型，然后让儿童看四张从前后、左右四个方位所摄的沙丘的照片，让儿童指出和自己站在不同方位的另外一人（实验者或娃娃）所看到的沙丘情景与哪张照片一样。结果发现，幼儿认为另一个人与自己看到的照片一样。幼儿只会从自身所处的角度看三座山的关系（如两座小山在大山的背后），而不能设身处地从对面娃娃的立场来看问题。皮亚杰以此来证明儿童"自我中心"的特点。自我中心主义是前运算阶段（2—7 岁）幼儿的认知特征，自我中心主义是指幼儿只从自己的观点看待世界，难以认识他人的观点，认为所有的人都是相同的感受，经常假定其他人都在分享自己的情感、反应和看法。

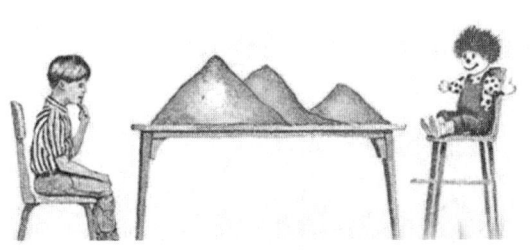

儿童物体守恒实验
三山实验

图 2-3　三山实验

## 八、维果斯基的社会文化理论

维果斯基是苏联著名的心理学家,他和皮亚杰一样,都强调儿童能积极主动地探索世界,但不同的是,维果斯基从种系和个体发展的角度,分析了心理发展的实质,提出了文化历史发展理论。

维果斯基认为,心理的发展是指一个人的心理从出生到成年在环境与教育影响下,在低级心理机能的基础上,逐渐向高级心理机能转化的结果。低级心理机能是生物进化的结果,包括感觉、知觉、不随意注意、形象记忆、情绪、直觉行动思维等。作为历史发展结果的高级心理机能,即以符号系统为中介的心理机能,包括观察、随意注意、逻辑记忆、抽象逻辑思维、高级情感等。高级心理机能的实质是以心理工具为中介的,受到社会历史发展规律的制约。因而,人的思维与智力是在活动中发展起来的,是各种社会性活动相互作用、不断内化的结果。

维果斯基提出了"最近发展区"的概念,最近发展区是指儿童的现有发展水平和在成人的指导下或与有较高能力的同伴的合作中所能达到的解决问题的水平之间的差异。有效的教学就发生在最近发展区。最近发展区的大小是学前儿童心理发展潜能的主要标志,也是学前儿童可以接受教育程度的重要标志。最近发展区是一个动态的概念,处于某一年龄阶段的儿童,他的最近发展区会转变为下个年龄段的现实发展水平,而下一阶段又有了新的最近发展区。

维果斯基还提出了"教学应当走在发展前面",对发展加以引导,才是好的教学,好的教学创造着最近发展区,引导并推动儿童有效的发展。同时,维果斯基认为,任何教学都存在最佳的时期,在最佳学习期内实施相应的教学,才会对儿童的认知发展有更好的效果。

### 2.1 液体守恒实验

**适合年龄**:4—6 岁。

**活动目标**:

1. 通过实验游戏,帮助幼儿理解液体守恒的概念,即液体在不同容器中的量是不变的。

2. 观察幼儿对守恒概念的理解程度,评估其认知发展水平。

**活动准备**:

1. 两个透明容器(如玻璃杯),容量相同但形状不同。

2. 蓝色食用色素和水。

3. 量杯,确保两个容器中的水量相同。

**活动时间**:约 30 分钟。

活动过程:

1. 展示两个透明容器,询问幼儿:"如果往两个容器里分别倒入相同量的水,哪个容器里的水会更多?"记录幼儿的回答。

2. 实验:两个容器中分别倒入相同量的水,用蓝色食用色素使水变蓝,便于幼儿观察,让幼儿猜测并讨论,两个容器的水还是一样多吗。

3. 验证结论:即使容器的形状不同,但水的量是相同的,这就是"守恒"的概念。

4. 进一步探索:教师可以提供不同形状和大小的容器,让幼儿自己进行实验,并观察他们是否能够理解并应用守恒概念。

活动建议:

1. 在活动中,教师应注意引导幼儿通过观察和实验得出结论,而不是直接告诉他们答案。

2. 可以通过提问和讨论来深化幼儿对守恒概念的理解。

岗位实践训练2.2

## 一、单项选择题

1. 学前儿童心理,无论是心理过程还是个性,都是向着更高级的方向变化。这种变化称为( )。
  A. 前进  B. 发育  C. 发展  D. 进步

2. "环境决定论"的代表人物是( )。
  A. 格赛尔  B. 华生  C. 高尔顿  D. 霍尔

3. 促进幼儿心理发展的最好的活动形式是( )。
  A. 讲故事  B. 唱歌  C. 绘画  D. 游戏

4. 5岁左右的儿童已能够借助一些小木棍进行简单的算术了,到了小学一年级,就可以摆脱小木棍进行口算,这说明儿童心理发展的趋势是( )。
  A. 从简单到复杂  B. 从凌乱到成体系
  C. 从被动到主动  D. 从具体到抽象

5. 个体认识到他人的心理状态,并由此对其相应行为做出因果性推测和解释的能力称为( )。(2015年上国考题)
  A. 元认知  B. 道德认知  C. 心理理论  D. 认知理论

## 二、填空题

1. 儿童心理由简单到复杂的发展趋势,具体表现在以下两个方面:从不齐全到齐全;_____。

2. _____的程序制约着儿童心理发展的顺序。

3. _____和教育从根本上制约着儿童心理发展的水平和方向。

4. 儿童心理的内部矛盾可以概括为两个方面,即_____和_____之间的矛盾。

5. _____是推动儿童心理发展的根本原因或动力。

三、判断与说明(判断下面的说法是否正确,并说明理由)

1. 神经系统包括中枢神经系统和植物性神经系统。　　　　　　(　　)

2. 机体在种系发展过程中形成而遗传下来的反射,如食物反射、防御反射、朝向反射、性反射等叫作条件反射。　　　　　　　　　　　　　　　　(　　)

3. 脑的机能就是映照出客观现实的真实情况。　　　　　　　　(　　)

4. 若在某种生理结构或机能达到一定成熟时适时地给予适当刺激,就会使相应的心理活动有效地出现或发展。如果机体尚未成熟时给予某种刺激也难以取得预期的效果。　　　　　　　　　　　　　　　　　　　　　　　　　　(　　)

5. 在整个学前期,生理和环境的因素始终起较大作用,主观因素在年幼儿童身上的作用比年长儿童小。　　　　　　　　　　　　　　　　　　　(　　)

**课后自测**

# 模块三 学前儿童心理发展的年龄特征

1. 理解儿童心理发展年龄特征、关键期、转折期和最近发展区等概念。
2. 了解新生儿心理产生的条件和条件反射的建立方式。
3. 掌握婴儿期、幼儿期儿童心理发展的特点。
4. 具备根据儿童发展的年龄特征分析学前儿童心理发展现况的能力。

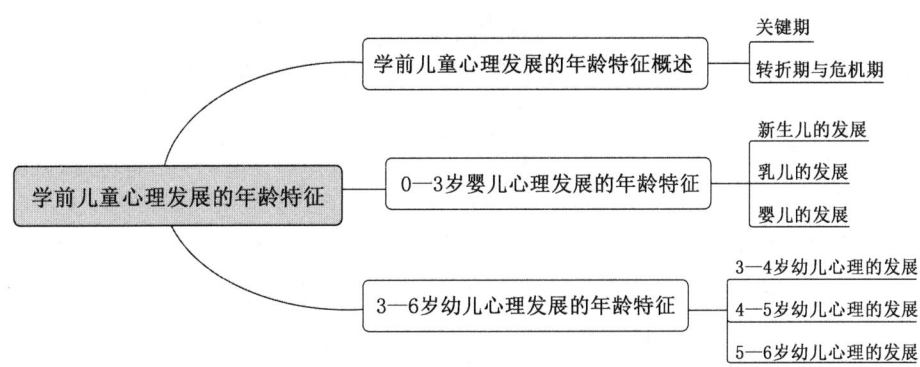

丽丽三岁了,对周围充满了好奇,兴趣容易改变和转移。当在进行一个活动时,她会突然转向另一个感兴趣的事物。此外,丽丽还表现出强烈的依赖性,经常需要老师的关注和照顾。四岁后丽丽逐渐独立,愿意去尝试完成一些简单的任务,开始主动与其他小朋友交流、合作。但有时也会表现出一些固执和叛逆的行为,不愿意听从大人的指导。五岁后,丽丽的行为表现更加稳定。她能够较长时间专注于一项活动,如画画、阅读等,并且能够更好地控制自己的情绪。同伴交往中,她也更加懂得尊重和合作。她开始对学习和探索表现出更高的兴趣,会主动提出问题,并尝试寻找答案。

为什么学前儿童的行为表现会随着年龄增长而发生变化?这些变化背后又隐藏着哪些心理发展的规律?

# 任务一　学前儿童心理发展的年龄特征概述

学前儿童心理发展跟一切事物的发展一样,是一个量变引起质变的发展过程,即量变和质变的统一。先有量变,量变积累到一定程度发生质变。儿童时期(0—18岁)心理发展全部过程的总的矛盾、总的质变是由软弱无能、不识不知的状态转化为具有一定的认知水平和行动能力的独立个体的状态。

学前儿童心理发展的各个阶段所表现出来的质的特征,称为学前儿童心理年龄特征。学前儿童心理年龄特征是在一定社会和教育条件下,在学前儿童发展的各个不同年龄阶段中所形成的一般的、典型的、本质的心理特征。

第一,学前儿童心理年龄特征主要指学前儿童心理的年龄阶段特征。

在一定的社会和教育条件下,学前儿童从出生到成熟大约经历了新生儿期、乳儿期、婴儿期、幼儿期,这些时期对应不同的年龄阶段。这些阶段是相互连续的,又是相互区别的,一个时期接着一个时期,新的阶段代替旧的阶段,不能静止,也不能倒退。虽然由于种种条件的不同,每一个时期或阶段的时间有所差异,但从总的发展过程来说,这些时期或阶段的次序及时间大体上是恒定的。

第二,学前儿童心理年龄特征是指学前儿童心理在一定年龄阶段中的那些一般的、典型的、本质的特征。

学前儿童心理的年龄特征是从许多具体的、个别的儿童心理发展的事实中概括出来的,是一般的、典型的、本质的特征。例如,乳儿期主要是适应时期;婴儿期为品德的萌芽时期,是一个以"好"与"坏"两义性为标准的品德时期;幼儿期主要是情境性品德发展阶段。又如,每个时期的思维也都有一般的、典型的、本质的特征:婴儿期为直觉行动思维阶段,幼儿期为具体形象思维阶段。

由此可见,儿童心理年龄特征就是某一阶段的一般特征、典型特征、本质特征。而在这一阶段之初,可能保存着大量的前一阶段的特征,在这一阶段之末,也可能产生较多的下一阶段的特征,甚至同一年龄的儿童,他们的心理特征也不是一模一样的。我们要用辩证的观点来看待某一阶段特征的个别性和一般性、典型性和多样性的矛盾,而不能用个别性来否认一般性,用多样性来否认典型性,用非本质特征来否定本质特征。

学前儿童心理发展是有阶段性的,这里涉及几个重要概念,即关键期、转折期、危机期等。

## 一、关键期

儿童心理发展过程中某种特征的形成，或者儿童某种能力的发展，在某一个时期容易出现，过了这个时期，就难以产生，这一时期被称为儿童心理发展的关键期，或敏感期、最佳期。

关键期最初是在动物心理实验研究中提出来的。研究发现，在动物早期发展的过程中，某一反应或某一组反应在某一特定时期或阶段中最易于获得、形成，如果错过这个时期或阶段，就不容易再出现这样好的"时机"。这个关键的"时机"，也就是所谓的"关键期"或"关键年龄"。这种现象最初是由奥地利的生物学家洛伦兹发现的，他将这种无须强化的、在一定时期容易形成的反应，称为"印刻"（imprinting），印刻发生的时期称为关键期。例如，小鸡或小鸭在出生后不久所遇到的某一对象或刺激，印入它的感觉中，以至产生一种偏好和追随反应。以后再遇到这个或类似的对象、刺激时，就容易引起它的偏好和追随。小鸡辨认它的母亲和同类，就是通过这个过程实现的。这个现象在其他哺乳类动物身上也有所发现。研究发现，小鸡的"母亲印刻"的关键期是出生后10—16小时，小狗的关键期约在生后的3—7周。过去人们认为，动物出生后不久就会认识母亲，是由于亲子本能，后来发现，并非如此。实验证明，在关键期内，小动物不仅可以对自己的妈妈发生"母亲印刻"，如果小动物的妈妈在它出生后就离开了，它也可以对其他类似动物发生"母亲印刻"。

以后，人们又把这种动物实验研究的结果应用到早期儿童发展的研究上，于是就提出了儿童心理发展上的关键年龄问题。例如，有人认为0—2岁是亲子依恋关键期；6个月是婴儿学习咀嚼的关键期；8个月是分辨大小、多少的关键期；1—3岁是口语学习关键期；3岁是计算能力发展的关键期；3—5岁是音乐才能发展的关键期；0—4岁是形象视觉发展的关键期；4—5岁是学习书面语言的关键期；5岁左右是掌握数概念的关键期；3—8岁是学习外国语言的关键期；10岁以前是动作机能掌握的关键年龄……错过某个时期，儿童在某一方面发展的效果就会差些。

事实上，儿童心理发展的许多方面，并不存在严格意义上的关键期，也就是说，许多心理能力和特征并不是错过了某一特定时机就一定不能发展。因此"关键期"的概念，不宜普遍运用。在一般情况下，有关儿童心理发展的时机问题，采用"敏感期"或"最佳期"的提法更为恰当。

儿童心理发展的敏感期或最佳期，是指儿童学习某种知识和形成某种能力或行为比较容易，或儿童心理某个方面发展最为迅速的时期。如果在这个最佳年龄期间为儿童提供适当的条件，就会有效地促进儿童这方面的发展，如果错过了这一时期，不是不可以学习或形成某种知识或能力，而是比起敏感期或最佳期来说，就较为困难，发展比较缓慢。

## 二、转折期与危机期

在儿童心理发展的两个阶段之间，有时会出现心理发展在短期内急剧变化的情况，称为儿童心理发展的转折期。比如,儿童从家里进入幼儿园的时候,即从先学前期到学前期过渡的时候,或者儿童从幼儿园转到小学的时候,都可能出现明显的转折期。

儿童在心理发展的转折期,往往容易产生强烈的情绪表现,也可能出现儿童和成人关系的突然恶化。例如,儿童满周岁时,虽然走路还很不稳,摇摇晃晃的,但是他却坚持要自己到处走,到处钻,不再像以前那样顺从成人的指挥。3岁儿童常常表现出各种反抗行为或执拗现象,对成人的指令说"不",以示反对。7岁左右儿童也常常出现心理平衡失调现象,情绪不稳定。

由于儿童在心理发展的转折期常常出现对成人的反抗行为,或者出现各种不符合社会行为准则的表现,所以,也有人把转折期称为危机期。比如,有人认为3岁、7岁、11—12岁都是发展的危机年龄,这个阶段成人应该注意教育方式。

然而,值得注意的是,儿童心理发展的转折期,并非一定出现"危机"。转折期是儿童心理发展过程中必然出现的,但"危机"却不是必然出现的。"危机"往往是由于儿童心理发展迅速而导致心理发展上的不适应。例如,3岁儿童的自我意识、独立性提高了,愿意自己做事情,对大人的命令往往说"不",但他自己的能力又很有限,这时如果成人不放手,或对儿童约束太多,或要求过高,或强迫儿童服从,就会加剧儿童的反抗。但是,如果成人对儿童放手,多询问儿童的意愿,让儿童自己选择,让他们做力所能及的事情,并在旁辅助,问题就会得到解决,儿童的自主性、自理能力也会大大提高。因此,在成人掌握了儿童心理发展规律的情况下,正确引导儿童心理的发展,解决其某一时期中的矛盾,"危机"会在不知不觉中化解,或者说,危机期是可以不出现的。

# 任务二  0—3岁婴儿心理发展的年龄特征

学前儿童心理发展的各个年龄阶段有其各自的特征。广义的婴儿期为0—3岁。其中,婴儿出生到满月,称为新生儿期。出生后的第一年,称为乳儿期,这一年是儿童心理开始发生和心理活动开始萌芽的阶段,又是儿童心理发展最为迅速和心理特征变化最大的阶段。

1—3岁称为婴儿期(狭义的婴儿期),这一时期是真正形成人类心理特点的时期。表现在儿童学会走路,开始说话,出现思维,有了最初的独立性,这些都是人类特有的心理活动。因此可以说,人的各种心理活动是在这个时期才逐渐齐全的。

## 一、新生儿的发展

出生后到满月的婴儿,称为新生儿。新生儿期是儿童心理的发生期,是儿童认识世界的开始。

生日是计算一个人年龄的起点,却不是生命的起点。生命是从父母的生殖细胞相结合而形成受精卵的时刻开始的。胎儿在母亲子宫266天左右的时间里,营养、呼吸、排泄等都由母体代劳,身体接触的是温暖的羊水,很少受到外界刺激的影响。

在出生那一刻,新生儿的生存方式和生活环境发生了巨大的变化。湿润的羊水被干燥的空气所代替,温度不再是恒定而温暖的,黑暗与安静也被打破,各种声、光、形、色刺激纷纷袭来。

新生儿开始与外界发生直接关系,他必须独立地进行生理活动,独立调节自身行为,这就为儿童心理的发生提供了直接的基础。

(一)新生儿的生理特征

个体诞生前在母体内发展的阶段,又称胎内期。个体发展从父母生殖细胞结合构成受精卵时开始。受精卵在母体内分裂发展,长成胎儿,而后诞生。胎内期是儿童发展的第一阶段,在此期间,个体从微小的受精卵长成长约50厘米、体重3 000—3 500克的新生儿。

自胎儿娩出脐带结扎时开始至28天,称为新生儿期。由于此期在生长发育和疾病方面具有非常明显的特殊性,且发病率高,死亡率也高,因此列为婴儿期中的一个特殊时期,在此期间,婴儿脱离母体转而独立生存,所处的内外环境发生根本的变化,但其适应能力尚不完善。此外,分娩过程中的损伤、感染延续存在,先天性畸形也常在此期表现。

1. 身体特点

新生儿的体形是头大、身长、四肢短,头占身高的1/4(成人为1/8),腿占1/3(成人为1/2)。新生儿的骨骼尚未骨化,骨质松软,含无机盐少,水分多,弹性较强,硬度不足,不易折断,容易弯曲,皮肤常呈红色且有些皱,像个"小老头",内脏器官未发育成熟,呼吸微弱,心跳很快,消化与体温调节机能也不完善。

2. 脑和神经系统的发育

儿童出生后,身体各系统发展是不平衡的。在最初的几年,脑和神经系统发育最快,到学前期其发育已接近成人。例如,仅就脑的重量而言,新生儿平均约390克,9个月的婴儿脑重560克,2.5—3岁的儿童脑重增至900—1 011克,7岁儿童脑重约为1 280克,而成年人的脑重约1 400克。人体的大脑有两个时期发育最快,一是受孕的第三周至第十八周,胎儿脑细胞增殖最快,是大脑生长发育的大突发期;二是婴儿出生后的第三个月开始至1岁半,是大脑细胞增长的又一高峰期。新生儿的脑细胞体积小,神经纤维的长度和分支也不发达,神经纤维还未髓化。新生儿的睡眠时间多,出生头几天约有80%的时间处于睡眠状态。当刺激超过一定强度或持续时间过久时,神经细胞产生疲劳,导致大脑皮层的兴奋性降低,从而进入抑制状态,称为超限抑制。在睡眠时间里,常处于似睡非睡状态,睡眠不稳,周期较短。神经系统的调节功能很差,主要依靠低级中枢实现本能活动(无条件反射)。

(二)新生儿的无条件反射

无条件反射是遗传得来的,是对刺激做出的本能性应答。无条件反射的中枢是中枢神经系统的低级部位。新生儿主要依靠由皮下中枢实现的无条件反射适应外部环境。重要的无条件反射有以下几种：

1. 觅食反射

当轻轻触摸新生儿的腮或口唇时，他会将头转向你的手。这一反射有助于新生儿寻找乳头。

2. 抓握反射（达尔文反射）

以手指或小棍触碰新生儿的手心，他的手立即紧握不放，力量之大，甚至可以将身体吊起来。这种反射在出生第二个月就消失了。

3. 巴宾斯基反射（脚掌反射）

触摸新生儿的脚底，他的脚会向里弯曲，脚趾会成扇形张开。这种反射大约在八九个月以后就逐渐消失了。以后再这样刺激儿童，脚趾就会向里屈曲。

4. 莫罗反射（惊跳反射）

这是一种全身动作，当新生儿感到身体突然失去支持，或突然受到强声刺激时，会仰头、挺身、双臂伸直、手指张开，然后会弯身收臂，紧贴胸前，做搂抱状。这种反射大约在5个月以后逐渐消失。

5. 游泳反射

把新生儿肚子向下，横着托起，他的四肢便做出类似游泳的动作，这种反射大约在4个月以后逐渐消失。

6. 行走反射

用双手托住新生儿腋下，使其光脚板触地，儿童就会做迈步动作。这种反射大约在2个月左右消失。

7. 蜷缩反射

当新生儿缩起脚背碰到手面边缘时，他会做出与小猫动作相似的蜷缩动作，这种反射大约在8周左右消失。

8. 颈部反射

新生儿仰卧时，头常常偏向一侧，同时伸出该侧的手臂和腿，做出击剑状。经常伸出的那只手可能预示儿童将来的习惯用手，这种反射在4个月以后消失。

无条件反射是遗传下来的，是本能的，是固定神经联系，因此它的适应性是非常低的，但是它同时又是形成条件反射的自然前提。

（三）条件反射的出现和心理的发生

条件反射是后天获得的，是在生活过程中通过一定条件，在无条件反射的基础上建立起来的，是高级神经活动的基本调节方式，是人和动物共有的生理活动。形成条件反射的基本条件是无关刺激与非条件刺激在时间上的结合。任何无关刺激与非条件刺激相结合，都可以形成条件反射，一般认为条件反射必须有大脑皮质参加才能实现。

传统观点认为，条件反射的建立，是由于在条件刺激的皮质代表区和非条件刺激的皮质代表区之间多次的同时兴奋，发生了机能上的"暂时联系"。条件刺激在皮质引起的兴奋，可以通过暂时联系到达非条件反射的皮质代表区，引起本来不能引起的反应。目前，暂时联系的神经机制尚不清楚。条件反射建立之后，如果反复使用条件刺激而得不到非条件刺激的强化,条件反射就会消退。在条件反射形成的初期,条件反射还会出现泛化与分化的现象,这是大脑皮质实现复杂的分析综合机能的基础。某些条件反射也可以经过遗传而巩固下来。

条件反射是指原来不能引起有机体反应的无关刺激物,如果与能引起某些反应的刺激物进行多次结合(同时出现),便也能引起有机体的这些反应。条件反射是一种联想,也是一种"理解",因此,条件反射的出现标志着儿童心理的发展。

新生儿最先形成的条件反射,都是在无条件反射的基础上建立起来的。如当新生儿看到妈妈的乳头时,他做出吸吮动作并有唾液分泌,这是非条件的吸吮反射;如果妈妈在每次喂奶前,先用手轻轻抚摸孩子的前额,那么,以后只要妈妈抱起孩子轻轻抚摸孩子的前额,孩子就会做出吸吮动作并分泌唾液,这时的反射则属于条件反射。

又如,当孩子哭时,如果在抱起孩子的同时妈妈用摇铃发出响声,以后孩子哭的时候,只要一听到摇铃的响声,就会停止哭泣;晚上当妈妈哄孩子睡觉时如果伴随着关灯,久而久之,关灯本身就会引起孩子的睡意。

(四)条件反射建立方式的变化

条件反射是人出生以后在生活过程中形成的后天性反射,是在非条件反射的基础上形成的,可通过以下方式训练形成。

1. 定向反射强化的方式

定向反射是有机体回答外界刺激物作用的基本反射活动之一,也是人们感知活动的最初基础。原始的定向反射是不学而能的生理反应,也是儿童最早出现的最初级的注意。随着年龄的增长,儿童越来越多地依靠定向反射认识世界,在定向反射的基础上建立条件反射。

研究表明,羊羔出生后几小时内听到母羊的第一声"咩"叫时心率减慢,新生儿出生不到24小时能区别母亲与其他声音的不同。

有人将一块垫子放在离婴儿(最好处于睡眠状态)鼻子1—2厘米处30秒,垫子具有不同的气味特征:"母亲垫子"于测试之前在婴儿母亲的胸罩内放置了3小时,"陌生母亲垫子"则于测试之前在另一哺乳期妇女的胸罩内放置3小时,"控制垫子"是一块干净而湿润的垫子。分别在婴儿出生后2天、2周和6周时进行测试,婴儿对前两种母亲垫子均表现出吮吸反应,但到了6周以后,几乎所有婴儿均对自己母亲的垫子做出更显著的吮吸反应,表明偏好母亲的熟悉气味,有一个婴儿在接近陌生母亲垫子时甚至哭闹起来并将头扭开。

2. 模仿的方式

模仿就是在没有外在压力的条件下,个体受他人的影响仿照他人,使自己的行为与他人相同或相似的现象。

研究发现,如果成人对着新生儿伸舌头,过一会儿,新生儿也会伸舌头。当儿童还很小的时候,他们就发现利用舌头、牙齿可以制造出各种奇怪的"音响效果",他们对玩这个"新玩具"乐此不疲。4个月大的儿童,已会拼凑出类似说话的声音,有时还会出现一些奇特的、将来不会在他的母语中出现的发音与音调。到7—8个月大时,儿童的兴趣会从单纯地玩自己的声音转而模仿从外界听到的声音,儿童会使用自己母语范围内的音素来表现,所以虽是模仿动物的叫声或玩具所发出的声音,也不会模仿得一模一样。不过,到了这个阶段,儿童很少会发出自己生活中不存在的语言或声音了。

爸爸妈妈所说的话语,是儿童最爱模仿的,这种模仿是儿童学习语言的基础。因为他们还不能正确地发音,所以会学大人说话的节奏、韵律或整体感觉,用自己容易说出的语音不断地重复。

3. 动觉强化的方式

动觉是对身体各部位的位置和运动状况的感觉,也就是肌肉、腱和关节的感觉,即本体感觉。强化是指通过某一事物增强某种行为的过程,动觉强化是指通过儿童的本体感觉强化某一动作或行为。比如,每当客人告别时,妈妈总是一边说"宝宝,和阿姨再见",一边摇动孩子的右手。这样多次重复以后,一听到"再见",儿童便自动摆手做再见状。

4. 言语强化的方式

儿童的语言学习先通过模仿,从听大人的语言到学会分辨,再发出与听到的声音相似的语音,同时以听觉、视觉来认识外界所发生的各种现象,再把现象和语音联系起来,才得以学会使用语言。后来,成人言语表示的要求、赞许、斥责,可直接指导儿童的行动,起到强化作用。

8个月以后,如果你把奶瓶放在孩子面前同时说"烫",孩子即便很饿,也不敢用手抓奶瓶。这说明他们已经具备了通过条件反射学习而获得回避危险情境的能力。

心理学家曾做过一个实验,先把一个用毛皮做的小白鼠放在一个9个月的小男孩身边,男孩出于好奇,自然会拿小白鼠玩。但是后来,每次拿出白鼠的同时,就响起尖厉、刺耳的响声,这种响声足以把任何孩子吓哭。后来,只要把白鼠摆在这个男孩面前,他就会吓得哭起来。

(五)新生儿心理的发展

1. 视觉发展

第一个月,孩子的视力将发生许多变化,出生时新生儿的最佳视距是20厘米,只能看见身旁,他喜欢观看在他前方20—30厘米处的物体,1个月时可以看见3米处的物体。3个月前,儿童不能辨别颜色,看到的只能是黑色、白色和不同程度的灰色,而且喜欢简单的黑白图案,偏好人脸。另外,他也将学会跟踪运动的物体,即"视觉追踪"。

2. 听觉发展

刚出生时,新生儿的听觉十分敏感,声音稍大点儿就觉得刺耳。此时新生儿的听力发育完全成熟,他会密切注意人类的声音,也会对噪声敏感。这一时期,新生儿不仅听力较好,也能记住他听到的一些声音,他会将头转向熟悉的声音和语言,甚至能根据脚步声来辨认走路的人是不是妈妈。

3. 味觉和嗅觉

刚出生时,新生儿最发达的是味觉,其次是嗅觉。第一个月内,他对味道和气味十分敏感,喜欢甜味,避免苦或酸。在第一周末时他能够辨认自己母亲的乳汁气味,甚至会对不熟悉的奶粉味道产生排斥。

4. 触觉

新生儿的皮肤感觉能力比成人敏感得多,有时家长不注意,把一丝头发或是其他东西弄到孩子的身上刺激了皮肤,他就会全身左右乱动或者哭闹表示很不舒服。他们对触摸和包裹的方法也十分敏感,喜欢柔软而不是粗糙的感觉,不喜欢被粗鲁地摸抱。这时的孩子对过冷过热都比较敏感,会以哭闹向大人表示自己的不满。在新生儿可以理解成人说的话以前,一般通过触摸方式理解成人的脾气。

5. 运动的发展

第一、第二周内,新生儿会有些痉挛的样子,下巴会颤抖,手也会抖动,快满月时逐渐消失,取而代之的是更顺畅的上下肢运动,看起来像在骑自行车。腹部朝下时,他的下肢会做爬行运动,上肢似乎要撑起身体。

在第一个月内,新生儿的手大部分时间紧握成拳,手指运动非常有限,但可以屈伸手臂,将手放到眼睛看得见的范围或口中。

6. 哭泣和第一次微笑

约20%的新生儿会出现绞痛,常发生在第2—4周,表现为难以安慰的哭泣尖叫,伸腿蹬腿和排气,这可能是由于新生儿对意外刺激过分敏感。绞痛随着个体的发育而减少,3个月时完全停止。

新生儿第一个月最重要的发育特征之一是出现第一次微笑或咯咯笑,通常在睡眠中开始,原因不明,这可能是他们睡醒的信号,或者是对某些内部冲动的反应。

7. 最初的性格

个体在生命的最早期就会有自己独特的个性特征,是活跃的、紧张的还是相对沉稳的,面对新环境是胆怯还是喜欢,都可以通过一定的信号表现出来。成人应该注意这些信号并做出相应的反应,从孩子一出生就应该按照他们的不同性格采用不同的养育方式。

总之,新生儿已经具备了各种心理活动。家长可在新生儿的小床上悬挂彩色图案或带响声的玩具来吸引其注意力,从视觉、听觉、触觉等几个方面来刺激其感官的发展。

## 二、乳儿的发展

在整个儿童时期,1岁前是发展最快的时期。如果说新生儿的发展是一天一个变化,那么这一时期的儿童可以说是一个月一个变化。乳儿期的变化是巨大的,作为人类特点的直立行走、双手动作、言语交际等能力,经过逐步发展,终于都出现了。

(一)乳儿动作的发展

人生第一年的乳儿时期,在动作的发展上取得了非常大的成就。

1. 抬头

2个月的乳儿趴在床上时,会尝试着抬头。3个月的乳儿,头能够随自己的意愿转来转去,眼睛随着头的转动而左顾右盼。这时让乳儿趴在床上,他的头已经可以稳稳当当地抬起,下颌和肩部可以离开床,前半身可以由两臂支撑起来。

2. 翻身

3个月的乳儿开始尝试翻身。4个月左右的乳儿开始能翻身,先能从仰卧位翻成侧卧位,然后能从仰卧位翻成俯卧位,再从俯卧位翻到仰卧位,到了6个多月时,翻身动作已相当灵活了。5个多月的乳儿俯卧时,能用肘部支撑着将胸抬起,但腹部还是靠着床面,仰卧时喜欢把两腿伸直举高。儿童学会了翻身,为探索世界迈开了第一步。

3. 坐

随着头部颈肌发育的成熟,4个月时乳儿的头能稳稳当当地竖起来了,他们不愿意家长横抱着,喜欢大人把他们竖起来抱,这样他们就开始了靠坐,向坐位迈开了第一步,他们会坐在大人的怀里看世界,坐在大人的膝盖上玩,逐渐地腰部肌肉发育了,靠坐时,腰部伸直了。6个月时,乳儿双手向前撑住后能坐片刻。乳儿从卧位发展到坐位是动作发育的一大进步。学会坐后,儿童的视野明显地扩大了,这就能更好地接受外界的信息,这对他的智力发展相当有利。

4. 爬

大约在5—6个月的时候,乳儿就为爬行做准备了。他会趴在床上,以腹部为中心,向左右挪动身体打转,渐渐地他会匍匐爬行,但腹部仍贴着床面,四肢不规则地划动,往往不是向前爬而是向后退。大约到了8—9个月时,儿童就会爬了,真正会爬是用手和膝盖爬行,头颈抬起,胸腹部离开床面。

爬行对乳儿来说是一项非常有益的动作,这是因为完成爬的动作需要全身许多部位的参与,包括手臂、腿脚、胸、腹、背等,还需要大脑对这些部位的肌肉运动进行协调平衡。爬行既能锻炼乳儿全身肌肉的力量和协调能力,又能增强小脑的平衡与反应的联系,这种联系对乳儿日后学习语言和阅读会有良好的影响。

5. 站

10个月的乳儿已从坐位发展到站位了,并且要在这段时间内完成从扶站、独站到扶走,甚至可以独自迈步摇摇晃晃地向前走了,这是动作发展的一个飞跃阶段。

6. 走

一般来说,乳儿10个月至1岁期间开始学走路,到1岁半左右就可以独自行走了。有的乳儿8个月左右就能独自站立,甚至开始扶物练习迈步了,有的乳儿相对晚一些,但这些都属于正常现象。

乳儿从学习站立、扶物迈步,到独立行走,是身体技能和动作发育的自然过程,早晚快慢与乳儿的身体素质、营养水平、发育状况,以及出生后父母对乳儿能力的培养、锻炼都有关,不可能身体协调地"齐步走"。只要乳儿的各项发育指标正常,排除身体机能上的问题和疾病,就不必着急。要知道,如果乳儿腿脚的力量还不足以支撑整个身体,动作的协调性还达不到练习迈步、行走的水平,就过早让乳儿站立、走路,反而会给身体发育带来一些不良影响,如八字脚的形成就与过早练习走路有关。

7. 手部动作

刚出生时,个体的动作是混乱的。到2—3个月时,乳儿手偶然碰到被子或别的东西时,他会去抚摸或拍拍它。3—4个月时,乳儿会被动地抓住东西,这时已不是本能的抓握动作,但是,还不能有意识地抓住东西。大约4个月时,乳儿看见挂在眼前的玩具,喜欢伸手去抓,但是,他的手不能准确地达到目标。这时,手的动作还不能同视觉协调起来。乳儿4—5个月以后,手眼协调的动作就发生了。

手眼协调动作,是指眼睛的视线和手的动作能够配合,手的运动和眼球的运动协调一致,也就是能够抓住所看见的东西。手眼协调动作的发生,对于儿童心理发生发展有重要意义,它是乳儿用手的动作有目的地认识世界和摆弄物体的萌芽,手部动作成为认识器官和劳动器官的开端。

4—6个月的乳儿手的动作有着重大的发展,开始有了随意的抓握动作,并出现手眼的协调和五指的分化。乳儿刚开始抓握东西时,眼睛并不看着手,看东西时也不会去拿,眼和手的动作是不协调的,经过多次地反复地抚摸、抓握物体,在视觉、触觉与手的运动之间发生了联系,逐步开始有了手眼的协调,也就是说能用眼睛看着东西手去抓。这一时期的乳儿虽然能抓住东西,但抓得不稳,不够准确,因为这时乳儿对空间位置的辨别能力尚差,距离的知觉还不够精确。同样,乳儿开始抓握东西时,通常不是手指动作,而是整个手掌一把抓。到了5—6个月,大拇指才逐渐和其他四个手指分离,这是向人类手的动作发展的第一步。这一时期的乳儿对自己的双手发生兴趣,喜欢在自己胸前玩弄和观看双手,喜欢把两个手握在一起。喜欢抓东西,抓了东西喜欢放到嘴里,抓起来后又喜欢放下或扔掉,把东西抓在手里敲打等。

儿童对外界事物的认识,是跟儿童的动作的发展分不开的。为了发展乳儿的动作,应该给他一定的练习动作的机会,这需要成人提供适宜的环境,比如,让乳儿在干净的地板上爬来爬去,在有扶栏的地上练习走路等。同时,也要提供一些适当的玩具,如活动的、颜色鲜亮的、能发出声音的、大的玩具,以及乳儿喜欢的图片等。

(二)乳儿心理的发展

在儿童出生后的第一年,感觉有比较迅速的发展,知觉出现,开始有了比较明显的注意和初步记忆能力。

1. 认知的发展

这一时期乳儿的感知觉发展迅速。如3个月时,头部和眼睛有较好的协调,视听建立了联系,乳儿听见声音能用眼睛去寻找;在高兴的时候会手舞足蹈并发出笑声,并能发出连续的声音,逐渐拉长音调引起大人的注意;在安静时,自己咿呀发音,能把头转向叫他名字的人;能区分不同水平方向发出的声音,并寻找声源,能把声音与嘴的动作相联系;给乳儿播放母亲说话的录音时,如果母亲的嘴的动作与录音不一致,乳儿会显得不安;能分辨出不同人的声音,对亲人和陌生人的声音的反应不同,特别是听到母亲的声音时格外高兴。到7—8个月时,乳儿的听觉越来越灵敏,能确定声音发出的方向,能区别语音的意义,能辨别各种声音,对严厉或和蔼的声调会做出不同的反应。

2. 开始认生

6个月左右的乳儿见到生人会显露出害怕、警觉、退缩的表现,甚至会出现哭闹,不愿意和生人接近,而见到熟悉的家人,尤其是母亲,就会表现出开心、活泼的样子,大家都知道这是孩子认生的表现。每一个孩子都会有这个过程,但为什么会出现认生呢?

实际上，孩子怕生、认生是他有了记忆的一种表现。由于家人或母亲经常和孩子接触，他们脸的模样已在孩子的脑子里留下了印象，孩子就会记住他们的面孔，而陌生人的面孔孩子从没有见过，这种形象与他存留在脑子里熟悉人的形象差别太大，他就会表示拒绝接受从而表现出认生。这个年龄的孩子还有这样一种表现，他对与母亲年龄相仿，穿着打扮漂亮的女性明显地比对年龄大的女性或者是男性要有好感，因为这些女性与母亲的形象差别不大，没有引起强烈的反差而使得孩子不感到那么陌生。

3. 言语开始萌芽

满半岁以后，乳儿喜欢发出各种声音。这时的声音和以前不同，音节比较清楚。他可以发出许多重复的、连续的音节。如"ba-ba-ba"，好像是叫爸爸，但其实不代表任何意义。

9—10个月以后的乳儿，能够听懂一些词，并按成人说的去做一些动作，如成人说"欢迎"，他拍拍手；说"谢谢"，他拱拱手。这时，乳儿开始主动发出不同的声音来表示意思，如他想要某样东西，就会发出"eng-eng-eng"或"en-en-en"等声音。有的成人在孩子发音不清的阶段，喜欢模仿孩子的发音，这会造成孩子学习发音的障碍。将近1岁的孩子，会用单词招呼别人，如看见妈妈，会喊"妈妈"。不过，直到1岁，孩子所说的词还是极少的。

4. 出现了亲子依恋

亲子依恋是乳儿寻求在躯体上和心理上，与抚养人保持亲密联系的一种倾向，常表现为微笑、啼哭、咿咿呀呀、依偎、追随等。依恋是逐渐发展的，出生后6—7个月时开始明显，3岁后能逐渐耐受与依恋对象的分离，并习惯与同伴或陌生人交往。

良好的亲子依恋是一种积极的、充满深情的感情联系。乳儿所依恋的人出现会使他们有安全感，有了这种安全感，乳儿就能在陌生的环境中克服焦虑或恐惧，从而去探索周围的新鲜事物，并尝试与陌生人接近，这样就可使乳儿视野扩大，认知能力得到快速发展。母爱与感情依恋是孩子心理发育的"营养剂"，各种教育环境刺激是心智潜能的"开发剂"。

### 三、婴儿的发展

1—3岁称为婴儿期，这一时期是真正形成人类心理特点的时期。表现在儿童在这一时期学会走路，开始说话，出现思维，有了最初的独立性，这些都是人类特有的心理活动。可以说，人的各种心理活动是在这个时期才逐渐齐全的。

（一）婴儿动作的发展

1—3岁的儿童和1岁前相比，最明显的特点是动作增多、熟练和复杂化。其中明显的成就是学会独立行走，初步学会使用工具和做游戏。

1. 身体动作

1岁左右，儿童开始学习独立行走。刚开始独自走路时，还走不稳，步子显得很僵硬，头向前，前脚掌着地，走得特别快，经常摔跤。造成这种状况的原因有三个：一是儿童的身体各部分比例同成人不同，头重脚轻，导致走路时难以保持平衡；二是骨骼、肌肉比较嫩弱,骨组织不坚硬,肌肉力量较差,还不能有力地支撑身体直立行走的姿势;三是神经系统协调动作的能力尚未发育完善,全身动作不能协调一致。刚开始学步的儿童常把两臂张开,有时甚至横着走,以保持身体平衡。

儿童学会自由走动,同时也发展了全身的各种动作。1岁半的儿童可以走上楼梯。2岁左右,儿童学会了双脚原地跳和原地站立踢球,学会了跑和攀登,并且很少摔跤。

2岁左右的儿童,动作虽然仍不够灵活,但是活动的积极性非常高。以后,儿童又陆续学会越过小障碍,单独上下楼梯,双脚学小兔向前跳。到了3岁时,还学会了单脚跳等比较复杂的动作。这些动作的发展,使儿童得到了解放,他们可以自由地进行活动,从而大大开阔了视野,扩大了认识范围,促进了心理的发展。

2. 手的动作

1岁时,儿童的手逐渐灵活,能根据物体的特点和功用采取适当的动作。1岁半以后,儿童逐渐把物体当"工具"来使用,也就是说儿童不再只是敲敲打打,而会恰当地使用,如用杯子喝水、用勺吃饭等,开始了活动的萌芽。2岁以后,儿童开始学着自己穿脱衣服、扣扣子、洗手、用筷子吃饭等。可以说,这是人一生中开始使用"工具"(用具)的年龄。

(二)婴儿心理的发展

许多心理学家认为,婴儿期是儿童心理发展的一个重要的转折期,其间出现了许多对人的发展有重要影响的事件。

1. 言语的形成

随着与成人的交往日益增多,婴儿主要的交际工具——身体接触、表情等渐渐显得不太适用,而言语交际的优越性越来越明显,这种变化促进了儿童言语的迅速发展。在短短的两三年里,儿童不仅能理解成人对他说的话,而且能运用口语比较清楚地表达自己的思想,同时,还能根据成人的言语指示调节自己的行为。言语的形成和发展也促进了心理活动的有意性和概括性的发展。

2. 思维的萌芽

在儿童出生后第一年心理发展的基础上,终于产生了带有一定概括性和间接性的人的思维的萌芽。从1岁末到3岁,在儿童个体及其环境条件,特别是社会和教育条件的相互作用下,这种萌芽状态的思维获得了进一步的发展。

婴儿时期的思维主要是直觉行动思维,其基本特点是:与儿童的感知觉和行动密切相联系,儿童只能在感知行动中思维,与此同时,儿童语言的产生和发展,也逐渐加强了思维的概括性和间接性。例如,儿童身旁如果有布娃娃,他就玩喂布娃娃吃饭的游戏,布娃娃被拿走了,游戏活动也就停止了。因为,儿童还不能离开物体和行动来主动地计划和思考什么。

思维是高级的认知活动,是智力的核心。婴儿的思维在实物活动中出现了,使他们的整个心理活动发生了巨大的变化。它的发生,不仅意味着儿童的认识过程已基本形成,同时也引起原有的低级认识过程的质变:知觉不再单纯反映事物的外部特征,也开始反映事物的意义和事物之间的关系,成为"理解性"的知觉,即思维指导下的知觉,记忆的理解性增强了，有意性也出现了，情绪情感逐渐深刻，意志行动产生了，儿童的心理开始具有最初的系统性。

3. 自我意识的萌芽

自我意识就是个体对自己所作所为的看法和态度。儿童在与他人的交往中，在与客观事物的相互作用中，通过"人"与"我"以及"物"与"我"的比较，逐渐认识到作为客体的外部世界与作为主体的自己之间的区别，从而形成对自己的认识，这也就是我们所说的"透过他人的眼睛看自己"。大约2岁左右，儿童出现自我意识的萌芽，其突出的表现是独立

新生儿无条件反射行为

行动的愿望很强烈，比如，他要自己拿东西，成人帮他，他会躲避，有时嘴里还说"自己来"。儿童对于自己可以完成的动作，总是要求自己独立来完成，而不要成人的帮助。这种独立行动的倾向，给儿童有目的、有意识的活动提供了有利的条件，因此，成人应该积极地加以鼓励和引导。

# 任务三  3—6岁幼儿心理发展的年龄特征

从3岁到6岁，是进入小学之前的时期，故称为学前期。又因为这是进入幼儿园的时期，所以又称为幼儿期。这一时期是心理活动系统的奠基时期，是个性形成的最初阶段。在这3年里，幼儿心理的发展也较为迅速。

幼儿心理发展的一般特点有：

第一，认识活动的具体形象性。幼儿主要是通过感知、依靠表象来认识事物，具体形象的表象左右着幼儿的整个认识过程，甚至思维活动也常常难以摆脱知觉印象的束缚。如两排数目相等的棋子，如果等距离摆开，幼儿都知道是"一样多"，但如果将其中的一排棋子聚拢，不少幼儿就会认为密的这一排棋子数目少，因为"这一排比那一排短"。可见，幼儿辨别数目的多少受棋子排列形式的影响。所以说幼儿的思维也是以具体形象性为主要特点的。

第二，心理活动及行为的无意性。幼儿控制和调节自己的心理活动和行为的能力仍然很差，很容易受其他事物的影响而改变自己的活动方向，因而其行为表现出很大的不稳定性。在正确教育的影响下，随着年龄的增长，这种状况逐渐有所改变。

第三，开始形成最初的个性倾向。3岁前，儿童已有个性特征的某些表现，但这些特征是不稳定的，容易受到外界的影响而改变，个性表现的范围也有局限性，很不深刻，一般只在活动的积极性、情绪的稳定性、好奇心的强弱程度等方面反映出来。3岁以后，幼儿个性表现的范围比以前广阔，内容也深刻多了。无论是在兴趣爱好、行为习惯、才能以及对人对己的态度方面，都开始表现出自己独特的倾向。这时的个性倾向与以后相比虽然还是容易改变的，但已成为一生个性的基础或雏形。

由于幼儿心理发展较快，以上三个基本特征在幼儿初期、中期和晚期又各有不同。

## 一、3—4 岁幼儿心理的发展

3—4 岁是学前初期,也是幼儿园小班的年龄。3 岁,对于多数儿童来讲,是生活上的一个转折年龄。正是从 3 岁起,儿童开始离开父母进入幼儿园,过起集体生活。这种变化意味着,他从只和亲人接触,扩大到和许多同龄人生活在一起,也接触到更多的成人。那些没有进入幼儿园的 3—4 岁的儿童,也开始在各种场合和更多的人接近。

幼儿生活范围的扩大,引起了心理发展上的各种变化,使他们的认识能力、生活能力、人际交往能力都迅速发展。这一时期,幼儿的心理发展突出表现在以下几个方面:

### (一)行为具有强烈的情绪性

幼儿适应幼儿园生活要有一个过程。而适应的关键在于使幼儿与教师、幼儿园、小朋友建立感情,其中最重要的是师幼之间的感情。为什么建立感情就容易适应集体生活呢?这是因为小班幼儿有一个突出的特点——情绪性强。

小班幼儿的行动常常受情绪支配,而不受理智支配。情绪性强,是整个幼儿期儿童的特点,年龄越小越突出。小班儿童情绪性强的特点表现在很多方面:高兴时听话,不高兴时说什么也不听;如果喜欢哪位老师,就特别听那位老师的话;看见别的孩子都哭了,自己也莫名其妙地哭起来,老师拿来新玩具,马上又破涕为笑。可见,小班幼儿的情绪很不稳定,很容易受外界环境的影响。

了解儿童的以上特点,对教育工作有重要意义。如每年开学初,小班教师都面临一个接待新入园儿童的问题。大多数初次离开妈妈的儿童刚入园的几天总爱哭,有经验的教师总是一边用亲切的态度对待每个孩子,稳定他们的情绪,一边用新鲜事物(如新奇的玩具、儿童喜爱的小动物等)吸引儿童的注意,使他们不知不觉地加入伙伴的行列。

### (二)爱模仿

小班幼儿的模仿性非常突出。看见别人玩什么,自己也玩什么;看见别人有什么,自己就想要什么,所以小班玩具的种类不一定很多,但同样的玩具一定要多准备几套。在教育工作中,教师要多为儿童树立模仿的榜样。比如,需要集中儿童的注意力时,可以说:"看××小朋友学习多认真,小眼睛一个劲儿地看着老师呢!"教师要注意不要批评没有集中注意的孩子,如果老师说:"××,把你的手绢收起来",可能会引起更多孩子玩手绢。

模仿是小班幼儿的主要学习方式,他们往往通过模仿掌握别人的经验。幼儿常常不自觉地模仿父母和教师,因此,父母和教师应该时刻注意自己的言行举止,为孩子们树立好榜样。

### (三)思维仍带有直觉行动性

思维依靠动作进行,是学前初期儿童的典型特点。小班幼儿仍然保留着这个特点。比如让他们说出一小堆糖有几块,他们必须用手一块一块地数才能弄清楚,他们不会像大些的孩子那样在心里默数。

由于小班儿童的思维还要依靠动作,因此他们不会计划自己的行动,只能是先做后想,或者边做边想。比如,在捏橡皮泥之前往往说不出自己要捏成什么,而常常是在捏好之后才突然有所发现。

小班幼儿的思维很具体,很直接。他们不会做复杂的分析综合,只能从表面去理解事物。因此,对小班儿童更要注意正面教育,讲反话常常会引起违背本意的不良效果。例如,上课时,有的孩子要上厕所,其他几个孩子一个跟着一个学,也要去。老师不高兴了,说:"都去都去!"孩子们一下就全跑光了。对儿童提要求也要注意具体,最好说"眼睛看着老师",而不要说"注意听讲",因为儿童不容易接受这种一般性的抽象的要求。

## 二、4—5岁幼儿心理的发展

4—5岁是学前中期,也是幼儿园中班的年龄,4岁前儿童还带有某些婴儿期的特点,4岁以后心理发展出现较大的飞跃。许多研究表明,这一时期的幼儿认识活动的概括性和行为的有意性开始明显地发展。这一时期,幼儿的心理发展突出表现在以下几个方面:

(一) 爱玩、会玩

幼儿都喜欢游戏。但小班儿童虽然爱玩却不大会玩;大班儿童虽然爱玩,也会玩,但由于学习兴趣日益浓厚,游戏的时间相对少了一些。中班处于典型的游戏年龄阶段,是角色游戏的高峰期。中班儿童已能计划游戏的内容和情节,会自己安排角色,怎么玩,有什么规则,不遵守规则应怎么处理,基本都能商量解决,但游戏过程中产生的矛盾还需要教师帮助解决。

(二) 思维的具体形象性

中班幼儿的思维可以说是典型的幼儿思维。他们较少依靠行动来思维,但是思维过程还必须依靠实物的形象作为支柱。如他知道了3个苹果加2个苹果是5个苹果,也能算出6粒糖给了弟弟3粒还剩3粒,但还不理解"3加2等于几""6减3还剩多少"等抽象问题的含义。

中班幼儿常常根据自己的具体生活经验来理解成人的语言。例如,他们常常认为"儿子"一词的意思就是"小孩"。当他们听说某个大人是××的儿子时,常常感到不可思议:"这么大,还是儿子?"为了让幼儿明白,教师必须注意了解幼儿的认知水平和经验,避免说过于抽象的语言。语言教学中,尽量用形象的解释来帮助儿童理解新词。例如,教"笔直"一词,可以竖起一支铅笔,"笔直"就是像铅笔一样直,这样幼儿就能懂,而且能牢牢记住。

(三) 开始接受任务

对小班幼儿布置任务,一般需要结合他们的兴趣。严格地说,小班幼儿还不能理智地按任务的要求行动。如前所述,小班幼儿的行动往往受情感支配,常常是无意性的。中班幼儿开始能够接受严肃的任务。在实验室进行的一些比较单调的任务,都只能从4岁开始。4—5岁幼儿的有意注意、有意记忆、有意想象等过程都比3岁幼儿有较大发展,自我控制发展迅速。在坚持性行为的实验里,4—5岁幼儿的坚持性行为发展最为迅速,其增长程度比 3—4 岁和 5—6 岁都大。在日常生活中,4 岁以后的幼儿对于自己所担负的任务已经出现最初的责任感。小班幼儿完成值日生任务常常还是出于对完成任务过程的兴趣,或对所用物品的兴趣;而中班幼儿开始理解到值日工作是自己的任务,对自己或别人完成任务的质量开始有了一定要求。

4 岁以后幼儿之所以能够接受任务,和他们思维的概括性和心理活动有意性的发展有密切关系。由于思维的发展,他们的理解力增强,能够理解任务的意义,由于心理活动有意性的发展,幼儿行为的目的性、方向性和控制性都有所提高,这些都是接受任务的重要条件。

(四)开始自己组织游戏

儿童都喜欢玩,游戏是最适合幼儿心理特点的活动。小班幼儿已经有游戏活动,但是他们还不太会玩,需要成人领着玩。4 岁左右是游戏蓬勃发展的时期。中班幼儿不但爱玩而且会玩,他们能够自己组织游戏,自己规定主题。他们不再像小班幼儿那样,出现许多平行的角色,他们会自己分工,安排角色。中班幼儿游戏的情节也比较丰富,内容多样化。在沙坑里玩沙,能够发展成钻地洞的游戏;搭积木时,搭好了"动物园"后,玩动物园游戏。在游戏中,幼儿不但能反映日常生活的事情,还经常反映电视电影里的故事情节。

中班幼儿在游戏中逐渐结成与同龄人的伙伴关系。他们不再总是跟着成人,而是用更多的时间和小朋友相处,一同游戏,只有遇到困难的时候才求助于成人,或者是请求帮助解决活动中的实际障碍,或者是请求判断是非,有时则是要求成人对他们的成功加以肯定。

可见,从 4—5 岁开始,幼儿的人际关系发生了重大变化,同伴关系开始打破了亲子关系和师生关系的优势地位,人际关系开始向同龄人过渡。当然,这时的同伴关系还只是最初级的,结伴对象很不稳定,成人的影响仍然远远大于小朋友的影响。

## 三、5—6 岁幼儿心理的发展

5—6 岁是学前晚期,也是幼儿园大班的年龄。这一时期幼儿心理活动的概括性和有意性的表现更为明显。突出表现在:

(一)好学、好问

好奇是幼儿的共同特点,但大班儿童的好奇与小、中班儿童有所不同。小、中班儿童的好奇心较多表现在对事物表面的兴趣上,他们经常向成人提问题,但问题多半停留在"这是什么""那是什么"上。大班儿童不同,他们不光问"是什么",还要问"为什么",问题的范围也很广,天文地理,无所不有,希望成人给予回答。

好学、好问是求知欲的表现,甚至一些淘气行为也反映了儿童的求知欲。家长和教师应该保护幼儿的求知欲,不应该因嫌麻烦而拒绝回答孩子的提问。对类似破坏玩具的行为也不要简单地训斥了事,而应该加以正面引导,一面耐心讲道理,一面向幼儿介绍一些简单的机械原理,满足他们渴求知识的愿望。

## （二）抽象概括能力开始发展

大班儿童的思维仍然是具体形象的，但已有了抽象概括性的萌芽。例如，他们已开始掌握一些比较抽象的概念（如"左""右"的概念），能对熟悉的物体进行简单的分类（如白菜、西红柿、茄子都是蔬菜，苹果、梨、葡萄都是水果），也能初步理解事物的因果关系（如针是铁做的，所以沉到水底下了；火柴棒是木头做的，所以能浮上来）。由于大班幼儿已有了抽象概括能力的萌芽，所以我们也应该对他们进行一些简单的科学知识教育，引导他们去发现事物间的各种内在联系，促进儿童智力的发展。

## （三）个性初具雏形

大班儿童初步形成了比较稳定的心理特征。他们开始能够控制自己，做事也不再"随波逐流"，显得比较有"主见"。对人、对己、对事开始有了相对稳定的态度和行为方式。有的热情大方，有的胆小害羞；有的活泼，有的文静；有的自尊心很强，有的有强烈的责任感；有的爱好唱歌跳舞，有的显示出绘画才能……

对于幼儿最初的个性特征，成人应当给予充分的注意。幼儿园教师在面向全体幼儿进行教育的同时，还应该因材施教，针对个人的特点，长善救失，使儿童全面健康地发展。

## （四）开始掌握认知方法

5—6岁幼儿出现了有意的自觉控制和调节自己心理活动的方法，在认知活动方面，无论是观察和注意过程，或是思维和想象过程，都有了方法。4岁前幼儿往往不会比较两个或几个图形的异同，而5岁以后幼儿则能较好地完成任务。因为他们已经掌握了对比的方法，把图形或图形的相应部分一一对应地进行比较。在注意的活动中，5—6岁幼儿能够采取各种方法使自己不分散注意。

大班幼儿进行有意记忆时，也会运用各种方法，例如，在"跟读数字"测验中，幼儿一边听任务，一边默默地跟着念；在识记图片时，幼儿暗暗地通过手指活动帮助记忆；在识记字形或其他不熟悉的形状时，幼儿会自行做各种联想，使无意义的形状带有一定意义，以帮助记忆。用思维解决问题时，大班幼儿会事先计划自己的思维过程和行动过程。例如，在"迷津"测验中，一些大班幼儿先用视线尝试着走出迷宫，然后拿起笔来一气呵成；在绘画活动中，小班幼儿毫不思索就动手去画，大班幼儿则会想一想。他们在头脑中先构思以确定有意想象的目标，做出行动的计划，然后基本上按预定计划去行动。5—6岁幼儿不仅在认知活动中能够采取行动计划和行动方法，在意志行动中也往往用各种方法控制自己。

## 3.1 用剪刀

适合年龄：2岁半左右。

活动目标：测试幼儿使用工具的能力和手眼协调、精细动作的能力。

活动准备：剪刀和适量的纸张。

活动时间：10分钟。

活动过程：

1. 准备一把儿童用的圆头剪刀。

2. 让幼儿学会正确拿剪刀，大拇指伸入一个把手，中指伸入另一个把手，食指固定剪刀的上叶，练习活动剪刀。

3. 大人在大纸上替幼儿剪开一个小口，让幼儿自己试着顺小口剪开。

4. 开始按要求剪纸条。

5. 沿着画出来的线去剪，经过多次练习就能剪出圆形和其他形状。

活动建议：通过拿筷子和用剪刀可以发现幼儿以哪只手为利手，因为只有利手才能顺利地剪开纸条。不可以勉强幼儿用右手拿剪刀，应让幼儿自己尝试，哪只手更方便就用哪只手。如果幼儿的右手不是利手却勉强幼儿用右手，会抑制幼儿语言中枢的形成，甚至会使幼儿口吃。

岗位实践训练
3.2、3.3、3.4

## 一、单项选择题

1. 乳儿期的年龄阶段是（　　）。
    A. 0—1岁　　　B. 6—12月　　　C. 1—6月　　　D. 0—1月

2. 抽象思维能力开始萌发是在（　　）。
    A. 先学前期　　B. 幼儿初期　　C. 幼儿中期　　D. 幼儿晚期

3. 具体形象是学前儿童思维的典型特点。这种特点在（　　）。
    A. 先学前期尤为突出　　　　　B. 幼儿中班尤为突出
    C. 幼儿小班尤为突出　　　　　D. 幼儿大班尤为突出

4. 错过儿童心理发展的敏感期或最佳期，则（　　）。
    A. 儿童就不能学习或形成某种知识或能力
    B. 儿童会很快发展自己的能力
    C. 儿童的学习或某种知识、能力的形成比较困难
    D. 儿童的生理发展会超过心理发展

5. 有的儿童在1岁左右的时候，开始能说出若干个单词，可过了几天又几乎一个都不会讲了，这说明（　　）。
    A. 言语中枢已出现问题
    B. 失语症
    C. 心理发展进步中偶尔出现的停顿现象
    D. 心理发展的高峰已过去，出现了衰退

## 二、填空题

1. 在处理儿童心理发展年龄特征的稳定性与可变性的问题上，要反对的两种倾向是_____。
2. 转折期是儿童心理发展过程中必然出现的，但_____不是必然出现的。
3. 整体来说，_____是儿童心理发展的敏感期或最佳期。
4. 个性初具雏形是在_____岁。
5. 3—4岁儿童的认知活动是非常具体的，往往依靠_____进行。

课后自测

## 模块四 学前儿童的注意

1. 掌握学前儿童注意的特点。
2. 掌握学前儿童注意分散的原因以及防止儿童注意力分散的方法。
3. 能够在教学中应用注意的规律,有效地引导儿童注意的发展。

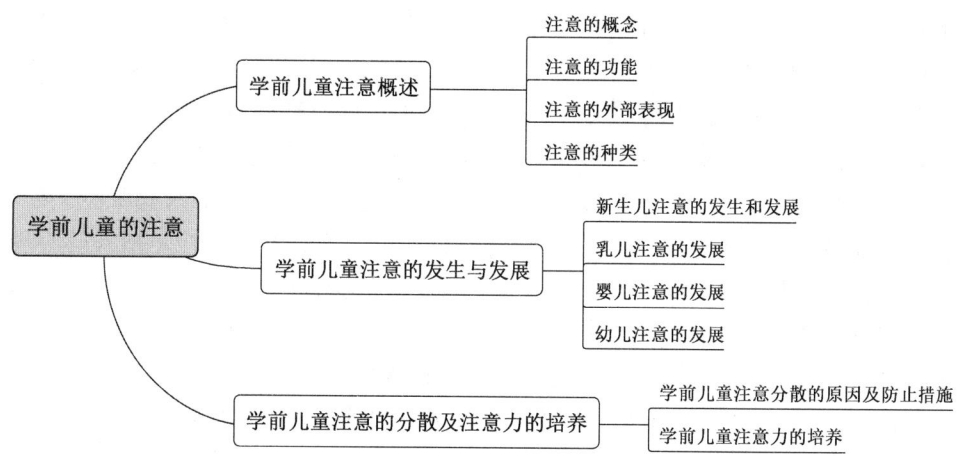

浩浩今年五岁,聪明伶俐,但也有一个让老师和家长头疼的问题——注意力难以集中。课堂上,浩浩总是坐不住,一会儿摸摸这个,一会儿看看那个,对于老师的讲解往往只能听进一半。在绘画活动中,他常常是画了几笔就放下画笔,转而去玩旁边的玩具。

在集体游戏中,他也常常因为分心而错过重要的指令,导致游戏进程受到影响。在家里,浩浩同样表现出注意力不集中的问题。写作业时,他会时不时停下来玩玩具或者看电视,导致作业效率低下。家长尝试了各种方法,如提醒、鼓励,甚至惩罚,但效果都不明显。

这个案例引出了一个重要问题:为什么浩浩会出现注意力涣散的情况?这种情况在学前儿童中常见吗?它背后有哪些心理和行为机制?我们又该如何帮助浩浩改善这个问题?

# 任务一 学前儿童注意概述

## 一、注意的概念

注意是心理活动对一定对象的指向与集中。人们要想有效地进行活动,就必须把心理活动指向和集中于活动对象上。教师要想上好课,就必须排除一切干扰,专心致志于讲课活动;学生要想学好功课,则必须克服分心,聚精会神于学习内容。这种"专心致志""聚精会神"的现象就是指注意的状态。注意贯穿于心理活动的始终,但它本身不是一个独立的心理过程,而只是伴随感知、记忆、思维过程而存在的一种心理状态。注意离不开感知、记忆、思维等心理过程,感知、记忆、思维等心理过程离开注意也无法进行。

指向性和集中性是注意的两个基本特点。注意的指向性是指人们在某一时刻心理活动选择了某个对象而离开了另外一些对象。人对自己心理活动所指向的对象能做出最完整、清晰的反应,而对其余的事物则往往印象模糊,甚至完全没有反应。例如,当一个幼儿坐在电视机前观看动画片时,父母坐在旁边与其说话,孩子像没有听见一样,甚至拿来他最喜欢吃的水果,孩子也仿佛没有看见一样。注意的集中性是指人的心理活动在特定的对象上保持并深入下去。人的心理活动不仅有选择地指向特定对象,而且可以使注意在这个对象上保持相当长的时间。正是由于注意集中于某一特定对象,人们才对这一对象产生鲜明而清晰的反应。而其他事物则处于"注意的边缘",人们对其反应比较模糊,或者根本没有反应,产生"视而不见,听而不闻"的现象。

注意的指向性和集中性是紧密联系、不可分割的。当人的心理活动指向某一对象时,同时也就集中于这一对象上。没有指向性,也就没有集中性,而指向性又是通过集中性表现出来的。

## 二、注意的功能

注意在人的心理活动和行为中占据很重要的位置,对人类具有十分重要的意义。苏联教育家乌申斯基指出:注意是心灵的唯一门户,凡是进入心灵的东西都要经过它。教育实践已经证明,只有打

游戏:舒尔特方格

开注意这道"门户",知识的阳光才能透进心灵,智力才能得到发展。注意之所以在人的心理活动中起着这么重要的作用,是由它的指向性和集中性本质特性决定的。

（一）选择功能

注意使心理活动有选择地指向那些对个体有意义的、符合需要的、与当前活动有关的对象,同时抑制和排除那些无关的对象。注意的选择功能可以保证个体以最少的精力完成最重要的任务。

（二）保持功能

注意可以使人在一段时间内保持一定的紧张状态,跟随注意的对象,使之在意识之中得保持和维持,直到顺利地完成行为动作和认识活动,达到目的。没有注意的保持功能,头脑中的信息会很快在意识中消失,智力操作就不可能完成。

（三）调节和监督功能

注意能使人调节和控制自己的心理过程,监督所从事的活动,使其朝着一定的方向和目的进行,并根据需要做出适当的分配和适时的转移,排除无关因素的干扰,必要时参与对错误行为的纠正。

### 三、注意的外部表现

人在集中注意于某个对象时,常常伴随着特定的生理变化和外部表现。注意最显著的外部表现有下列几种:

注意力选择实验

（一）适应性运动的出现——感官运动

当人们专注地观察事物时,其感官就会朝向相应的对象,表现为感官趋向活动。如注意看一物体时,就会把视线集中在该物体上,举目凝视;注意听一声音时,就会把耳朵转向声音的方向,侧耳倾听。当人们陷入沉思或浮想联翩时,就会表现为感官回避活动,对周围一切视而不见、充耳不闻。当幼儿注意力不集中时,就会目光呆滞,不能随着教师的活动而活动。

（二）无关运动的停止——身体动作

当个体集中注意时,全身肌肉处于紧张状态,一切无关运动停止。例如,幼儿对教师讲故事的内容听得入神时,会只注视老师的言行而一动不动,教室常常一片寂静,没有幼儿做小动作或窃窃私语。当幼儿做出多项与教学或游戏活动无关的身体动作时,就可大致判断其走神了。

（三）呼吸的变化——生理活动

人在集中注意时,其肢体血管收缩,头部血管舒张,呼吸变得轻微而缓慢,一般是吸气的时间变短,呼气的时间则向后延长。注意力高度集中时,个体甚至会出现呼吸暂时停止状态,即所谓的"屏息"现象。

了解上述外部表现有助于我们判断幼儿是否注意力集中。一般地说,姿势端正、面部表情随注意对象变化而变化的幼儿是在注意听课;神态懒散、东张西望、表情呆滞、毫无变化则是不注意的表现。但注意的外部表现和注意的内心状态有时并不一致。上课时,有的幼儿貌似注意听课,实际上是心不在焉或者在想入非非,个别幼儿有时还会故意装出注意听讲的样子。

由于学前儿童注意的外部表现比较明显,教师可以观察学前儿童的外部表现来判断他们是否集中注意,从而更好地组织教学。

### 四、注意的种类

根据注意是否有预定目的和是否需要意志努力,我们可以把注意分为无意注意、有意注意和有意后注意三种。

（一）无意注意

无意注意也叫不随意注意,它是一种没有预定目的,也不需要意志努力的注意。例如,小朋友正在听老师讲故事时,一位家长推开门走进教室,小朋友就会不由自主地去注意这位家长,这就是无意注意。

产生无意注意的原因可以分为两类:一类是刺激物本身的特点,即刺激物的强度、刺激物之间的对比关系、刺激物的活动和变化、刺激物的新异性等,这些刺激物本身的特点都能引起无意注意。例如,电影中强烈的声音、广告中鲜艳的画面、动画片中生动的形象、突然出现的镜头变化等都容易引起幼儿的无意注意。所以,充分利用刺激物的特点来引起幼儿的无意注意可以提高幼儿活动的效率。

另一类是个体本身的状态。个体对事物的需要和兴趣、生活经验等也都是引起无意注意的重要原因。随着幼儿年龄的增长、生活经验的丰富,幼儿对事物有了自己的看法和爱好。符合幼儿需要和兴趣的事物,就容易引起幼儿的无意注意。例如,幼儿在"自选游戏"活动中,最先注意到的往往是他最感兴趣的玩具。幼儿的生活经验也与幼儿无意注意的产生有关,凡是幼儿熟悉的人和事物,就非常容易引起幼儿的无意注意。如幼儿熟悉的故事、动画、音乐很容易引起幼儿的注意,而陌生的科幻小说、新闻广播、理论书籍则一般不会引起幼儿的注意。此外,幼儿自己经常玩的玩具或吃的东西特别容易引起幼儿的注意,这些都与他们的生活经验有关系。

（二）有意注意

有意注意也叫随意注意,它是指有预定目的,必要时还需一定意志努力的注意。例如,幼儿在教学活动中,需要举手回答老师提出的问题。这样的行为是需要幼儿有意注意的发展来支撑的。这种注意主动地服从于既定的目的任务,它受人意识的调节和支配,所以和无意注意有着本质的不同。

引起和保持有意注意有以下四种策略:

1. 明确活动目的和任务

有意注意是有预定目的的注意,因而对于活动的目的、任务的重大意义认识得越清楚,理解得越深刻,完成任务的愿望就越强烈,与完成任务有关的一切事物也就越能引起人们的注意。

2. 合理地组织活动

有些智力活动是需要动手操作的，如果缺少实际操作的配合，集中注意就变得比较困难。把智力活动与实际活动密切结合起来，这将有助于维持人们持久的注意。

3. 培养间接兴趣

直接兴趣是对活动本身产生的兴趣，是引起无意注意的主要原因。而间接兴趣是对活动的目的与结果所产生的兴趣，是保持有意注意的重要支柱。间接兴趣越强烈、越稳定，有意注意就越集中、越持久。

4. 用坚强的意志与干扰做斗争

人们在有意注意时，可能会遇到一些外界刺激干扰和人的主体状态的干扰。要克服干扰，除了需要预先采取措施，去掉一切可能妨碍工作或学习的因素，创造良好的工作或学习环境外，还要以坚强的意志同干扰做斗争。

### （三）有意后注意

有意后注意是指事先有预定目的，几乎不需要意志努力的注意。它是在有意注意的基础上产生的，兼有无意注意和有意注意的优点，既有自觉目的，又不太需要意志努力。因此，它是一种更为高级的注意形态，其形成与产生的根本条件在于练习与熟练。

在众多的实践项目中，以上三种注意紧密联系、协同合作。任何活动都不可能单纯依赖一种注意形式来完成。教师一方面要利用刺激物新颖、多变、刺激性强烈等特点引起幼儿的无意注意；另一方面还要激发幼儿的有意注意。因为单靠无意注意，不能使活动持久深入地进行，也不利于幼儿意志品质的培养。单靠有意注意，时间一长幼儿便会产生精神上的紧张和疲劳。如果给他们的任务单调枯燥，更难保持长时间的注意。所以在活动中，应使两种注意交替运用、相互转换，使幼儿既能有兴趣地、积极主动地进行活动，又不致引起精神紧张和疲劳。

教师应根据幼儿的年龄特点安排教学和游戏活动。在活动中，教师要正确地运用语调的抑扬顿挫、姿态表情的变化，适宜地运用直观教具、演示操作、表演活动，以引起和保持幼儿的无意注意；教师还要用简明易懂的语言，使幼儿明确活动的任务目的，了解活动可以得到的结果，并且随时激励他们专心于当前所从事的活动，以引起和保持幼儿的有意注意，从而提高活动的效果。

# 任务二　学前儿童注意的发生与发展

## 一、新生儿注意的发生和发展

新生儿已经出现注意，这种注意基本上是先天的、无条件的定向反射，同时也表现了一定程度上的主动反应的性质。新生儿注意的发生发展主要表现在以下两个方面：

（一）新生儿定向反射的表现

注意,从它的发生来说,是一种定向反射。外来的新刺激或环境中特别明显的刺激会引起新生儿及乳儿的全身反应。这种反应是自主神经系统的活动,巴甫洛夫称之为"定向反射"。原始的定向反射是不学而能的生理反应,同时也是最初级的注意。外来的强烈刺激会引起新生儿暂时停止哭喊或把视线转向刺激物,这就是最初的定向性注意。

定向反射表现为新刺激所引起的复合反应,包括血流(如肢体血管收缩则血流量减少,头部血管舒张则血流量增加)、心率、汗腺分泌、胃的收缩和分泌、瞳孔扩大、脑电变化等。定向反射所表现出来的上述变化,是研究注意的重要指标。第一,定向反射是婴儿心理活动的外部表现,而婴儿可测定的行为表现极少。第二,对这些生理指标可以直接测量,无须用语言报告,而婴儿是没有能力用语言报告自己的心理内部活动状态的。

一般认为测量新生儿及乳儿注意的指标主要有以下几种:

1. 觉醒状态

觉醒是一种整体状态,可以分为若干水平,其两端是深度无意识和极度兴奋。德国心理学家柯纳(Korner,1971)等认为觉醒状态可以分为规则的睡眠、不规则的睡眠、昏昏欲睡、不活跃的清醒、活跃的清醒、哭闹五种水平。觉醒和注意有倒 U 形关系。如果新生儿处在觉醒状态,新的或意外出现的刺激会引起儿童的定向反应。在不同的觉醒状态下,注意的发生有不同水平,注意的表现也有所不同。

2. 习惯化

如果一个新的刺激多次连续出现,或持续一段时间,婴儿就不再去注意,这种现象称为习惯化。也就是说,习惯化是对熟悉的刺激所发生的注意减退现象。习惯化是广泛用于测量新生儿及乳儿注意的指标,因为它是儿童日常行为的自然表现,并且可借以发现基本的注意现象。

3. 心率变化

心跳对环境的变化非常敏感,是定向反应的一种最普通的表现。格拉哈姆等(1966)的研究指出,心率减速是定向的表现,而心率加速,则是防御和恐惧的反应。心率变化是最常用的心理生理测量指标之一。其原因在于:它是比较敏感的指标,又是利用现代化技术比较容易得出可靠测量结果的指标。许多学者对儿童注意的心跳测量技术进行了研究。比如,有人认为,测量心跳首先要有准备性测量,以确定实验时儿童心跳基线。因为不同觉醒状态下心率可能有所变化,研究应在原有基础上做出判断。又如,有的研究指出,当儿童嘴里吮着空奶头时,对新刺激的心跳反应会受到影响。因此,研究新生儿对其他物体的注意时,最好避免让他吮吸奶头。

4. 瞳孔扩大

儿童注意时,瞳孔的大小也会有所变化。弗兹格拉德(Fitzgerald,1968)发现,1—4 个月的乳儿注意人脸时,瞳孔大于注意非社会性刺激时;4 个月乳儿注意陌生人时,瞳孔大于注意母亲的时候。但是通过瞳孔扩大或收缩研究儿童的注意定向,比用心率变化的研究困难,其可用范围也较小。

5. 吮吸抑制

乳儿注意新刺激时，会停止身体其他部分的活动。最常见的是他们看见或听见某种新刺激，就停止吸吮动作。基尔通（Girton，1979）用记录乳儿抑制吸吮的方法，研究了 1 个月乳儿的注意。黑斯（M. Haith，1980）发现，1—3 天的新生儿在注意一个活动的光点时，出现吮吸的抑制，但是当呈现一个稳定的光点时，吮吸抑制则不出现。金（Keen，1964）发现，3—5 天的新生儿，会因一个纯音而出现吮吸抑制。

研究新生儿的注意一般依靠多种指标。比如，除了记录心率增速或减速以外，还要记录其面部表情、动作和发声的增加或减少等。

（二）新生儿注意的选择性

新生儿已经对刺激物有了一定的选择性反应。注意的选择性表现在他们偏向于对一类刺激注意得多，而在同样情况下，对另一类刺激注意得少。黑斯用眼动仪记录到新生儿视觉搜索运动的轨迹，证明了新生儿已经具有对外部世界进行视觉扫视的能力，无论在黑暗或光亮环境中均以有组织的方式进行扫视，并总结出新生儿视觉扫视的五点主要规律：一是新生儿在清醒时，只要光线不是过强，他都会睁开眼睛。二是在黑暗中，新生儿也保持对环境进行有控制的、仔细的搜索。三是在明亮的环境中，面对无形状的情景时，新生儿会对相当广泛的范围进行扫视，搜索物体的边缘。四是新生儿一旦发现了物体的边缘，就会停止扫视活动，视线停留在物体边缘附近，并试图用视线去跨越边缘。如果边缘离中心太远，视线不可能达到边缘，就会继续搜索其他边缘。五是当新生儿的视线落在物体边缘附近时，他会去注意物体的轮廓，比如，当新生儿在一个白色背景上看见一个黑色长方形时，他的视线会跳到黑色轮廓上，在它附近徘徊，而不是在整个视野游荡。这说明新生儿主要注意对比鲜明的东西，注意轮廓或形状的边缘，而不是注意图案的内容。

黑斯认为，以上规律可以归结到一个简单的生物学原则：新生儿的扫视活动是一种生理适应现象，它的作用是保持皮质视觉神经细胞的高水平"射击速度"。其他研究也表明，新生儿对不同的对象有不同的偏爱。

1. 对简单鲜明图案的偏好

美国心理学家范兹（R. L. Fantz）对新生儿视觉注意的选择性做了一系列的研究，发现新生儿对成形的图案比不成形的零乱的东西注视时间要长些。比如，出生 3—4 天的新生儿更多注视一个带点子的图案模式，而较少注视一个不规则的模式。他们偏好一个非常明确的模式多于一个灰暗而不明确的模式。范兹等人还发现，新生儿和较大的乳儿相比，较多偏好简单的、包含成分相对少些的图案，以及线条较粗的图案。原因在于新生儿感知发展的低水平限制了他们注意较复杂的图案。

2. 对人脸的偏好

范兹（1963）的研究表明，新生儿对人脸的注意多于对其他物体的注意。原因是人脸有更多吸引和保持新生儿注意的特点，包括脸的轮廓、脸的多种成分、脸的活动等。

## 二、乳儿注意的发展

出生后第一年,乳儿清醒的时间不断延长,觉醒状态也较有规律,这一时期的注意迅速发展。1 岁前儿童注意的发展,主要表现在注意选择性的发展。这一时期注意的最主要特点是注意受外界刺激影响,为外界刺激所引起,无意注意占主导地位。

1—3 个月乳儿的神经系统迅速发展,使乳儿对外界事物的反应更加积极和主动。到了 3 个月,乳儿已能保持较长时间的清醒,探索活动的机会增多,此时变成了一个积极的探索者。20 世纪 60—70 年代,人们采用感觉偏爱法广泛开展了乳儿注意选择性的研究,并总结出 1—3 个月乳儿注意选择性的主要规律与特点:一是偏好复杂的刺激物多于简单刺激物,二是偏好曲线多于直线,三是偏好不规则的图形多于规则的图形,四是偏好轮廓密度大的图形多于密度小的图形,五是偏好具有同一中心的刺激物多于无同心的刺激物,六是偏好对称的刺激物多于不对称刺激物,七是偏好熟悉的刺激物,八是偏好新奇的刺激物。

3—6 个月的乳儿对外界事物的探索活动更加主动积极。各种基本感知能力日趋成熟且在很多方面已达到成人水平。在身体运动技能的成熟方面,虽然受到限制,但已足以提供乳儿探索外部世界的进一步可能性。奥尔森(Olson,1981)和费尔德(Field,1976)等的研究表明:第一,乳儿头部运动自控能力加强,扫视环境更加容易,双手的触摸和抓取技能更加精细和稳定,从而扩展了获取信息的能力。第二,乳儿的视觉注意也进一步发展,视觉搜索平均时间变短,更加偏好复杂的和有意义的视觉图像。第三,乳儿增强了对他来说日益扩展的外部世界的好奇,探索和学习驱动力开始活跃。第四,对物体的观察和操作能力的发展,提高了注意的质量。第五,大量的新信息扩大了乳儿的知识基础,注意日益被乳儿所掌控,成为乳儿对世界事物认识的重要手段,尤其在社会性事件方面更为明显。

半岁以后,乳儿觉醒的时间增长。此时的乳儿有更长的时间去探索事物和获得更多新信息的机会,推动他们的学习和记忆的发展。同时,乳儿有更多机会去玩耍和进行社会交往,他们经常处于警觉和积极探索状态。大动作的发展使乳儿能够独立坐、爬行、站立和试图行走,乳儿活动的范围和视野明显扩大,注意的对象更加广泛。他们获取信息的通道不仅仅来自视觉,而且还包括更多的感觉通道和更多的活动方式。他们通过抓取、吸吮、倾听、操作和运动等活动更广泛地选择自己注意的对象。此外,乳儿注意的选择性受经验的支配。6 个月以后,乳儿对熟悉的事物更加注意,这在社会性方面的表现更为突出,比如乳儿对自己的母亲特别注意。

## 三、婴儿注意的发展

1 岁以后,婴儿开始逐步掌握语言,表象开始产生,客体永久性概念日趋完善,婴儿的记忆和模仿能力迅速发展,这一系列认知方面的发展使婴儿的注意进一步发展。1—3 岁婴儿注意的发展表现出如下特征:

（一）注意的发展与"客体永久性"

皮亚杰（J. Piaget，1896—1980）的认识发展阶段理论，将儿童从出生到 1 岁半的注意发展分为以下六个阶段：

第一阶段（从出生到 2 个月），儿童能看着一个客体，但是当客体移出他的视野时，他不去追踪。

第二阶段（2—4 个月），客体移动时儿童能够跟踪，甚至客体到了屏幕后面时，他也继续追踪。他会把视线移向屏幕边缘，预期在那里可以看见客体出现。但是，如果一个完全不同的客体从屏幕后面出现，他也毫不在乎。他只是根据客体的运动来辨认一个活动的客体。如果客体不再出现，他表示惊讶（心脏反应有所显示）。由于他根据客体的运动来辨认客体，他把一个先前在移动，后来又停止的客体，看成是两个不同的客体。如果客体恢复原状，他会认为是另外的客体。如果客体向反方向移动，他不去跟踪它，而继续看着客体原来移动的方向，希望当它在通常的位置停止时能够抓住它，因此，即使客体向反方向移动到他面前他也毫无反应。

第三阶段（4—6 个月），儿童能拾起一个物体，除非这个物体被一块布盖着。但是他还不能理解，一个被遮盖的物体仍然存在。当屏幕被拿开后，物体不见了，他感到惊讶。他能够把位置和运动协调起来。如果一个移动着的客体停止了，他会停止跟踪并处于停止状态。同样，他能跟随着一个移动的客体，不论它向哪个方向移动。

第四阶段（6—12 个月），儿童能够寻找在一块布下面的客体，但是如果布下面的客体被移到对面，他仍然看着那块被放回原处的布的下方，然而他知道物体可以从一处移到另一处，也知道放在一起的两个相同的客体不是同一个客体。

第五阶段（12—13 个月），儿童能够找到先后藏在两个位置的同一个客体，但是只有当他看见藏的动作时才能找到，如果他没有看见藏的动作就找不到。

7个月、9个月宝宝客体永久性实验

第六阶段（13—18 个月），儿童能找到不论在什么情况下藏起来的客体。他已经掌握了一个规律：两个客体不能同时处于同一位置，除非一个藏在另一个里面。

（二）注意的发展与表象的产生

1 岁半到 2 岁，儿童的表象开始产生。从此，儿童的注意开始受表象的影响，当眼前的事物和已有表象出现矛盾或存在较大差距时，婴儿会产生最大的注意。卡根（Kagan，1971）对 2 岁婴儿进行实验研究后发现，一半以上的婴儿在看见幻灯片中一个女人把自己的头拿在手里时，表现出明显的心率减速，产生了较大的注意。

（三）注意的发展与语言的作用

1 岁以后，婴儿能说出具有最初概括性意义的真正的词，标志着言语的初步形成。这时婴儿能够说出单音重叠句，能够以词代句、以音代物，对成人的言语指令出现相应的反应，语词作为第二信号系统的刺激物，已能够引起婴儿的注意。这样，语言的产生与发展使婴儿注意又增加了一个非常重要而广阔的领域，使其注意活动进入了一个更高的层次即第二信号系统。这一时期的婴儿听到成人说出某个物体的名称时,便会相应地注意那个物体,而不管其物理程度如何,是否为新刺激,是否能满足其机体的需要。即物体的第二信号系统特征开始制约、影响着婴儿的注意活动,这使得婴儿能够逐步集中注意看书、看图片、听儿歌、听故事、看电影、看电视等。第二信号系统特征为学前儿童记忆和学习活动提供了更为丰富广泛的、与表象和语言密不可分的材料和内容世界,使间接经验的学习活动的产生成为可能。

(四)注意时间逐渐增长,注意的事物逐渐增多

3岁前儿童的注意时间是非常短暂的,引起儿童注意的事物也是有限的,但是随着儿童活动范围的扩大,接触事物的增加,儿童在活动中的注意时间有所延长,最多能集中注意20—30分钟。对自己喜欢的动画片,基本上能坚持看完。周围生活中出现的各种事物都能引起儿童的明显关注。总之,婴儿的注意主要是无意注意,注意的持久性较低,时间较短,很快就由一个事物转到另一个事物。到婴儿末期,在成人要求下,儿童可以做一些力所能及的事,有意注意开始萌芽。

### 四、幼儿注意的发展

概括地说,3—6岁幼儿注意的特点是无意注意占优势地位,有意注意逐渐发展,学前儿童注意的品质也在随着年龄的增长而不断发展。3—6岁幼儿注意的特点表现为:幼儿心理活动和行为的不随意性占优势,调节和控制自己的心理活动和行为的能力较差。

(一)幼儿无意注意的发展

幼儿的无意注意发展得最迅速。鲜明、生动的刺激物和刺激物突然的、显著的变化以及与他们的经验有关的、符合他们兴趣的事物,都能引起他们的无意注意。但由于各年龄段幼儿的生理、心理发展以及所受教育等方面的差异,他们的注意也表现出不同的特点。

小班幼儿的无意注意明显占优势,新异、强烈以及多变的事物很容易引起他们的注意。对于他们喜爱的游戏和感兴趣的活动,小班幼儿可以聚精会神地投入其中,但周围一有风吹草动他们就会受干扰而分散注意。例如,小班幼儿正在兴致勃勃地倾听老师讲故事,但是如果有一群做游戏的儿童跑进来,他们的注意会马上离开故事而转向游戏。

中班幼儿的兴趣变得广泛,什么都想看看摸摸,什么问题都想问,力求发现事物中那些不曾注意过的方面。他们对于自己感兴趣的活动能够较长时间保持注意,而且集中的程度很高,被一件事情吸引时甚至会对别的事情视而不见、听而不闻。

大班幼儿的无意注意进一步发展。他们对于感兴趣的活动能更长时间地集中注意,中途若无端中止或干扰他们的活动会引起他们的不满和反抗。而且,大班幼儿关注的已不仅仅是事物的表面特征,他们的注意开始指向事物的内在联系和因果关系。大班幼儿注意的变化与其认识的深化是密不可分的。

总之，幼儿注意仍是无意注意占优势。其无意注意的高度发展，突出地表现在长时间的游戏过程中。在游戏中，幼儿保持着强烈的兴趣和旺盛的精力，并从中获得了愉快和满足。因此，幼儿园教学利用游戏的方式进行，更适合幼儿注意的发展特点。

（二）幼儿有意注意的发展

到了幼儿期，幼儿的有意注意逐渐形成和发展起来。有意注意是由脑的高级部位，特别是额叶控制的，在幼儿期，幼儿的额叶有了一定的发展，这就为有意注意发展提供了生理条件。然而额叶的发展比脑的其他部位慢，要到7岁的时候才能达到成熟水平，因此，幼儿有意注意尚处于初步形成时期。而幼儿园的教育环境、有规律的生活以及成人对幼儿的教育要求，更是直接促进了幼儿有意注意的形成和发展。

小班幼儿有意注意的水平仍然很低，即使在良好的教育条件下，一般也只能集中注意3—5分钟。中班幼儿的有意注意有了一定的发展，在无干扰的情况下，他们集中注意的时间可达到10分钟左右。大班幼儿的有意注意有了一定的稳定性和自觉性。他们不仅能根据成人提出的比较概括的要求去组织自己的注意，有时也能自己定任务，用自言自语或内部言语自觉地调节自己的心理活动和行为，使之服从于当前的任务，注意集中的时间可延长到15分钟左右。

幼儿的有意注意是在外界环境，特别是成人的要求下发展起来的。幼儿的有意注意需要成人的引导。成人的作用在于两个方面：一是帮助幼儿明确注意的目的和任务，产生有意注意的动机。二是用语言组织幼儿的有意注意，如"小朋友注意看，什么东西浮起来了"等。

幼儿逐渐学习一些注意的方法。如，幼儿掌握言语之后，常常一边做事，一边自言自语："我得先找一块三角形积木当屋顶""可别忘了画小猫的胡子"……在这种情况下，幼儿已能自觉运用言语使注意集中在与当前任务有关的事物上。

另外，幼儿的有意注意是在一定的活动中实现的。幼儿无法像成人一样"只看不动"，应该让注意对象成为幼儿的直接行动对象。

总的来说，幼儿有意注意尚处在初步形成时期，其发展水平较低。因而，在幼儿园教育教学中，不仅要充分利用幼儿的无意注意，同时也要努力培养他们的有意注意。

（三）幼儿注意品质的发展

在教育的影响下，幼儿注意的品质也在随着年龄的增长而不断发展，其注意品质的发展主要表现为：

1. 注意范围不断扩大

注意范围（注意广度）是指同一时间内能清楚地把握对象的数量。注意范围受到生理因素（特别是眼动轨迹）、注意对象的特点以及个体知识经验的制约。成人在1/10秒的时间内，一般能够注意到四至六个相互间无联系的对象，而幼儿至多只能把握二至三个对象。幼儿注意范围较小，随着年龄的增长，其注意范围逐渐扩大。有研究表明，4—6岁幼儿对节目中的重要信息很敏感，看完节目后能回忆起重要的情节内容而对不重要的情节往往记不起来。由此看来，即使是专注地从事某一活动，幼儿的注意也始终是有选择的。

由于幼儿注意范围较小,教师在指导幼儿活动或教学中应注意:

① 要提出明确而具体的要求,在同一短时间内不能要求幼儿注意更多的方面。

② 在呈现挂图或其他直观教具时,同时出现的刺激物的数目不宜太多,而且排列应当规律有序,不可杂乱无章。

③ 要采用各种幼儿喜闻乐见的方式或方法,帮助幼儿获得丰富的知识经验,以逐渐扩大他们的注意范围。

2. 注意稳定性不断提高

注意的稳定性(注意持久性)是指注意能较长时间地保持在某种事物上的一种品质,往往用保持在对象上的时间长短来衡量。它是注意的一种重要品质,是正常的学习和工作等活动获得良好效果的保证。

幼儿注意的稳定性与注意对象及幼儿的自身状态都有关系。注意对象单调无变化、不符合幼儿的兴趣,幼儿注意的稳定性就差;反之,注意对象新颖、生动,活动方式适宜、有趣,幼儿注意的稳定性就强。

幼儿注意的稳定性较低,随年龄增长而不断发展。但在游戏过程中,幼儿注意的稳定性会发生增强的现象。由于游戏能引起幼儿的兴趣,因而在游戏中注意持续时间大大超过了幼儿从事不感兴趣的活动的时间。

综上所述,幼儿注意的稳定性不强,特别是有意注意的稳定性水平较低,容易受外界无关刺激的干扰。因此,要提高幼儿教育教学活动的效果,必须做到以下几点:

① 教育教学内容难易适当,符合幼儿的心理发展水平。

② 教育教学方式方法要新颖多样,富于变化,动静交替。尤其是在内容较抽象的教学活动中,教学的方式方法更要生动有趣。

③ 幼儿园各年龄班的作业时间应当长短有别。集体活动的时间不宜过长;活动的内容要多样化,不能要求幼儿长时间地从事一项枯燥无味的活动;活动强度适宜,避免幼儿由于疲劳而产生注意的分散。

3. 注意分配能力不断增强

注意的分配是在同一时间内把注意集中到两种或两种以上不同的活动上。注意分配的基本条件就是同时进行的两种活动中至少有一种非常熟练,甚至达到自动化程度。由于幼儿掌握的熟练技巧较少,注意的分配比较困难,常常顾此失彼。对于较为复杂的注意分配,几乎不可能,用注意分配仪测试幼儿的注意分配,发现他们不能分配其注意去完成规定的动作。对于简单的活动,中大班幼儿,特别是大班幼儿,可以分配其注意。例如,大班小朋友做操时,既能注意做好动作,又能注意保持体操队伍的整齐;跳舞时,既能努力使舞姿优美,又能注意与歌唱配合一致,并配上适当的面部表情。

要培养幼儿注意分配的能力,教师可以从以下两个方面入手:

① 加强动作或活动练习,使幼儿对所进行的活动比较熟悉,至少对其中一种活动能够掌握得比较熟练,做起来不必花费太多注意力或精力。

② 在活动中,运用多种感官协调活动,逐步培养幼儿的注意分配能力。

**4. 注意转移能力不断增强**

注意的转移是指自觉地调动注意,使之从一个对象转换到另一个对象上。注意转移的快慢和难易,依赖于前后活动的性质、关系以及人们对它们的态度。如果前一种活动中注意的紧张度高,两种活动无任何内在联系,或者主体对前种活动特别感兴趣,注意转移就困难且缓慢;反之则容易且迅速。注意的转移与分心有所不同。转移是主动的,是主体根据需要,自觉地将注意指向新的对象或新的活动;分心是被动的,是受到无关刺激的干扰而使注意离开当前的活动任务。

幼儿注意转移能力差,年龄越小越明显。教师在组织活动时应注意:

① 活动开始时,运用猜谜、谈话、出示教具等多种方式引起幼儿的兴趣,将幼儿的注意转移到当前活动上来。

② 活动中,运用语言指导让幼儿明确活动的目的,主动转移注意。

③ 引导幼儿从小养成良好的生活和学习习惯,有规律的作息制度有助于幼儿注意转移能力的发展。

**5. 开始使用注意策略**

幼儿已经开始使用注意的策略。在一项研究中,让3—5岁的儿童在幼儿园的院子里寻找一件"丢失"的物品,结果发现,年龄较大的5岁幼儿能较有计划地把院子里的每个角落都找一遍,而年龄较小的幼儿则毫无计划地东找西找(Wellman, et al, 1979)。但即使是学前期末的幼儿,他们计划自己注意目标的能力才刚刚发展,仍不大会运用注意的策略指导他们的观察活动。如让他们观看一幅内容丰富的图画,他们往往会忽略其中许多重要的细节(Ruff & Rothbart, 1996)。

# 任务三 学前儿童注意的分散及注意力的培养

## 一、学前儿童注意分散的原因及防止措施

由于身心发展水平的限制,一般来说,学前儿童还不善于控制自己的注意,倘若再加上教育的疏忽失当,就很容易出现注意分散即分心现象。为了防止学前儿童注意的分散,应该了解引起注意分散的原因,对症下药,采取相应的措施加以预防。

(一)引起学前儿童注意分散的原因

(1)无关刺激的干扰。学前儿童以无意注意为主,一切新奇、多变的事物都能吸引他们,干扰他们正在进行的活动。例如,活动室的布置过于花哨,更换的次数过于频繁,教学辅助材料过于有趣、繁多,教师的衣着打扮过于时髦,都可能分散学前儿童的注意。

(2)疲劳。学前儿童神经系统的耐受力较差,长时间处于紧张状态或从事单调活动,便会引起疲劳,降低觉醒水平,从而使注意涣散。引起疲劳的另一原因是缺乏合理的生活制度。有些家长不重视幼儿的作息制度,晚上不督促孩子早睡,甚至让他们长时

间看电视、玩耍,造成睡眠不足,致使第二天无精打采,不能集中精力进行学习活动。

(3) 缺乏兴趣和必要的情感支持。兴趣、成功感以及他人的关注等因素可以构成活动的动机。对学前儿童来说,这些因素更会直接影响活动的注意状态。活动内容过难,可能会因缺乏理解的基础和获得成功的可能而丧失兴趣和积极性;活动内容过易,也可能会因缺乏新异性、挑战性而减少对他们的吸引力。班额过满,师生之间必要的情感交流太少,学前儿童可能因得不到教师的关注和情感支持而丧失活动的积极性。另外,教师对教育过程控制得过多、过死,学前儿童缺少积极参与和发挥创造性的机会,教育过程呆板、变化少,活动要求不明确等,都可能分散学前儿童的注意力。

(4) 注意转移能力差。由于年龄原因,学前儿童注意转移的品质还没有发展到一定程度,因而常常不能根据需要及时将注意力集中在应该注意的事物上,这也是注意分散的一个原因。

## 多动症

多动症是注意缺陷与多动障碍(Attention Deficit and Hyperactivity Disorder, ADHD)的俗称,指发生于儿童时期,与同龄儿童相比,以明显的注意集中困难、注意持续时间短暂、活动过度或冲动为主要特征的一组综合征。多动症是在儿童中较为常见的一种障碍,其患病率一般报道为3％—5％,一般男孩发病率是女孩的2—4倍。

一般认为儿童多动症的发生可能有以下原因:

第一,脑神经递质数量不足。有人认为,多动症的发生,可能是由于脑神经递质数量不足,脑内神经递质(如去甲肾上腺素、多巴胺)浓度降低,可降低中枢神经系统的抑制活动,使孩子动作增多。

第二,脑组织器质性损害。大约85％的患儿是由于额叶或尾状核功能障碍,包括母亲孕期疾病,如高血压、肾炎、贫血、低热、先兆流产、感冒等;分娩过程异常,如早产、钳产、腹产、窒息、颅内出血等。出生后一到两年内,中枢神经系统有感染及外伤的患儿,发生多动症的概率较大。

第三,遗传因素。大约40％的多动症患儿的父母,其同胞和其他亲属,在童年时也患此病,单卵孪生儿中多动症的发病率较双卵孪生儿明显增高,多动症同胞比半同胞(同母异父、异母同父)的患病率高,而且也高于一般孩子。

第四,其他因素。近年,许多家长"望子成龙"心切,导致早期智力开发过量,使外界环境的压力远远超过了孩子所能承受的范围,这是当前造成儿童多动症的原因之一;吃含有调味品、人工色素、铅和铝的食物也会导致多动;还有暴力式的管教,会使患儿症状加剧,并增加新的症状,如口吃、挤眉、眨眼;而对患儿漠不关心、放任自流和过于溺爱等,也可能促使症状出现,或使已有的症状加重。

判断一个儿童是否患多动症,仅凭经验是难以正确断定的。对于一个多动的幼儿,必须根据生活史、临床观察、神经系统检查、心理测验等进行综合分析才能确定。因此,我们不能轻易地把学前儿童的好动当作多动症来对待。

作为一个教师,首先要检查自己的教育和教学工作来确定儿童注意分散的原因,切不可把注意力容易分散的儿童轻率地视作多动症患者,而加以指斥和推卸责任。这样不仅不能使幼儿改正其行为的缺点,而且使儿童从小贴上多动症的标签而影响他们以后心理的健康发展。教师要审慎处理多动的幼儿,更要重视幼儿注意分散现象,分析和确定其原因,积极改善自己的教育和教学工作。同时要积极培养幼儿良好的注意习惯,促进幼儿注意的发展。

### (二)防止学前儿童注意分散的措施

对于幼儿园教师来说,防止学前儿童注意分散,要从以下几个方面考虑:

1. 排除无关刺激的干扰

教室周围的环境尽量保持安静;教室布置应整洁优美,新布置过的教室最好及时组织学前儿童参观;教具应能密切配合教学而不必过于新奇;出示教具应适时;老师的衣着应朴素大方;当个别儿童注意力不集中时,不要中断教学点名批评,最好稍做暗示,以免干扰全班儿童的活动。

2. 根据学前儿童的兴趣和需要组织教育活动

幼儿园的教育活动应适合学前儿童的兴趣和发展需要。活动内容应贴近幼儿的生活,应该是他们关注和感兴趣的事物;活动方式应尽量"游戏化",使幼儿在活动过程中有愉快的体验;组织形式应有利于师幼之间、幼儿之间的交往;活动过程中要使幼儿有一种"主人翁"的自主感,即主动活动、动手动脑、积极参与。

3. 灵活地交替运用无意注意和有意注意

学前儿童的无意注意占优势,任何新奇多变的事物都能引起他们的注意,而且无意注意不需要意志努力,耗能较少,因而保持的时间可以比较长。但只靠无意注意是不能完成任何有目的的活动的,有意注意是完成有目的的活动所必需的,而有意注意需要意志努力,消耗的神经能量较多,容易引起疲劳,更难长时间保持有意注意。鉴于两种注意本身的特点和学前儿童注意的特点,教师既要充分利用学前儿童的无意注意,也要培养和激发他们的有意注意。在教育教学过程中可以运用新颖、多变、强烈的刺激吸引他们,同时也应向他们解释进行某种活动的意义和重要性,并提出具体明确的要求,使他们能主动地集中注意。在幼儿园教育中,两种方式应灵活地交替作用,不断变换学前儿童的两种注意,使其大脑有张有弛,既能完成活动任务,又不至于过度疲劳。

学前儿童注意力的形成虽然与先天遗传有一定的关系,但后天的环境与教育的影响更为重要。我们应该根据儿童的身心发展规律与特点,为他们创造良好的教育环境,从儿童出生起就有意识地培养儿童的注意力,帮助儿童养成良好的注意品质。

## 二、学前儿童注意力的培养

(一)激发学前儿童对活动的兴趣与需要

兴趣与需要是儿童活动的内在推动力,是直接影响儿童注意力的情感系统。为维持儿童对某一活动的持续兴趣,教师应当注意活动内容的难易程度要适合儿童的发展水平,既要让儿童体验到成功的快乐,同时又能使其感受到一定的挑战。如果活动内容与儿童的先前经验无关,儿童没有充分的经验准备和能力准备,活动任务超出了其驾驭的范围,即使形式再活泼有趣,也不能吸引他们的注意;如果任务难度过低,对儿童来说没有一点儿挑战,儿童也不会感兴趣,不能集中注意力。

(二)明确活动的目的和要求

注意是为任务服务的,任务越明确,完成任务的愿望越迫切,注意就越能集中和持久。要想使儿童的注意持久,成人不能强迫他们做什么,而要让他们知道为什么要这样做,激发他们做好这件事的愿望。

因此,在活动之前,教师应当帮助儿童明确活动的目的和要求。在活动过程中,教师应当及时提醒儿童,使其注意力始终指向某个方向。例如,教师和儿童种一颗豆放在窗台上,最初几天,儿童可能出于好奇而经常来看一看,但时间久了,兴趣趋于淡化,自然不会来光顾了。如果教师能在种豆之前对儿童说:"这颗豆不久会长出绿色的长长的叶子,你要是看到它发芽了,就赶紧来告诉老师。"这样就交给孩子一个任务,为了完成老师交代的任务,他就会经常注意它。

教师向儿童提出活动目的和要求时,应当注意要求一定要具体,要有明确的指向性。笼统模糊的要求对于儿童维持注意并没有太多的积极作用,因为儿童并不明白应当如何去关注,什么时候去关注以及去关注什么。

(三)运用语言指导学前儿童的注意

从儿童能听懂语言开始,就可以用语言指导他们的注意。2岁的儿童可以听懂简短的小故事、小民谣,并能理解其含义。可以训练儿童做一个认真的听讲者,可以从伴随着动作的小故事、小民谣开始,让儿童开始听讲故事,而后再现故事中讲到的某些动作。例如,表现一下小兔是怎样跳的,熊是怎样跑的。这样,通过听讲和看动作表演的交替结合,就可帮助儿童渐渐地养成习惯,把自己的注意集中在所讲故事的含义上,使之很快理解每个词的意义,并专注于这项活动。

到了幼儿期,儿童开始注意语言及其含义。儿童能很好地领会对他说的话,语言也能吸引他的注意。可以用语言把儿童的注意从游戏转移到看图书和听讲故事上来,从画画转移到收拾玩具上来。

(四)为学前儿童营造安静、简单的环境

学前儿童注意稳定性差,容易因新异刺激而转移注意力。因此,我们应尽可能地排除各种可能分散学前儿童注意的因素,为他们创造安静、简朴的物质环境。例如,儿童玩安静游戏或看图书的地方应远离过道,避免他人的来回走动影响儿童的活动;墙饰的布置不应过于花哨;糖果、电视等可能吸引儿童注意力的物品也应摆放在较远的位置。

成人还应调整自己的言行举止,适时地对儿童提出适当的要求,与儿童形成良好的互动。例如,当儿童全神贯注地做某件事时,成人不应随意去打扰他们。我们经常会看到,儿童正聚精会神地搭积木,奶奶过来让儿童喝果汁,妈妈又叫儿童帮忙拿东西,短短几分钟的活动让成人打断数次,时间一长,儿童自然无法集中注意力。所以,在儿童专心做事时,成人最好坐下来做些安静的活动,切忌在旁边走来走去,打扰儿童。

（五）培养学前儿童有规律地生活

儿童一日的生活节奏以及各种活动的时间长短都会影响他们的注意力。因此,教师应注意安排好儿童的生活作息,让儿童的生活动静交替,有张有弛。不同性质活动之间转换要平和,给儿童一个过渡的准备。例如,儿童刚在室外做完剧烈运动,再进入室内很难立刻进行安静的活动,一些教师却要求儿童立即安静下来,集中注意力,这种要求本身就是不合理的。教师在安排儿童活动时,应注意调整时间,切忌一天到晚强迫儿童一动不动,并且教师要求儿童注意力集中的时间不宜过长。

（六）培养学前儿童的自我约束力

儿童的自控能力较差是注意力容易分散的另一个重要原因。当有新异刺激出现时,成人可以约束自己不去关注它,但儿童却很难做到。因此,为培养儿童的注意力,教师可以有意识地创设情境,逐渐提高儿童的自我约束力。采用游戏的方式,将持久注意的要求变为游戏角色本身的行为规则。例如,教师可以与儿童一起玩"指挥交通"的游戏,让儿童扮演交通警察,事先约定每班交通警察要站3分钟的岗,时间到后才能换岗。在游戏中,对注意力持续时间的要求可以循序渐进地提高。通过不同的游戏活动,学前儿童可以慢慢地将外在的游戏规则内化为内在的自我约束。

另外,教师可以有意识地增加干扰因素来增强儿童的自我控制能力。例如,教师可以偶尔在儿童做事时,假装无意地把他们感兴趣的玩具、图书或糖果放在他们旁边。当儿童表现出要放弃当前的活动去选择新的诱惑时,教师应及时而明确地提出要求,让儿童集中注意力。

学前儿童注意的发展对其将来进入小学学习非常重要。实验研究表明,儿童的注意是可以通过培养、教化得到发展的。那么我们从一开始,在儿童注意发展的最初就让其向着好的方向发展,将为其他认知过程的发展创造良好的条件。

### 岗位实践训练

#### 4.1　寻找宝藏

适合年龄:4—6岁。

活动目标:培养幼儿的专注力和观察能力。

活动准备:

1. 在幼儿园内选择一个相对宽敞且安全的区域。

2. 隐藏一些小玩具或彩色小球作为"宝藏"。

3. 准备一张简单的"宝藏地图",上面标记出宝藏的大致位置。

活动时间:约30分钟。

活动过程:

1. 向幼儿介绍游戏的目的和规则,展示"宝藏地图",并告诉幼儿宝藏被隐藏在幼儿园内的某个地方。

2. 每个幼儿得到一张"宝藏地图",要求他们按照地图上的提示找到宝藏。

3. 幼儿按照地图开始寻找宝藏。教师观察幼儿在游戏中的表现,鼓励他们耐心寻找,不要急于求成。

4. 找到宝藏的幼儿可以与其他幼儿分享自己的发现和寻找过程。

活动建议:

1. 在游戏过程中,教师应确保幼儿的安全,避免他们因过于专注而发生意外。

2. 教师可以根据幼儿的实际情况调整游戏的难度和规则,例如增加宝藏的数量或改变隐藏的位置。

 精品练习

岗位实践训练
4.2、4.3

## 一、单项选择题

1. 不属于先天条件反射的注意是( )。

  A. 定向性注意   B. 选择性注意   C. 有意注意   D. 无意注意

2. 举目凝视或侧耳倾听标志着( )。

  A. 注意集中   B. 意识状态   C. 知觉的选择   D. 心理焦虑

3. 小班集体教学活动一般都安排15分钟左右,是因为幼儿有意注意时间一般是( )。(2014年上国考题)

  A. 20—25分钟   B. 3—5分钟   C. 15—18分钟   D. 10—12分钟

4. 老师组织活动时,有的幼儿在参与活动时交头接耳,左顾右盼,这是属于( )。(2018年国赛试题)

  A. 注意的分配   B. 注意的转移   C. 注意的分散   D. 有意识注意

5. 一个人能同时把歌唱好,把舞跳好,并注意在队列中与别人对齐,是注意的( )能力好。(2020年国赛试题)

  A. 广度   B. 稳定性   C. 转移   D. 分配

## 二、填空题

1. 幼儿的_____注意占优势,_____注意初步发展。

2. 注意的功能有＿＿＿＿＿、＿＿＿＿＿和＿＿＿＿＿。

3. 幼儿自始至终地听教师讲故事、认真画画、做手工等都是幼儿的＿＿＿＿＿。

4. 幼儿注意的选择性在很大程度上是由幼儿的＿＿＿＿＿和＿＿＿＿＿引起的。

5. 多动症又称为＿＿＿＿＿＿＿＿。

### 三、判断与说明（判断下面的说法是否正确，并说明理由）

1. 人在高度集中自己的注意时，注意指向的范围就缩小。（  ）
2. 注意使儿童的游戏、学习等活动顺利进行，这是注意的维持功能。（  ）
3. 3—6 岁儿童注意发展的特征是有意注意和无意注意均衡发展。（  ）
4. "一心不能两用"是绝对正确的。（  ）
5. 注意的转移也叫作注意的分散。（  ）

课后自测

# 模块五 学前儿童的感知觉

## 学习目标

1. 理解感觉、知觉和观察的基本概念以及感知觉的基本规律。
2. 掌握学前儿童感知觉的发展特点和培养学前儿童观察力的方法。
3. 具备根据实际情况分析学前儿童感知觉发展的规律和特点的能力。
4. 能初步设计促进学前儿童感知觉发展的活动方案。

## 思维导图

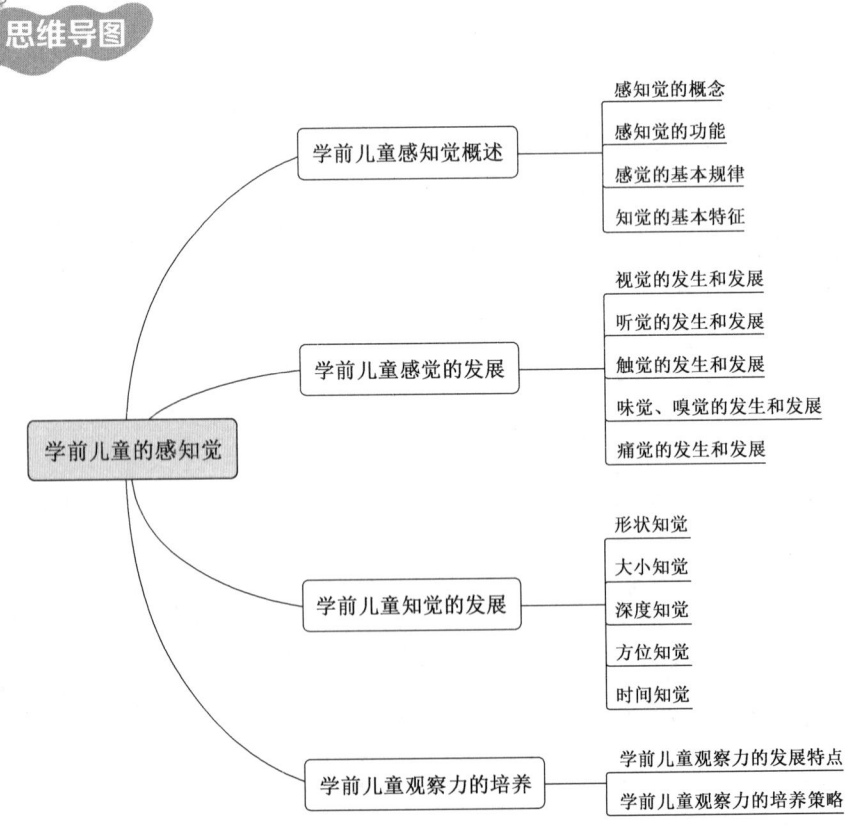

小华今年四岁半,她经常会遇到一些让人啼笑皆非的小困扰——总是左右不分,对时间概念也相当模糊。六一排节目,老师让她们向左转圈圈,或举右手,小华总是反应迟钝,一脸困惑:"哪边是左边?哪边是右边?"早晨起床,她总是拖拖拉拉,似乎永远也搞不清楚"五分钟"和"十五分钟"的区别。当妈妈告诉她"我们现在要出门去公园玩,6点钟回来"时,小华也很难理解这个时间概念,常常导致出门和回家的时间都与预期不符。

为什么小华会左右不分,对时间概念模糊呢?这是否与她的心理发展有关?在进行学前教育教学时,我们应该采取哪些对策、方法帮助幼儿掌握左右概念和时间概念?

# 任务一 学前儿童感知觉概述

## 一、感知觉的概念

感觉是人脑对直接作用于感官的客观事物的个别属性的反映。例如,人看见颜色、听到声音、闻到气味、尝到味道都是产生了感觉。感觉是最简单的心理活动,是其他心理现象形成和发展的基础。它包括外部感觉,即视觉、听觉、味觉、嗅觉、肤觉(触觉、痛觉、温觉等);内部感觉,即运动觉、平衡觉和内脏觉。

知觉是人脑对直接作用于感觉器官的客观事物的整体的反映。例如,幼儿在动物园看到了老虎的长相、皮毛颜色和动作,又听到了老虎的叫声,在头脑中就形成了对老虎的总的形象,这就产生了对老虎的知觉。知觉是以感觉为基础产生的,受经验的影响,但是知觉并不是感觉的简单相加。知觉包括空间知觉、时间知觉和运动知觉。

## 二、感知觉的功能

### (一)感知觉是认识的开端,是获得知识的源泉

人对客观世界的认识过程是从感知觉开始的,从理论上说是从对客观事物的个别属性的认识开始的。通过感知觉,人们获得了关于周围事物的特性以及自己身体方面的最初的感性认识。如果没有感知觉,人类就不能获得任何知识,因为任何知识的来源都是人的感官对客观外界的感觉。

幼儿感觉和知觉是幼儿认识世界、增长知识的门户。幼儿是世界的新客,周围许多

事物对他来说,都是陌生的、新鲜的,都有待于去认识,而幼儿认识新事物,不能像成人那样,看一下书或听别人介绍一下,就可以对事物有个初步的认识。幼儿需要用各种感官去接触事物,对它们进行直接的感知才能认识。例如,苹果、葡萄、核桃的不同,幼儿是在对它们亲眼看一看、亲手摸一摸、亲口尝一尝中认识的。正是因为幼儿对每个新事物的认识总是从感知觉开始的,因此人们通常称感知是幼儿心灵的"门户",是幼儿认识的来源。

(二)感知觉是一切心理现象的基础,是个体与环境保持平衡的保障

人的认识活动是从感觉开始的。通过感觉,不仅能够了解客观事物的各种属性,知道身体内部的状况与变化,而且还能够进行复杂的知觉、记忆和思维等活动,从而更好地反映客观事物。感觉是维持人的正常心理活动的重要保障,如果把感觉剥夺,就会使人的思维过程发生混乱,导致注意力不能集中,甚至会产生严重的心理障碍。

第一个感觉剥夺实验是由加拿大吉尔大学的心理学教授贝克斯顿(Bexton)等人于1954年进行的。感觉剥夺实验是让被试躺在一张舒适的床上,眼睛蒙上眼罩,耳朵被堵住,手也被套上,这样就将被试的感觉基本剥夺了(见图5-1)。在实验室连续待了三四天后,被试出现了诸如错觉、幻觉、紧张、焦虑、恐惧等一系列病理心理现象。

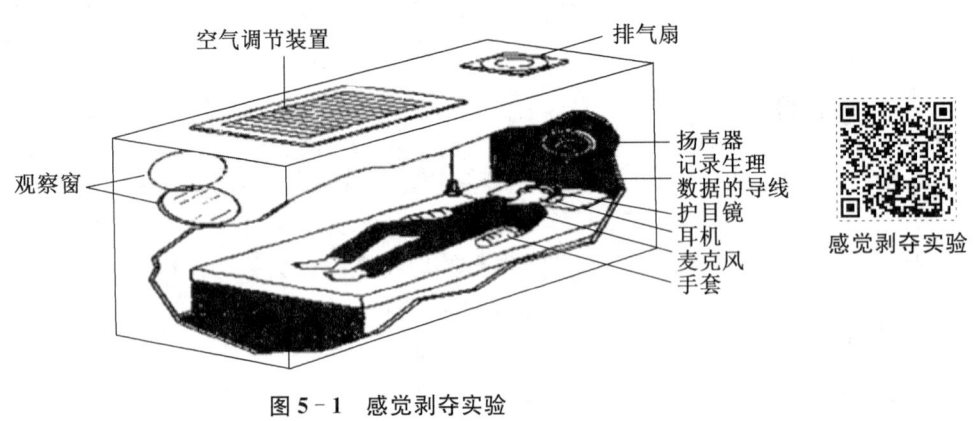

图5-1 感觉剥夺实验

## 三、感觉的基本规律

(一)感觉强度对刺激强度的依存性

每一种感受器只对一种形式的刺激能量特别敏感,而这种能量就是这种感受器的适宜刺激。适宜刺激引起相应的感觉,需要一定的强度,如果达不到一定的刺激强度,便不能产生感觉。

感受性是感觉器官对适宜刺激的感觉能力。同样一种刺激,这个人感觉到了,另一个人感觉不到,就说明他们的感受性不同。感受性是用感觉阈限的大小来度量的。感觉阈限是刚刚能引起感觉持续一定时间的刺激量。

每一种感觉都有两种类型的感受性和感觉阈限:绝对感受性和绝对感觉阈限、差别

感受性和差别感觉阈限。

并不是所有的刺激都能引起人的感觉,只有达到一定量的刺激才能引起人们的感觉,刚刚能引起感觉的最小刺激量,称为绝对感觉阈限。对这种最小刺激量的感觉能力,称为绝对感受性。绝对感受性和绝对感觉阈限在数量上成反比例关系。

刺激物引起感觉之后,如果刺激量发生了变化(增多或减少),也会引起感觉的变化,但是并不是刺激的所有变化都能引起感觉的变化。例如,在100克的重量上如果只增加1克的重量,我们就感觉不出两者的差异。只有当刺激变化到一定量时(增加3克),才能使我们感觉到差别。能引起差别感觉的刺激物的最小变化量,称为差别感觉阈限。对差别感觉阈限的感觉能力,称为差别感受性。

产生最小差别感觉,刺激物的变量与原刺激量之间的关系在一定范围内是一个常数,用公式表示为:

$$\Delta I/I = K$$

其中,$I$ 为原刺激量;$\Delta I$ 为刺激物的变化量;$K$ 为常数。

这一公式就是著名的韦伯定律。研究证明,韦伯定律只有在中等刺激强度的范围内才是正确的。且不同的感觉,韦伯常数($K$)是不同的。

(二) 感受性的变化规律

1. 感觉适应

由于刺激物的持续作用而使感受性发生变化的现象叫感觉适应。这是在同一感受器中,刺激在时间上的持续作用导致对后来刺激的感受性发生变化的现象。通常,强刺激可以引起感受性降低,弱刺激可以引起感受性提高。此外,一个持续的刺激可引起感受性下降。

适应是较普遍的感觉现象。"入芝兰之室,久而不闻其香;入鲍鱼之肆,久而不闻其臭",这就是嗅觉的适应现象。视觉适应可分为明适应和暗适应。从光亮处走进已灭灯的电影院时,开始什么也看不清,过一段时间,就能分辨物体的轮廓,这是视觉感受性提高的暗适应。反之,离开电影院,从暗处到光亮的地方,开始时也是耀眼发眩,一片明亮,但过一会儿就能看清周围的物体,这是视觉感受性降低的明适应。

在寒冷的冬季,我们进入幼儿园活动室,有时会闻到一股空气污浊的气味,而在活动室内工作的老师和幼儿毫不察觉,外来人在室内过了一段时间,也不觉得有气味了,这就是嗅觉的适应现象。因此,幼儿园各班活动室都应有通风换气设施和制度,以保证空气清新。

除此之外,肤觉、味觉的适应也特别明显,听觉的适应不太明显,痛觉的适应则极难产生。

2. 感觉对比

感觉对比是同一感受器接受不同的刺激而使感受性发生变化的现象。感觉对比可以分为两种:一种是同时对比,几个刺激物同时作用于同一感受器时产生同时对比。例如,"月明星稀""月暗星密",天空上的星星在明月下看起来比较少,而在暗淡的月光下星星明显地增加;灰色的长方形放黑色背景上看起来比放在白色背景上更亮些(见图5-2)。

另一种是继时对比,刺激物先后作用于同一感受器时产生继时对比。例如,喝过橘子汁之后,接着喝糖水,觉得特别甜,所谓"先苦后甜格外甜"。

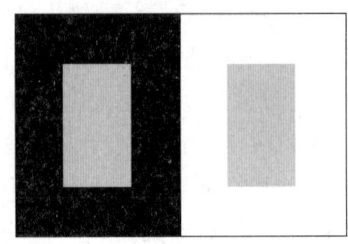

图 5-2 感觉对比

3. 感觉的相互作用

人的各种感觉不是孤立存在的,在一定条件下,各种感觉都会发生程度不同的相互影响。其规律是弱刺激能提高另一种感觉的感受性,而强刺激则使另一种感觉的感受性降低。例如,强烈的噪声会使头痛更厉害;重的物体在轻松的音乐声中感觉会轻些;在绿色光照条件下会提高人的听力,而在红色光照下会增强人的握力等。

4. 联觉

联觉是指一种感觉兼有另一种感觉的现象,是感觉相互作用的一种特殊形式。颜色感觉容易产生联觉,如红、橙、黄等色,类似太阳和烈火的颜色,往往引起温暖的感觉,被称为暖色;蓝、青、绿等色,类似蓝天、海水和树林的颜色,往往引起寒冷、凉爽的感觉,被称为冷色。

5. 感受性与实践

社会生活条件和实践活动是感受性发展的基本条件。从事某种特殊职业的人,由于长期使用某种感觉器官,相应的感受性就得到较高的发展。如印染工人能够分辨出几十种浓淡不同的黑色;熟练的汽车司机侧耳一听,就能听出机器运转的异常声音等。有计划的练习可以提高感受性,如音乐、绘画、雕刻、诗歌、戏剧等艺术活动都能训练人的感觉,使人们的感觉能力得到发展。

6. 感觉的补偿作用

感觉的补偿作用是指某种感觉缺失以后,由其他感觉来弥补。例如,有些盲人可以"以耳代目",通过自己的脚步声或拐杖击地时的回响来辨别附近的地形,可以通过触觉"阅读"盲文。

## 四、知觉的基本特征

(一) 知觉的选择性

人对同时作用于感觉器官的所有刺激并不都发生反应,而只对其中少数刺激进行反应,人的这种对外界信息进行选择而做进一步加工的特性称为知觉的选择性。人从众多的刺激物中主动地选择少数刺激物并对其进行反应,被选择的刺激物就是知觉的对象,而同时作用于感觉器官的其他刺激物就成了背景。对象和背景的转换,是知觉最基本的特点。图5-3中，你可以把它看成是一个侧着身子的老妇人，也可以把它看成是一个脸朝向右边的少女。

对象从背景中分离出来，受到以下几种条件的影响：

1. 对象与背景的差别

对象与背景的差别越大，对象越容易从背景中区别出来；反之，对象则容易消失在背景之中。例如，绿树中找红花容易，而在绿草中找青蛙就很困难。

图5-3　少女老妇双关图

教师要根据一定的教学目的，适当运用对象与背景关系的规律。例如，为了让幼儿观察红花，就以绿树为背景；为了提高幼儿的观察力水平，就让幼儿从绿草中寻找青蛙。

根据这个规律，教师的板书、挂图和实验演示，应当突出重点，加强对象与背景的差别。对教材的重点部分，应使用粗线条、粗体字或彩色笔，使它们特别醒目，容易被幼儿知觉到。教学指示棒与直观教具的颜色不要接近。

2. 对象的活动性

在固定不变的背景上，活动的刺激物容易被知觉为对象。婴幼儿爱看活动的东西，即与此规律有关。根据这个规律，教师应当尽量多地利用活动模型、活动玩具以及幻灯片、录像等，使幼儿获得清晰的知觉。

3. 刺激物本身各部分的组合（相邻性原则）

在视觉刺激中，凡是距离上接近或形态上相似的各部分容易组成知觉的对象。例如，在听觉上，刺激物各部分在时间上的组合，即"时距"的接近是我们区分知觉对象的重要条件。

根据这个规律，教师在绘制挂图时，为了突出需要观察的对象或部分，周围最好不要附加类似的线条或图形，注意拉开距离或加上不同的色彩。凡是说明事物变化与发展的挂图，更应注意每一个演进图的距离，不要将它们混淆在一起。教师讲话的声调应抑扬顿挫，如果平铺直叙，很少变化，毫无停顿之处，幼儿听起来就不容易抓住重点。

（二）知觉的整体性

知觉的整体性是指当作用于感官的刺激在不完整的情况下，人根据自己的知识经验，对刺激进行加工处理，使自己的知觉仍保持完整性的特性。当客观事物作为刺激物对人发生作用时，由于时空条件的限制，有时只有部分或个别属性作用于人的感觉器官，尽管它们在感觉形象上是不完整的，但人能主观上全面地知觉它们，如"窥一斑而知全豹""见一落叶知天下秋"。

影响知觉整体性的客观因素主要是对象各组成部分的强度关系。物体的各部分所起的作用是不同的，知觉对象中关键的、最具代表性的、刺激性强的部分往往决定对整体的知觉。例如，观看漫画时，我们可以从比较突出的线条中，立即辨认出人物是谁。另外，对象各组成部分的排列特点，如被感知事物的接近、相似、闭合、连续等因素，也影响着知觉的整体性(见图5-4)。

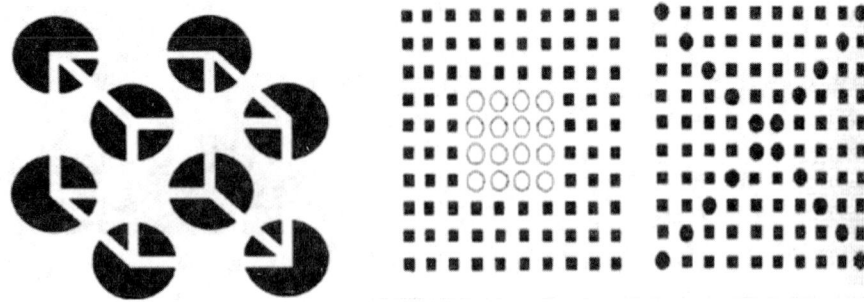

图5-4 知觉的整体性

知觉的整体性有赖于人的知识经验,当知觉对象提供的信息不足时,知觉者常常运用经验对残缺部分进行补充整合,从而获得整体映象。如《红楼梦》中"未见其人先闻其声"的王熙凤未露面,我们在头脑中就出现了王熙凤的整体形象。

(三) 知觉的理解性

人在知觉事物时往往根据自己的知识经验,对感知的事物进行加工处理,赋予它确定的含义,并用语词加以概括,从而把它标志出来的特性,称为知觉的理解性。有时,一些有规律的斑点可以被人们知觉为一个整体,如骑马者(见图5-5)。

图5-5 骑马者

知觉的理解性主要受个人的知识经验、言语指导、活动任务以及态度等多方面因素的影响。人的知识经验的多寡,会影响其知觉的理解性,例如,考古专家见到一块瓷片,就知道它出自哪个朝代。当外部的对象标志不明显时,适当的言语指导可以唤起人过去的经验,有助于对知觉对象的理解。

(四) 知觉的恒常性

当客观事物在一定范围内其物理特性发生变化的时候,知觉映象仍保持相对不变的特性,称为知觉的恒常性。知觉的恒常性在视觉中最为明显,包括大小、形状、亮度、颜色等恒常性。如阳光照射下的白色墙壁与阴影中的角落,其反射出来的亮度差别很大,但人们却把它们感知成亮度相等的白色,这是亮度恒常性。远处的成人在视网膜的成像小于近处的幼儿,但人却知道远处是大人,近处是孩子,这是大小恒常性。

人的知识经验对知觉的恒常性起着重要的影响作用。依靠过去的知识经验和记忆中保存的映象,可发挥感知系统对各种变化的主动补偿作用,使人能够在变化的条件下,获得近似于实际的知觉映象以及物体所固有的特性。比如,我们无论从哪个方向看门,都知道门是长方形的,这是形状的恒常性(见图5-6)。又如,从不同的角度和距离知觉一个圆形时钟,尽管其形象发生变化,但我们仍然把它知觉为圆形。

图 5-6 形状的恒常性

知识拓展：错觉

# 任务二　学前儿童感觉的发展

## 一、视觉的发生和发展

视觉是人最重要的感觉，大约有 80% 的信息来自视觉。人的视觉早在胎儿四五个月时就发生了（刘泽伦，1991）。从大约 25 周起，胎儿的视网膜发育完全，胎儿有时睁开眼睛，有时闭上眼睛。虽然胎儿与外界隔着肚皮和子宫，但强光仍然很容易穿透。例如，当孕妇在日光浴时，胎儿即可感受到光的刺激；当一束强光照在母亲腹部时，睁开眼睛的胎儿就会转脸避开光线。

人类从呱呱坠地的那一刻就能睁开眼睛观看大千世界。研究表明，新生儿出生才几小时，就会注视母亲的面孔（Borni，1985），新生儿的视觉能力表现在视觉探索和视觉集中上。

（一）视觉探索

新生儿的视觉探索表现在注视点的变化上。海斯（Haith，1980）通过研究新生儿眼球的运动轨迹发现其视觉探索存在着空白视野规律。空白视野规律表现为当新生儿完全清醒时，如果光线较暗，就会睁开眼睛，尤其在暗处，会有控制地探索周围环境；在明亮的地方，若周围环境没有边缘，就会进行广泛无规则的探索，一旦出现边缘，立即终止广泛的探索，而将探索集中在边缘上，并有试图跨越边缘的眼球运动，视觉停留在许多有轮廓的区域附近进行小范围探索，而对较小的区域进行广泛探索。还有研究表明，产后第一天，新生儿就能进行水平方向的视觉探索，对三角形的探索集中在三角形的边缘上；出生后第 8 天，就有了探索图形特征的倾向，这种倾向一直延续到出生后一个月。

（二）视觉集中

人的眼睛是复杂的感光系统，若要看清物体，首先需要调节自己的双眼视线，使光线集中在视网膜上，产生视觉神经冲动，再通过视神经传递到大脑皮层中的视觉中枢，产生视觉。如果其中某一环节出现问题，视觉就不能形成。

新生儿的视觉调节能力还比较差,刚出生时,新生儿眼球的转动并非平滑自如,而是跳跃式的移动。他们还不能自如地调节眼睛肌肉,他们的眼睛就像一部定好焦距的照相机,只能对特定距离的物体进行聚焦。出生一周,新生儿的视力趋向于近视,可以把视力集中于8—15厘米远的物体上。新生儿能够用眼追随移动的物体,如果在其头部上方的位置放置一个红环,做垂直方向的移动,就会观察到新生儿能用眼睛追随红环。一周后,可以看见3米处的物体,他也将学会跟踪运动的物体,并且喜欢看人的面孔或者具有高对比度的图案。但两只眼睛运动还不够协调,有时会出现眼球位置不对称。

对光的视觉探索和集中是新生儿视觉反应的明显表现,也是视觉发展的前提,日常生活中,年轻的父母或看护人可以观察新生儿有无视觉探索现象,或是否能够用眼睛追随移动的物体,判断其视觉发育是否正常。

（三）视力的发展

视力是指人精确地辨别细小物体或远距离物体的能力,也就是发觉物体的形状或体积上最小差别的能力,也称"视敏度"。儿童视力的发展如下:

出生时:新生儿晶状体的变形能力很差,看东西模糊不清。有研究报告指出,出生后1天的新生儿,其视力相当于成人的20/200—20/400(庞丽娟、李辉,1999)。研究采用的是"视动眼球震颤法",将宽度和间隔不同的条形图案向新生儿出示,根据其扫描图案时不自觉的眼球运动来判断其视力。结果发现正常成人在距物体200米处出现的眼球运动特征,新生儿在20米处方可出现。但是新生儿的视力发展迅速。

2个月:到2个月时,乳儿视觉集中的现象越来越明显,喜欢看活动的物体和熟悉的大人的脸。他们能协调地注视物体,能区分颜色,但不能分辨深浅。在90°范围内眼球能随着物体运动,当有物体很快靠近眼前时,会出现眨眼等防御性反射,注视小手5秒以上。

3—4个月:乳儿3个月时能固定视物,看清大约75厘米远的物体,视力约为0.1。注视的时间明显延长了,视线还能伴随移动的物体而移动。例如,乳儿睡在小床上,母亲从身边走过时,他的眼睛能够跟着母亲的身体转动,喜欢看自己的手。仰卧时,两眼会追随走动的人。

5—6个月:眨眼次数增多,可以准确看到面前的物品,还会将其抓起,在眼前玩弄。将手摇铃挂在摇篮或床旁,当乳儿不小心碰到手摇铃时,乳儿会因声音注意到某处有个东西。当乳儿坐起来玩时,双手可以在眼睛的控制下摆弄物体,会盯住他拿到的东西,手眼开始协调。在乳儿眼前出示玩具,并上下左右缓慢移动,乳儿能有意识地主动追随。6个多月时,目光可向上向下跟随移动物体转动90°。这时候乳儿能注视较远距离的物体,如街上的行人、车辆等。

7—8个月:能辨别物体的远近和空间,喜欢寻找那些突然不见的玩具。这时,跟乳儿玩"躲猫猫"的游戏,乳儿会特别高兴,乐此不疲。

9—10个月:视线能随移动的物体上下左右地移动,能追随落下的物体,寻找掉下的玩具,并能辨别物体大小、形状及移动的速度。能看到小物体,能开始区别简单的几何图形,观察物体的不同形状。开始出现视深度知觉,也就是立体知觉。

11—12个月:视线能随移动的物体上下左右地移动,能追随落下的物体。1岁时视力可达0.2。

1—2岁:1岁后,喜欢看图书,能区别物体,会模仿动作。在外界环境光线的不断刺激下,孩子的视力逐渐发展。到1岁半时,他的视力可达0.4,能看见细小的东西,如爬行的小虫、蚊子,能注视3米远的小玩具,还能区别简单的形状,如圆形、三角形、方形。

2—5岁:这阶段的孩子能判断出物体的大小、上下、内外、前后、远近等空间概念。2—3岁是双眼视觉发育最为旺盛的时期,此时视力达到0.5—0.6,已经快接近成人视力,但此时极易使视力丧失。4—5岁时,视力大约为1.0,各种眼部生理反射已形成并趋于稳固,此时已不易丧失视力。

6岁:此时接近成人的视觉,而立体知觉到9岁才可达到正常。

弱视是儿童视觉发育障碍的一种常见病。弱视儿童的视力达不到正常水平,两眼不能同时注视同一目标,无立体感,不能判断自身的空间位置,分不清物体离自己的远近高低,定位不准确,不能完成精细动作。弱视的成人在许多工种方面受到限制,而儿童的弱视是可以治疗的。因此对儿童弱视应及时发现和治疗。据研究,无器质性病变的弱视儿童,经过及时治疗,绝大多数可以获得正常视力。治疗弱视的最佳期是3—5岁,12—13岁以后弱视便难以治疗。

(四)颜色视觉的发展

颜色视觉是指区别颜色细微差异的能力,也称辨色力。人眼在视网膜上有3种分别只含有红、绿、蓝不同感光色素的视锥细胞,分别对产生红、绿、蓝色的光波敏感。红、绿、蓝三色被称三原色,其他颜色感觉均由红、绿、蓝3种感光色素混合,并将信息传到脑中枢整合而成。

婴儿是什么时候开始有辨色力的呢?研究表明,3个月的婴儿不但能根据明度辨别颜色,而且能够根据色调辨别颜色。婴儿对颜色很敏感,对色彩有偏爱,出现"视觉偏好"现象,即喜欢带颜色的物体,不喜欢无色的物体;喜欢看明亮鲜艳的颜色,尤其是红色,不喜欢看暗淡的颜色。他们偏爱的颜色依次为红、黄、绿、橙、蓝等,所以我们经常用红色的玩具来逗引孩子。4个月时,颜色视觉的基本功能已接近成人(海斯,1990)。

到了幼儿阶段,区别颜色细微差别的能力继续发展。此时,幼儿对颜色的辨别往往和掌握颜色名称相结合。

对于1岁半以后的幼儿,因为他们能够听懂成人的语言,可采用以下方法判断他们识别颜色的能力:

1. 配对法

向儿童出示几种颜色的卡片,让他们在许多颜色卡片中挑出相同颜色的卡片。张增惠(1984)用此方法调查了1.5岁、2岁、2.5岁和3岁儿童的辨色力,发现2岁儿童有30%左右能够正确识别红、白、黄三色,而2.5岁儿童已有95.8%能够正确识别红、白、黄、黑、绿、紫、蓝、橙八种颜色。

2. 指认法

向儿童出示许多颜色的卡片,成人说出其中一种颜色,让儿童指出相应颜色的卡片。如果儿童指对了,说明儿童不仅能够辨别这种颜色,而且能够理解该颜色的语词含义。

3. 命名法

向儿童出示一种颜色的卡片,让其说出是什么颜色。说对了,说明儿童不仅能够识别该颜色,能够理解或掌握该颜色的名称,而且能够用语言表达出来。

有研究表明,幼儿初期,已能初步辨认红、橙、黄、绿、蓝等基本色,但在辨认混合色和近似色时,往往较困难,也难以说出颜色的正确名称;幼儿中期,大多数能认识基本色、近似色,并能说出基本色的名称;幼儿晚期,不仅能认识颜色,而且在画图画时,能运用各种颜色调出需要的颜色,并能正确地说出混合色和近似色的名称。

(五)视觉的保护

(1)培养良好的生活习惯。保证儿童睡眠充足,充足的睡眠让眼部的肌肉达到完全的放松,促进大脑视觉神经的正常发育;营养要均衡,让儿童多吃蔬菜和水果,摄取丰富的维生素;多做户外运动,最简单的方式是让孩子登高望远。

(2)提供适宜的居家环境。避免儿童随意玩弹射性玩具;避免儿童接近厨房;浴室清洁剂或化学用品应妥善放置。

(3)培养良好的阅读习惯。室内光线要适宜,光线不要太暗或过亮;儿童的阅读材料应选择不反光的纸张,字体大小适宜,印刷清楚;坐姿要正确,避免趴着或躺着看书、画画;使用符合儿童身高的桌椅,最好采用可以调整高度的座椅,看书时,眼睛与书本应保持30厘米以上的距离。

(4)培养良好的看电视或玩电脑习惯。儿童看电视时应与电视屏幕保持相对较远的距离,观看电视的角度不超过电视左右30度;画面的高度较两眼平视略低一些,以俯视为佳;不能让儿童长时间看电视,看30分钟就要休息10分钟以上;不能让儿童长时间玩电脑。

(5)教育儿童沙尘迷眼或眼睛受伤时,不要用手揉眼睛,应及时找大人或医生处理。

(6)经常检查儿童的视力,发现视力减退,要及时治疗。

## 二、听觉的发生和发展

听觉也是人极其重要的感觉,有人估计10%的信息来自听觉。人们借助听觉来辨别声音的高低、强弱和音色,以此来判断发声的方位、距离和意义。有了听觉,人才能够欣赏音乐,更重要的是进行语言交流。对于婴幼儿,如果听不见声音,就无法学会说话,正所谓"十聋九哑"。

现代心理学研究发现,不仅新生儿具有明显的听觉能力,而且尚未出生的胎儿也有明显的听觉反应。

### (一)胎儿的听觉反应

许多孕妇报告,6个月以上的胎儿常对诸如汽车喇叭之类的大声响做出翻身、踢腿等动作反应。美国著名儿科医生布雷寿顿曾做过一个有趣的实验,让妊娠7个月的母亲在B型超声的荧光屏前,观察胎儿对声音的反应。当胎儿在觉醒状态,听到母亲腹壁外的"咯咯"声时,头会转向声音发出的方向。这表明在出生前几个月,胎儿听的能力已经发育得很好,能准确地听了。

有研究所现,把母亲心跳的声音录下来,经过扩大,当其新生儿烦躁不安或大哭时播放给他听,新生儿很快就会安静下来。这种现象可解释为胎儿在母体内,已经有了基本的听觉能力,而且有了听觉性记忆,因此在听到母亲心跳的声音时,有一种回到自己熟悉环境的感觉,从而得到安慰。父母抱孩子时,通常把孩子放在自己的左胸部,让孩子听见大人的心跳,孩子便会安静下来。

### (二)新生儿的听觉能力

国内外的研究均已证明,出生第一天的新生儿已有了听觉反应。我国的研究者廖德爱等(1983)曾对妇产医院42名出生不到24小时的新生儿施以类似蟋蟀叫的声音刺激,发现约83.3%的儿童能在仅施以1—2次刺激的情况下较迅速地做出头扭动、眼珠转动、睁眼等反应,其余的新生儿虽然较慢,需3—5次刺激,但都有所反应。

新生儿不仅能听见声音,还能区分声音的高低、强弱、品质和持续时间。有研究表明,出生两天的新生儿已能学会听到"嗡嗡"声向左转头,听到"咔嚓"声向右转头。

新生儿从一出生即具有声音的定向力。在新生儿觉醒状态,头向前方,用一个小塑料盒,内装少量玉米粒或黄豆,在距新生儿右耳旁10—15厘米处轻轻摇动,发出很柔和的"咯咯"声,新生儿会变得警觉起来,先转动眼,接着转动头朝向声音发出的方向,有时他还要用眼寻找小方盒。

据研究,以人声和物体的声响做比较,新生儿更爱听人的声音,最爱听母亲的声音。此外,新生儿也喜欢听柔和的、高音调的声音。

### (三)听觉的发展

儿童不仅能辨别不同的声音,而且表现出对某些声音的"偏爱",即表现为对某些声音能更长时间地注意倾听。研究者发现,1—2个月的乳儿似乎偏好乐音(有规律而且和谐的声音)而不喜欢噪声(杂乱无章的声音);喜欢听人说话的声音,尤其是母亲说话的声音;2个月以上的儿童似乎更喜欢优美舒缓的音乐而不喜欢强烈紧张的音乐;7—8个月的儿童乐于合着音乐的节拍而舞动双臂和身躯,对成人安详、愉快、柔和的语调报以欢愉的表情,而对生硬、呆板、严厉的声音表示烦躁、不安,甚至大哭。

幼儿的听觉敏感性随其年龄的增长而不断提高,有人报道,5—6岁幼儿在55—65厘米处能够听到手表走动的声音,6—8岁儿童在100—110厘米处就能听到。又有研究表明,在12—13岁以前,儿童的听觉敏感性是一直在增长的。成年以后,听力逐渐有所降低。有人发现,20岁以后,年龄每增长约10岁,听力就有较明显的下降。一般年老时,高频声音的听觉能力就会逐渐丧失。

婴幼儿听觉存在显著的个别差异,个体差异有随年龄增长而减小的趋势,但经过训练可以提高听力。家长或教师应有意识地通过音乐或语言来培养孩子的听觉能力,也可设计一些训练婴幼儿听觉的游戏,如让一个小朋友闭上眼猜一猜说话的同伴是谁。

（四）听觉的保护

保护婴幼儿的听力是很重要的。家长和教师应注意以下两个方面：

1. 减少噪声,保护儿童的听觉

噪声环境对人的听觉是有害的。人最理想的声强环境是15—35分贝。10分贝的声强大约相当于离耳朵两步远的轻声耳语。大声说话的声强可达60—70分贝。60分贝以上的噪声,就会使人产生不舒服的感觉。如果长期在强烈噪声持续刺激下,人的内耳听觉器官就会发生病变,易患噪声性耳聋。幼儿园是孩子集中的地方,幼儿又非常容易兴奋,许多孩子在一起玩的时候,大声喧哗在所难免,易产生噪声污染。教师应该加强对孩子的说话方式的教育,引导孩子用适当的声音说话,防止乱叫乱嚷。

2. 及时发现孩子听力方面的问题,保护听力

在日常生活中,家长或教师要注意观察孩子说话和听话的反应,及时发现孩子听力方面的问题,给予适当的处理,以免影响听力和语言的发展。应该特别注意那些所谓的"半聋"或"半听见"的孩子,他们听力上有缺陷,但是往往能够根据他人的面部表情和动作,或根据眼前的情境,理解别人说话的内容,因而听力问题往往被忽略。建议可以通过听力检查,了解儿童听力的状况。对于听力较差的孩子,除了增加训练外,应创造条件加以保护。例如,让他坐在离老师较近的地方,对他讲话声音放大些,说得清楚些,防止他们听觉过分疲劳。

## 三、触觉的发生和发展

触觉是皮肤受到机械刺激产生的感觉。触觉是肤觉和运动觉的联合,是学前儿童认识世界的重要手段。皮亚杰认为,触觉是儿童最初获得外部环境知识的一种方式,这对儿童早期的认知发展有关键作用。新生儿和乳儿,口腔是主要的触觉器官,之后,手成为主要的触觉器官。

新生儿从出生时就有触觉反应,许多天生的无条件反射,如吸吮反射、防御反射、抓握反射等,都有触觉参与。婴儿通过触觉探索来认识事物,这种探索方式有两种,即口腔探索和手的探索。

（一）口腔触觉

新生儿出生后,对物体的触觉探索最早是通过口腔的活动进行的,通过口腔触觉认识物体。口腔触觉作为探索手段早于手的触觉探索,孩子在学会用手探索这个世界之前,口腔会在一定时期内扮演一个探索工具。孩子喜欢把所有触手可及的东西放进嘴巴里品尝,以此感觉物体的味道、质地、形状等,并以此认识物体,获得心理的满足。在弗洛伊德的心理发展理论中,将0—18个月这段时间称为"口腔期",儿童在这一时期主要通过吸吮、咀嚼、吞咽等口腔活动获得满足和快乐。

3个月的乳儿在吸吮时,对熟悉的物体吸吮的速度逐渐降低,出现"习惯化"现象。可是换了新的食物后,他的吸吮频率马上发生变化,出现"去习惯化"。这种事实表明,乳儿已经有了口腔触觉的探索活动,口腔触觉有了辨别力。

6个月以后的乳儿,看见了东西,抓住了就放进嘴里。1—2岁的婴儿,在地上捡起一些物体,也要往嘴里放。儿童1周岁之前,口腔探索是认识物体的重要手段。当婴儿的手的触觉探索活动发展起来以后,口腔的触觉探索逐渐退居次要地位,但是,在相当长的时间内(甚至到3周岁),儿童仍然以口腔的触觉探索作为手的触觉探索的补充。鉴于此,家长应该把能吞咽的小玩具、尖锐的物体、药片等放在孩子无法触及的地方,以免婴幼儿触及并吞咽。

(二)手的触觉

手的触觉是通过触觉认识外界的主要渠道,也就是说,触觉探索主要通过手来进行,儿童刚出生时,有本能的手的触觉反应。例如,抓握反射证明新生儿手的触觉已经存在,这是一种先天的无条件反射。

新生儿继抓握活动之后出现了手的无意性抚摸。先天的抓握反射随着儿童的生长发育会逐渐消失。接下来会出现手的无意性抚摸,儿童的手无意地碰到东西,如被子的边缘时,也会沿着边缘抚摸被子。这是一种无意的触觉活动,也是一种早期的触觉探索。4—5个月时,手眼协调动作的出现,即视觉和手的触觉协调活动的出现(伸手能够抓住东西),是儿童认知发展的重要里程碑,也是手真正触觉探索的开始。

积极主动的触觉探索是在7个月左右发生的。当乳儿学会了手眼协调之后,他逐渐会用手去抓握、摆弄物体,把东西握在手里摇动、挤它或把它丢开。

对于3岁以后的幼儿,手的探索依然是他们认识世界的一种重要方式,伴随手的操作,儿童能够对事物进行思考和判断。教师可以设计促进幼儿手的触觉探索的游戏,比如,闭起眼睛"摸口袋"、猜东西等。

### 四、味觉、嗅觉的发生和发展

(一)味觉的发生和发展

味觉感受器是味蕾,主要分布在舌背,特别是舌尖和舌的周围。婴幼儿的味蕾在舌面的分布比成人更广,味觉更敏感、更丰富。

胎儿2个月时嘴巴开始发育。4个月时,舌头上的味蕾已发育完全,能够津津有味地品尝羊水了。在胎儿7—8个月时味觉的神经束已髓鞘化,故出生时味觉已发育完善。

实验证实,人出生就有味觉,新生儿刚一出生就有明确的味觉偏好,他们对甜汁液吸吮的频率高于苦的、酸的、咸的或者中性的液体,吸吮持续的时间也更长(Crook,1987;Smith & Blass,1996)。1个月以内能辨别糖水、柠檬汁等不同味道。当把甜的液体放到新生儿嘴里时,他们表现出很轻松愉快的表情,并满意地吸吮起来,但对咸、酸或苦味液体则做出皱眉、噘嘴和不规则的呼吸等拒绝性的反应。

出生后2个月内,乳儿通过训练可以对水、甜水和酸水的味道形成条件反射。实验显示,3个月时,乳儿能够分辨1%和2%两种糖水,也能分辨0.2%和0.4%的盐水,也就是说,此时乳儿能够对糖水和盐水形成分化的条件反射。4—5个月的乳儿对食物味道的微小改变已经很敏感。6个月到1岁,婴儿在这一阶段味觉发展最灵敏。

因此,发展婴幼儿的味觉是非常重要的。成人要依据婴幼儿味觉的发展特点,适时发展孩子的味觉。

家长要及时给孩子添加食品,在孩子一个半月时可以适当地给他喂些橘子汁,3个月左右可以用筷子蘸各种菜汤让孩子尝尝味儿。不断变化食品能够刺激孩子的味觉,避免长期使用单一口味的奶粉,6个月以后,可以给儿童尝一尝甜的、酸的、咸的饮料。设计让婴幼儿尝味道的游戏,准备一些可口的水果(如香蕉、橙子、苹果等),让孩子尝一尝,告诉孩子香蕉是甜的,橙子、苹果是酸甜的,再问他喜欢哪种味道。孩子断奶后,要让他们吃到更多味道的食品。

(二)嗅觉的发生和发展

根据研究,6—7个月的胎儿就有嗅觉了。此时的胎儿,在强烈的、不好闻的气味下,活动量就会增加,呼吸速度也会改变。

新生儿能够察觉各种气味,对不喜欢的气味如氨水或臭鸡蛋的臭味,他们会将头扭开,做出拒绝的表情。母乳喂养的新生儿,1—2周就能通过乳房和腋下气味认出自己的妈妈。

**五、痛觉的发生和发展**

美国加利福尼亚大学妇产科专家马克·罗森领导的科研小组公布的科研结果显示,28周的胎儿身体受到刺激时,他们的大脑会有痛感。

新生儿的痛觉感受性是很低的。国外有人做过对新生儿的痛觉测查,他们用针去刺孩子最富有感受性的区域——鼻、上唇和手,结果表明,未足月的新生儿,对极强的刺激都没有不愉快的表现,极可能是感觉不到痛。

成人对孩子的痛觉的敏感性起暗示作用,消极情绪暗示会使孩子感觉疼痛更加强烈。例如,孩子不小心摔倒了,本来不是很痛,可是父母表现出过度紧张,会使孩子受到不良的情绪暗示,也开始紧张,就会哭起来,而且越哭越感到痛;如果孩子发现成人表情平静,甚至显现出若无其事的样子,就是对孩子发出积极的情绪暗示,孩子就会若无其事地爬起来,继续高高兴兴地玩去了。

# 任务三  学前儿童知觉的发展

知觉的种类一般按照物体的特性分为空间知觉、时间知觉和运动知觉,下面将从空间知觉中的形状知觉、大小知觉、深度知觉、方位知觉以及时间知觉几个方面加以阐述。

## 一、形状知觉

形状知觉是人们对物体形状特性的认识,包括物体的轮廓和各部位的组合关系。形状知觉是人类和动物共同具有的知觉能力,它是视觉、触觉、动觉协同活动的结果。

### (一)婴儿的形状知觉

许多研究证明,人出生不久就能知觉到物体的形状,很小的孩子就已经能分辨不同的形状。

范兹(Fantz,1971)在婴儿形状知觉和视觉偏好方面设计了许多经典实验。他专门设计了"注视箱",让婴儿躺在小床上,眼睛可以看到挂在头顶上方的物体。观察者通过小屋顶部的窥测孔,记录婴儿注视不同物体所花的时间。该实验假定:看相同的两个物体要花同样长的时间,看不同的物体所花的时间就不同。范兹(1963)曾以 8 周的婴儿为实验对象,让他们注视三角形图形和靶心图,他发现婴儿对两个三角形注视的时间相同,而对三角形和靶心图注视的时间不同,说明婴儿能区别两种不同的形状。范兹还发现,4—6 个月的婴儿注视复杂图形(如人脸)的时间比注视简单图形或不规则图形的时间要长。格林堡(Greenberg)也曾做过类似的实验,以 6—11 周的婴儿为对象,给婴儿出示三类图(圆点图、方格图和线条图),且复杂程度都不同。结果发现,不同年龄的儿童对不同复杂程度的图形注视的时间也不同。年龄小,倾向于注视中等复杂程度的图形,而年龄大,则倾向于比较复杂的刺激。这些结果表明,不同年龄的儿童可能会选择与自己水平相适应的刺激,且具有处理这些刺激的能力。

### (二)幼儿的形状知觉

对幼儿期形状知觉发展的研究,往往是通过让幼儿用眼或手辨别不同几何图形进行的。有心理学工作者用"配对法""指认法"和"命名法"调查了 3—5 岁幼儿对几何图形的认识能力。实验表明,幼儿发现识别几何图形的能力优于掌握几何图形的名称。3 岁儿童基本上能根据样例找出相同的几何图形,但很少能够正确说出几何图形的名称,他们往往用自己熟悉的物体名称形容抽象的几何图形,例如,把圆形称为"太阳形",把半圆称为"月亮"。随着年龄的增长,幼儿对几何图形的认识能力越来越高。对幼儿来说,对不同几何图形辨别的难度有所不同,由易到难的顺序是:圆形、正方形、半圆形、长方形、三角形、五边形、梯形、菱形。4 岁是幼儿形状知觉发展的敏感期。

实验表明,当视觉、触觉、动觉相结合时,幼儿对几何图形感知的效果较好。在幼儿辨别几何图形的任务中,如果只让幼儿依靠手摸,没有让他看,即排除了视觉的参与,错误率较高;而让幼儿既看又摸,即视觉和动觉都参与,那么以后不用看,只用手去摸索,幼儿也能较容易完成任务。

幼儿掌握几何图形名称后,便利用掌握的图形标准对看到的图形进行"解释",即进行图形的知觉水平的"解释",这种解释有三种情况:

1. 知觉认同

当看到的物体形状与所掌握的几何图形完全一致时,只需将二者视为同一即可。

如"水滴是圆的""门是长方形的"。

2. 归入标准

当物体的形状和标准的几何图形大致相同时，幼儿就会舍去不同部分的信息，把它归入标准的几何图形。如"西瓜像皮球，是圆形的"。

3. 塑造"模型"

当一个物体的形状过于复杂时，幼儿就会用两种或两种以上标准几何图形分别对照某一部分，并根据各部分的空间位置关系组成"几何模型"。如"房子的窗户是正方形的，门是长方形的，房顶是三角形的"。

## 二、大小知觉

4个月的婴儿已经具备大小知觉的恒常性。所谓视觉恒常性是指客体的映象在视网膜上的大小变化并不导致对客体本身知觉的变化。例如，一块积木离观察者的距离越远，在视网膜上的映象也越小，但观察者知觉到积木大小并未变化。6个月前的乳儿已经能辨别大小，6个月至3岁的婴儿已经能够按语言指示拿出大皮球或小皮球，3岁以后判断大小的精确度有所提高。据研究，2岁半到3岁是孩子判别平面图形大小能力急剧发展的阶段。

幼儿对图形大小判断的正确性要依赖图形本身的形状。幼儿判断圆形、正方形和等边三角形的大小较容易，而判断椭圆、长方形、菱形和五角形的大小有困难。

幼儿判断大小的能力还表现在判断的策略上。4—5岁幼儿在判别积木大小时，要用手逐块地去摸积木的边缘，或把积木叠在一起去比较。而6—7岁幼儿，由于经验的作用，已经可以单凭视觉便指出一堆积木中大小相同的积木。

## 三、深度知觉

深度知觉是判断自身与物体，或物体与物体之间距离的知觉，也称为立体觉。

为了了解婴幼儿深度知觉的发展状况，吉布森（Gibson）和沃克（Walk）1961年设计了"视崖"实验。实验表明，6个月大的婴儿已有深度知觉。

"视崖"（见图5-7）是一种测查儿童深度知觉的有效装置。视崖装置如下：一张1.2米高的桌子，顶部是一块透明的厚玻璃，桌子的一半（浅滩）是用红白格图案组成的结实桌面。另一半是同样的图案，但它在桌面下面的地板上（深渊）。在浅滩边上，图案垂直降到地面，虽然从上面看是直落到地的，但实际上有玻璃贯穿整个桌面。在浅滩和深渊的中间是一块0.3米宽的中间板。实验时，每个孩子都被放在视崖的中间板上，先让母亲在深的一侧呼唤自己的孩子，然后再在浅的一侧呼唤自己的孩子。

吉布森和沃克曾选取36名6个半月至14个月的儿童进行"视崖"实验，结果发现大多数儿童只爬到浅滩，即使母亲在深滩一侧呼喊，他们也不过去，或因为想过去又不能过去而哭喊。该实验说明儿童已有深度知觉，但无法判断深度知觉是否是先天的。

坎波斯和兰格（Campos & Langer，1970）采用更灵敏的技术研究深度知觉。他们选取了2—3个月，甚至更小的儿童。结果发现，当把幼小的儿童放在深滩边时，儿童的

图 5-7 视崖装置

心率会减慢,而放在浅滩边则不会有此现象。这表明,儿童是把悬崖作为一种好奇的刺激来辨认。但如果把 9 个月的婴儿放在悬崖边,他们的心率会加快,这是因为经验已经使得他们产生了害怕的情绪。

深度知觉的发展受经验的影响比较大,婴幼儿的深度知觉随着经验的丰富逐步发展。游戏和体育活动能够促进婴幼儿深度知觉的发展。

## 四、方位知觉

方位知觉是对物体所处方向的知觉。

### (一) 空间定位能力的发生

孩子出生后就有听觉定位能力。新生儿出生后,已经能够对来自左边的声音向左侧看或转头,对来自右边的声音则有向右侧转的表现。也就是说,虽然新生儿两耳之间的距离比人短,声音到达两只耳朵的时间差比成人小。但是,新生儿已有听觉定位能力。

正常儿童主要依靠视觉定位。盲儿也能够依靠声音对物体定位。一个早产 10 周的盲儿在他 16 周时,能用嘴唇和舌头连续发出很响的"劈劈啪啪"声,凭借这种声音的回响做出声源定位。当实验者在该盲儿前面悄悄地挂上一个大球时,他会把头转向球。

### (二) 空间关系的掌握

婴幼儿方位知觉的发展主要表现在对上下、前后、左右方位的辨别。据研究(叶韵等,1958),3 岁的儿童能辨别上下;4 岁儿童开始能辨别前后;5 岁开始能以自身为中心辨别左右;6 岁时仍有部分儿童还不能辨别以自身为中心的左右方位。

皮亚杰曾研究了儿童左右概念的发展,后来美国的埃尔凯德(Elkind)重复了皮亚杰的实验,他们两人的实验结果大致相同:5 岁儿童能辨别自己的左右手、左右脚;7—8 岁能辨别对面的人的左右手、左右脚;10—11 岁才能完全掌握左右概念的相对性。我国学者重复了这一研究(朱智贤等,1964),所得结果证实了我国儿童也大致存在着同一发展趋势,左右概念的发展可划分为三个发展阶段:

第一阶段(5—7 岁),儿童比较固定地辨别自己的左右方位。表现为幼儿能够辨别自己的左右手、脚、耳,但不能辨别对面人的左右,不理解左右的相对性。

第二阶段(7—9岁),儿童能初步具体掌握左右方位的相对性。表现为幼儿判断别人的左右方位时,常常转动自身使之与别人的方向一致,判断时间较长,结果时对时错。

第三阶段(9—11岁),儿童比较概括地、灵活地掌握左右概念。儿童能够较迅速而正确地判断自己和他人的左右方位,而且能够正确指出三种并排摆放的客体的相对位置。比如中间的那个在其中一个的左方,在另一个的右方。

近年来的一些重复性实验指出,我国8—9岁的城市儿童基本达到上述第三阶段水平,但左右知觉发展的总趋势没有改变。

由于方位本身具有相对性,幼儿判断上下方位可以根据"头上脚下"或"天上地下"来完成,"头和脚""天和地"都是较为固定的参照物。同样的道理,判断前后可依据"眼前和背后",以眼睛和脊背作为参照物。而判断左右之所以很难且发展缓慢,原因之一就是左右方位没有固定参照物。人的身体又是轴对称的,左右身体部位完全相同。

左右知觉发展缓慢给儿童的学习带来一定困难,如一二年级小学生常常分不清b和d,p和q,m和w,把3写反等。

幼儿方位知觉发展早于方位词的掌握。当幼儿还不能很好地掌握左右方位的相对性和方位词的时候,幼儿园老师不应该单用语言,面对幼儿让他们"举起右手",应该把左右方位词与实物结合起来。例如,老师说"举起右手",小班幼儿不知所措,而说"举起写字的手",小班幼儿都能完成任务。由于幼儿只能辨别以自身为中心的左右方位,幼儿园教师做示范动作时,要使自己的身体方位与幼儿一致。

### 五、时间知觉

时间知觉是个体对客观现象的延续性和顺序性的知觉。人对时间的知觉是比较困难的,因为时间是抽象的,人也没有专门感知时间的分析器。人的期待和情绪等心理因素对时间知觉的影响特别显著,我们无法直接感知时间,而是通过某种媒介来实现的。媒介可以是自然界的周期现象,也可以是机体的生理状态。例如,昼夜交替、月亮盈亏、季节变化等自然现象,时钟和日历等计时工具,人自身的消化、呼吸、心跳、睡眠等生理过程的节律性活动都可以作为反映时间的媒介。成人与儿童对时间的判断借助的中介是不同的,成人通常用表、日历等计时工具,而儿童掌握这些工具则要经历较长一段时间。

儿童感知时间常常是无意识的、不自觉的。起初,儿童最早的时间知觉主要依靠生理上的变化产生对时间的条件反射,也就是根据人们常说的"生物钟"所提供的时间信息而出现的时间知觉。例如,儿童感到饿的时候,会自己醒来或哭喊,这就是对吃奶时间的条件反射,以后逐渐学习借助于某种生活经验(生活作息制度、有规律的生活事件等)和环境信息(自然界的变化等,如幼儿知道"太阳落山了,天快黑了","太阳升起来就是早晨")反映时间。学前晚期,在教育影响下,儿童开始有意识地借助计时工具或其他反映时间流程的媒介认识时间。但由于时间的抽象性,幼儿知觉时间比较困难,水平不高。

我国的研究表明,儿童的时间知觉表现以下特点和发展趋势:

（1）时间知觉的精确性与年龄呈正相关。即年龄越大，精确性越高。7—8岁可能是时间知觉迅速发展的时期。

（2）时间知觉的发展水平与儿童的生活经验呈正相关。生活制度和作息制度在儿童的时间知觉中起着极其重要的作用，幼儿常以作息制度作为时间定向的依据，如"早晨就是上幼儿园的时候"，"下午就是午睡起来以后"，"晚上就是爸爸妈妈来接我们回家的时候"等。严格执行作息制度，有规律的生活有助于发展孩子的时间知觉，培养时间观念。

（3）幼儿对时间单元的知觉和理解有一个"由中间向两端""由近及远"的发展趋势。大量研究表明，儿童先能理解的是"天"和"小时"，然后是"周""月"或"分钟""秒"等更大或更小的时间单元。在"天"中，最先理解的是"今天"，然后是"昨天""明天"，再后才是"前天""后天"。对于"正在""已经""就要"三个与时间有关的常用副词的理解，同样也是以现在为起点，逐步向过去和未来延伸。

（4）理解和利用时间标尺（包括计时工具）的能力与其年龄呈正相关。小孩子常常不能理解计时工具的意义。妈妈告诉孩子时钟走到7点半就可以打开电视看《喜羊羊和灰太狼》，孩子等得不耐烦了，就要求妈妈把钟拨到7点半。这种情况下，自然谈不上有效利用时间标尺。有研究表明，大约到7岁，儿童才开始利用时间标尺估计时间。

根据儿童时间知觉发展的特点，家长和教师应让孩子从小养成良好的生活起居习惯，建立起良好的生活节律，遵守作息时间制度。在幼儿教学中，要先从"中间"时间教起，再向"两边"时间延伸。抓住儿童学习利用时间标尺的关键期及时进行教育。

# 任务四　学前儿童观察力的培养

观察是有目的、有计划、比较持久的知觉，是知觉的高级形式。观察除了运用眼、耳、鼻、舌、手等感官外，还必须积极思考，观察是有思维参加的高级的知觉过程。观察是一个人认识事物的重要途径，是智力活动的基础，是完成学习任务的必备能力。儿童观察力的发展对其获取知识、认识世界、发展智力及形成良好的心理品质有着极其重要的作用。

## 一、学前儿童观察力的发展特点

由于受各种感知觉尤其是思维发展的限制，学前儿童观察力的发展在3岁后比较明显，幼儿期是观察力初步形成的阶段。观察力的发展主要表现在以下几个方面：

### （一）观察目的性不强

随着年龄的增长，幼儿观察目的性逐渐加强。幼小儿童常常不能自觉地去观察事物，观察中常常受事物突出的外部特征以及个人兴趣、情绪的支配。特别是小班的幼儿，在观察过程中常常会忘掉观察任务。有研究者（姚平子，1985）对3—6岁儿童进行研究,要求他们分别在图片中找出相同的图形、图形中的缺少部分、两张大致相同的图片中的细微差异及在图中找出物体。结果发现,儿童观察的准确性随年龄增长而稳步提高。研究认为,3岁儿童的观察已经带有一定的目的性,但水平低;4—5岁明显提高;6岁时就能够按活动任务进行活动了。小班幼儿观察的目的性较差,中、大班幼儿观察的目的性有所提高,他们能够按照成人规定的观察任务进行观察。

任务越具体,幼儿观察的目的就越明确,观察的效果就越好。研究表明,如果能向幼儿提出(或由孩子自己提出)某些观察目的,就能在一定程度上克服观察笼统的毛病,提高观察的效果。如让一组孩子随意地看一幅动物的画,不提什么观察要求,而让另一组孩子有目的地看同一幅动物的画,并要求他们看后将动物的形象画出来。结果表明,后一组孩子观察的精细程度超过前一组孩子。

(二)观察持续的时间较短

观察持续的时间短,与幼儿观察的目的性不强和幼儿的兴趣特点有关。对于喜欢的东西,观察的时间就长些,对于不喜欢的,观察的时间就短。比如观察金鱼,时间可达5—6分钟;观察盆景,则只能1—2分钟。因为前者是活动多变的,幼儿比较感兴趣。

研究表明,3—4岁幼儿坚持观察图片,一次的持续时间平均只有6分8秒,5岁增加到7分6秒,6岁可达12分3秒。可见,在学前期,儿童观察持续的时间随着年龄的增长有显著提高。

(三)观察缺乏系统性

有关眼动轨迹的研究能说明幼儿观察系统性较差。通过记录幼儿在观察图形时的眼球瞳孔运动轨迹发现,3岁幼儿观看图形时,眼动轨迹杂乱无规律,视线或者停留在图形的某个部位,或者在某个部位来回扫视,而不会沿图形的轮廓移动;4—5岁的幼儿眼动的轨迹,逐渐符合图形的轮廓,但仍有不少错误;6岁儿童的眼动轨迹,已经能够基本上符合图形的轮廓。可见,儿童要到幼儿晚期,才能按照一种合理的顺序,稳定地观察事物。

幼儿的观察一般是笼统的,看得不细致是幼儿的特点和突出问题。比如,幼儿观察时,只看事物的表面和明显较大的部分,而不去看事物较隐蔽的、细致的特征;只看事物的轮廓,不看其中的关系。又如,6岁左右的孩子往往在认识"n和m""工和土""日和月"等形近符号时出现混淆。学习活动应要求观察要精细,经过系统的培养,幼儿观察的细致性能够有所提高。

(四)观察缺乏概括性

观察的概括性是指能够观察到事物之间的联系。

丁祖荫的研究(1964)说明,儿童对图画的认识逐渐概括化。他提出,对图画认识的发展可分四个阶段:第一,认识"个别对象"阶段。只有对图画中各个事物进行孤立零碎的知觉,不能把事物有机地联系起来。第二,认识"空间关系"阶段,只能直接感知到各事物之间的外表的、空间位置的联系,不能看到其中的内部联系。第三,认识"因果关系"阶段。观察各事物之间的不能直接感知到的因果联系。第四,认识"对象总体"阶段。观察到图画中事物的整体内容,把握图画的主题。

幼儿对图画的观察主要处于"个别对象"和"空间关系"阶段。对3—9岁儿童的研究(DeMarie-Dreblow & Miller,1998;Midder,et al.,1986;Woody-Ramsey & Milloer,1988)发现,年龄最小的幼儿根本没有考虑图画之间的关系;5岁的幼儿有时考虑图画间的关系;到6—7岁时能采用一定的策略,但成绩没有明显提高;到小学中期,处理图画的成绩明显提高。比如,幼儿画人像,往往画了一个大体上完整的人,却没有画人的脖子,当他们注意到衣服上的纽扣后,把扣子画得特别大,完全不顾及它的大小比例。随着年龄的增长,儿童思维能力、注意稳定性逐渐提高,他们观察的概括性也随之提高。

（五）缺乏观察方法

幼儿的观察是从依赖外部动作向以视觉为主的内心活动发展。幼儿初期,观察时常常要边看边用手指点,也就是说,视知觉要以手的动作为指导。以后,幼儿有时用点头代替用手指点,有时用出声的自言自语来辅助。幼儿末期,可以摆脱外部支柱,借助内部言语来控制和调节自己的知觉。幼儿的观察是从跳跃式、无序性逐渐向有序性的观察发展。经过教育,幼儿能够学会有顺序地从左向右、从上到下、从外到里进行观察。

## 二、学前儿童观察力的培养策略

观察是人认识世界的重要手段,从小注意培养幼儿的观察力是十分重要的。

（一）帮助幼儿明确观察的目的和任务

幼儿观察的目的性较差,好奇心又强,在观察过程中经常偏离观察的目标。而客观世界中事物和现象种类繁多、形态各异,这些事物和现象很容易吸引幼儿的视线,因此,幼儿在每次观察之前,教师应引导他们明确观察的目的和任务。实践证明,观察的目的和任务越明确,幼儿观察的效果越好。比如,为了让幼儿观察行人穿的各种各样的鞋,教师可以带领幼儿到马路上去观察路人穿的鞋子,事先,教师应对幼儿说:"老师今天要带小朋友到马路上,看一看路人都穿了什么样的鞋子,是皮鞋还是其他面料的鞋？这些鞋子大小一样吗？它们的外形有什么不一样？它们的颜色有哪些？看看哪个小朋友看得最认真。"由于明确了观察的目的和任务,幼儿在观察过程中就能够按要求去观察所有行人穿的鞋子,这样观察的效果就会显著提高。

（二）培养幼儿观察的兴趣

"兴趣是最好的老师",有了兴趣,幼儿的观察才能由被动变为主动,观察才能持久。幼儿喜欢观察什么呢？幼儿喜欢观察色彩鲜艳、新奇、活动、大而清晰的物体和图像,大千世界,芸芸众生,孩子对大自然中的一切事物充满了浓厚的好奇心和探索欲望。在日常活动和户外活动中,家长和教师要懂得保护和利用孩子的好奇心和求知欲,经常引导幼儿观察周围的事物,激发他们的观察兴趣。

（三）充分调动幼儿的多种感官参与观察活动

客观事物的特征有很多种,如颜色、大小、形状、声音、气味、味道、软硬、光滑、粗糙、冷热等。在幼儿观察时,要尽量调动幼儿的视觉、听觉、味觉、嗅觉、触觉等感官去感知事物各方面的特征,让幼儿多看一看、多听一听、多摸一摸、多闻一闻,甚至多尝一尝,以加深幼儿对事物的认识。事实上,只有把各种感官都调动起来,才能更正确、更清晰、更完整地观察某一事物。如观察苹果时,让幼儿拿起一个苹果看一看、闻一闻、摸一摸、尝一尝,幼儿运用了多种感官感知,从而知道苹果的各种特征。

（四）教幼儿正确的观察方法

幼儿的观察是从不自觉的、无序的,逐渐向有自觉性、顺序性的观察发展,首先,指导幼儿按一定的顺序进行观察,让幼儿学会从上到下或从下到上、由里到外或从外到里、从左到右或从右到左、从远至近（或由近及远）、由整体到局部有顺序地观察和追踪观察。比如,观察一个房子,应从外到里（或从里到外）观察房子的结构、陈设等特征。观察复杂的事物时,教师应指导幼儿选择观察的着眼点和次序,重点而有序地观察事物。还可以采用追踪观察法,这种方法是指让幼儿对某一事物或现象的变化和发展进行持续的、有系统的观察,使幼儿了解其变化和发展过程,从而形成完整的认识。比如,让幼儿定期观察植物角中一粒种子的播种、发芽、生根、长叶、开花和结果的整个过程。其次,指导幼儿根据同类事物的主要特征进行对比性观察。如橙子和橘子形相似,就让幼儿对比两者,看看它们的外形、表皮及味道有什么相同和不同的地方,通过对照比较,就会加深对橙子和橘子的认识。最后,让幼儿在观察中勤于思考。家长和教师应该指导幼儿带着问题去观察,让幼儿一边观察,一边思考,一边提出问题,多问"为什么",这样,观察才能透彻和深刻。

（五）积极创设观察情境,引导幼儿认真观察

教师应努力创设良好的观察情境,激发幼儿的观察欲望。例如,为了让幼儿认识各种各样的交通工具,可以让幼儿把家里各种各样的仿真交通玩具和图片带到幼儿园,向幼儿展示介绍交通工具的书,给幼儿播放有关交通工具的科教片,还可以设计比赛、游戏来培养孩子的观察力。例如,将一大堆不一样形状的积木倒在地板上,看谁先找出同样形状的积木,并且分类放好;或者拿两张相似的图片,看谁先找出细微不同的地方。

总之,培养幼儿的观察力是让幼儿认识世界、增长知识和发展智力的有效途径。家长和教师应该注意培养幼儿的观察力。

## 什么是感觉统合？

所谓感觉统合,是指人的大脑将从各种感觉器官传来的感觉信息进行多次分析、综合处理,并做出正确的应答,使个体在外界环境的刺激中和谐有效地运作。皮亚杰指

出,2岁以前的孩子"感觉运动成熟与否,是日后智能学习或思考前期(3—6岁)孩子成功与否的基础"。缺乏这方面能力的孩子,即使能够用大脑做记忆性的学习,但在观察、组织、想象、推理上的大脑功能似乎有应用上的困难,出现感觉统合失调。

感觉统合失调的临床表现可分为本体感觉失调、前庭感觉失调、视觉系统失调、听觉系统失调和触觉系统失调。

1. 本体感觉失调

本体感觉失调的孩子表现多为喜欢他人用力推、挤、压,手脚喜欢用力挥动或用力做某些动作;动作模仿不到位,常望着手脚不知所措,俯卧地板时全身较软,把头、颈、脑提起特别困难,坐姿不够稳定,坐时会东倒西歪,力度控制较差,常会因太用力而损坏玩具或因力度太小抓不住东西;速度控制较差,跑起来难以按指示停止;对蹦跳的要求高,喜欢摔跌自己的身体,喜欢踮脚走。

本体感觉失调又分为左右脑平衡失调和动作协调不良。

(1) 左右脑平衡失调。表现为儿童在体育活动中动作不协调(不会跳绳、拍球等),音乐活动中发音不准(走调、五音不全等),甚至在与人交谈、上课发言时会口吃;方向感差,容易迷路,不能玩捉迷藏,闭上眼睛容易摔倒,站无站姿、坐无坐相,容易驼背、近视,过分怕黑。

(2) 动作协调不良。表现为动作协调能力差,走路容易摔倒,不能像其他孩子那样滚翻、骑车、跳绳和拍球。在学习和生活中常常观测距离不准、协调能力差;观测距离不准,会使孩子无法正确掌握方向;协调能力差,会让孩子手脚笨拙,常撞倒东西或跌倒。

2. 前庭感觉失调

前庭感觉失调的孩子表现多为喜欢自转,而且转很久不觉头晕;喜欢看、玩转动的东西,喜欢爬高,边走边跳,平衡差,走路东倒西歪,经常碰撞东西;颈部挺直时间较同龄儿童短,常垂头。

前庭感觉失调又分为前庭平衡失调和前庭网膜失调。

(1) 前庭平衡失调。表现为多动不安,走路易跌倒;注意力不集中,上课不专心,爱做小动作,调皮;兴奋好动,容易违反课堂纪律,容易与人冲突;爱挑剔,很难与其他人同乐,也很难与别人分享玩具和食物,不能考虑别人的需要;思考或做事情缺乏灵活性,不会举一反三,还可能出现语言发展迟缓,说话词不达意,语言表达困难等。

(2) 前庭网膜失调。表现多为视觉不平顺,喜欢斜眼看东西,注视、追视能力弱,数数时常要用手指指着数才能完成,原地打圈很久不觉头晕;尽管能长时间地看动画片,玩电动玩具,却无法流利地阅读,经常出现跳读或漏读或多字少字,容易串行等。

3. 视觉系统失调

视觉系统失调的儿童,在学习时会出现阅读困难(漏字串行、翻错页码),计算粗心(抄错题目、忘记进退位),写字时常常过重或过轻、字的大小不一、出圈出格等视觉上的错误,从而造成学习障碍。此外,这类儿童在生活上还常常丢三落四,生活无规律。具体表现为:

(1) 即使是常看到的东西都会让他害怕。

(2) 喜欢看着手发呆。

(3) 对特定的颜色、形状、文字特别感兴趣甚至固执(如广告纸、报纸)。

(4) 喜欢将物品排队。

(5) 喜欢斜眼看东西。

(6) 喜欢躲在较阴暗的角落。

(7) 喜欢看色彩鲜艳、画面变换较快的广告。

(8) 喜欢看风扇或转动的东西。

(9) 喜欢坐车,对窗外景色变化非常着迷。

4. 听觉系统失调

听觉系统失调的儿童,表现为上课注意力不集中、多动,平时有人喊他,他也不在意,好像与他无关。同时,这种儿童记忆力差,对学习和生活都会产生不良的效果,具体表现为:

(1) 常会掩耳朵或按压耳朵。

(2) 对尖锐或拉高的声音一点儿也不讨厌,甚至喜欢。

(3) 有时对很小的声音感兴趣。

(4) 在教室里对外界的声音很敏感。

(5) 常会听到某种声音而发呆。

(6) 对某些特定的音乐固执地喜爱。

(7) 特别害怕听某些声音。

(8) 对巨响反应较差,甚至无反应。对别人的话听而不闻,经常忘记老师说的话和留的作业等。

(9) 喜欢无端尖叫或自言自语。

5. 触觉系统失调

触觉系统失调,主要是因为触觉神经和外界环境协调不佳,从而影响大脑对外界的认知和应变,即所谓触觉敏感(防御过当)或迟钝(防御过弱)。有前一种症状的儿童,表现出对外界的新刺激适应性弱,所以喜欢固着于熟悉的环境和动作中(喜欢保持原样和有重复语言、重复动作),对任何新的学习都会加以排斥,不喜欢他人触摸,成绩不佳,人际关系冷漠,常陷于孤独之中;有后一种症状的儿童则反应慢(拖拉行为的生理基础),动作不灵活,笨手笨脚,大脑的分辨能力弱,缺少自我意识,学习积极性低下,所以也表现出学习困难、人情冷漠的问题,具体表现分别为:

(1) 触觉过分敏感。不喜欢被人抱,有时甚至拒绝他人的触摸、拉手,不喜欢人多的地方;拒绝理发、洗发、洗脸;不喜欢穿鞋,喜欢打赤脚;不喜欢或特别喜欢特定材质的衣服。

(2) 触觉过分迟钝。痛觉迟钝,以致意外碰伤流血而不易察觉;反应慢,动作不灵活,发音或小肌肉运动都显得笨拙不佳;常有冒险行为,自伤自残,不懂得总结经验教训;少动,孤僻,不合群,做事缩手缩脚,缺乏好奇心和探索性行为。这些孩子智力正常或超常,但由于感觉统合失调,他们的智力水平没有得到充分的发展,对学习能力、运动技能、社会适应能力等方面造成障碍。而由于这些孩子心理总处于一定的紊乱状态,学习和生活质量就会不断下降。

### 5.1 追踪观察

适合年龄:3—4岁。

活动目标:幼儿通过观察向日葵的生长过程,发现向日葵的生长特点;培养幼儿观察力和对种植活动的兴趣。

活动准备:种植园地、塑料杯、向日葵种子、工具等。

活动过程:

1. 育苗。① 幼儿观察向日葵的种子,讨论种植向日葵的方法。② 发给每个幼儿2—3粒向日葵种子,让他们按自己的方法在塑料杯中种植向日葵,并将自己的名字标签插在杯子里,然后将杯子放到阳光下或背阴处(暂不要纠正幼儿的错误,通过实践,检验自己的行为对否)。③ 教师要引导幼儿观察种子发芽的过程。讨论:为什么有的种子发了芽,有的种子不发芽?

2. 移植。① 请幼儿挑选较壮的小苗,移植到园地里,并在自己移植的小苗旁边插上姓名标签。② 教师在适当时帮助幼儿给小苗松土和施肥,并让幼儿讨论:为什么要这么做?

3. 管理。① 幼儿自己给向日葵浇水、施肥,并做好观察记录。② 在整个过程中,教师要注意引导幼儿观察向日葵的变化。讨论:向日葵的茎、叶和花是什么样子的?它的花像什么?向日葵都在什么时候开花?早晨、中午和晚上向日葵有什么不同?为什么把它叫向日葵?向日葵凋谢以后变成什么了?花籽是什么样子的?

岗位实践训练
5.2、5.3

一、单项选择题

1. 新生儿的最佳视距在( )厘米左右。(2012年下国考题)
    A. 10  B. 20  C. 30  D. 40

2. 下面几种新生儿的感觉中,发展相对最不成熟的是( )。(2017年下国考题)
    A. 视觉  B. 听觉  C. 嗅觉  D. 味觉

3. 由于幼儿是以自我为中心辨别左右方向的,幼儿教师在动作示范时应该

( )。(2013年下国考题)

  A. 背对幼儿,采用镜面示范    B. 面对幼儿,采用镜面示范

  C. 面对幼儿,采用正常示范    D. 背对幼儿,采用正常示范

  4. 婴儿常常在地上捡起一些物体,然后直接往嘴里送,这是孩子的( )。(2017年国赛试题)

  A. 痛觉的探索方式    B. 不良的生活习惯

  C. 触觉的探索方式    D. 动觉的探索方式

  5. 3岁幼儿的方位知觉发展的程度是( )。(2020年国赛试题)

  A. 能辨认左右

  B. 能辨别上下和前后

  C. 能辨别上下

  D. 能辨别上下和前后,并以自身为中心辨别左右

## 二、填空题

  1. 感觉指人脑对直接作用于感觉器官的刺激物_____的反映,属于简单的心理现象,主要与生理作用相联系。知觉指人脑对直接作用于感觉器官的事物的反映。

  2. 视触协调主要表现为_____的协调。眼手协调动作出现的主要标志是_____。

  3. 同一分析器的各种感觉会因彼此相互作用而使感受性发生变化,这种现象叫_____,分_____和_____两种。

  4. 幼儿时间知觉发展的方向是思维参与时间的知觉,即把_____和_____联系起来。

## 三、判断与说明(判断下面的说法是否正确,并说明理由)

  1. 就母亲声音和陌生人声音而言,新生儿趋向新鲜的陌生人声音。 ( )

  2. 儿童刚出生时,最发达的感觉是听觉。 ( )

  3. "视觉悬崖"可以测查婴儿的方位知觉。 ( )

  4. 感觉阈限的数值越大,说明感受性越差。 ( )

  5. 电影放映的原理是感觉后像。 ( )

课后自测

# 模块六 学前儿童的记忆

1. 了解记忆的概念、基本环节和种类。
2. 掌握学前儿童记忆的特点及培养学前儿童记忆力的方法。
3. 能够根据实际情况分析学前儿童的记忆特点,采取应对措施。

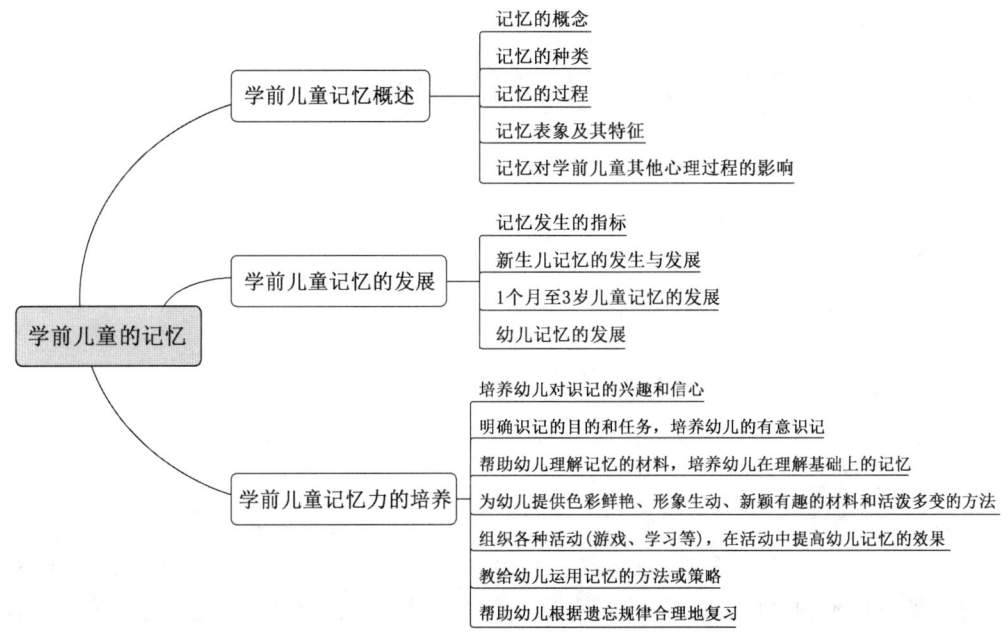

天天才三岁,对于不同造型、不同种类的奥特曼名字他都能如数家珍、过目不忘。爸爸妈妈发现后,逢人便夸这孩子记忆力好,特别引以为傲,也想充分发挥其特长,让他学点"知识"。因此,买了许多生字卡片教孩子认。可他们发现,天天对这些并不感兴趣。为什么复杂的奥特曼名字天天都能记住却记不住几个简单的汉字?学前儿童的记忆到底有什么特点呢?

# 任务一 学前儿童记忆概述

## 一、记忆的概念

记忆是人脑对过去经历过的事物的反映。所谓经历过的事物是指感知过的事物、思考过的问题、体验过的情感、操作过的动作等。人们经历过的事物,无论是感知、思考,还是体验和操作,在事情过后其印象并不会完全消失,而都会以特定的方式在头脑中留下痕迹,并在一定条件下以经验的形式重现出来。这种对过去经验的保持和提取就是心理学上所讲的记忆。从信息加工的观点看,记忆这一心理现象就是人脑对所输入的信息进行编码、储存和提取的过程。例如,上过幼儿园的学前儿童回家后会回想起幼儿园的活动室、和老师一起做过的游戏、游戏时的愉快情绪以及老师教过的舞蹈动作等,这些都是记忆的表现。

记忆与感知觉不同,感知觉是对当前直接作用于感官的事物的一种反映,具有表面性和直观性,而记忆是对过去经历过的事物的反映,具有内隐性和概括性。

## 二、记忆的种类

(一)形象记忆、动作记忆、情绪记忆和逻辑记忆

根据记忆内容不同,可以把记忆分为形象记忆、动作记忆、情绪记忆和逻辑记忆。

1. 形象记忆

以感知过的事物形象为内容的记忆叫形象记忆。它通常以表象形式存在,所以又称"表象记忆"。它是直接对客观事物的形状、大小、体积、颜色、声音、气味、滋味、软硬、温冷等具体形象和外貌的记忆,直观形象性是其显著特点。形象记忆按照主导分析器的不同,可分为视觉的、听觉的、触觉的、味觉的和嗅觉的等。人的形象记忆发展的水平受社会实践项目制约,如音乐家擅长听觉形象记忆,画家擅长视觉形象记忆。大多数人的形象记忆均属混合型。1岁前形象记忆和动作记忆、情绪记忆紧密联系。在幼儿的

记忆中,形象记忆占主要地位,比重最大,依靠表象进行,其中起主要作用的是视觉表象。

2. 动作记忆

以做过的动作或运动为内容的记忆叫动作记忆,也称运动记忆,它是技能形成的基础。这种记忆的特点是识记时较慢,但记住后容易保持、恢复,不易遗忘。儿童最早出现的是动作记忆。对喂奶姿势的食物性条件反射即属于这种记忆。婴幼儿学会各种动作,掌握各种生活技能和行为习惯,都依靠动作记忆。

3. 情绪记忆

以体验过的情绪情感为内容的记忆叫情绪记忆,人在各种活动中产生过的情绪、情感、态度体验都会在头脑中留下深刻印象。在回忆过程中,只要有关的表象浮现,相应的情绪、情感就会出现。情绪记忆具有鲜明、生动、深刻、情境性等特点。情绪记忆比其他类型的记忆保持的时间要长久得多,它是人的道德感、美感、理智感发展的基础。情绪记忆出现也较早,比如,新生儿已经明显地出现了惧怕情绪的记忆。

4. 逻辑记忆

以语词、概念、原理为内容的记忆叫逻辑记忆,又称语词—逻辑记忆。这种记忆保持的不是事物的具体形象,而是反映客观事物本质和规律的定义、公式、定理。高度的概括性、深刻的理解性、严密的逻辑性是这种记忆的特点。逻辑记忆在学习理性知识中起着重要作用,它是人类特有的记忆形式。这种记忆是在儿童掌握语言过程中逐渐发展的。因此,儿童的语词记忆发展最晚。

(二)瞬时记忆、短时记忆和长时记忆

根据记忆保持时间长短不同,可把记忆分成瞬时记忆、短时记忆和长时记忆。

1. 瞬时记忆

瞬时记忆是指外界刺激信息通过感觉器官时,按输入刺激信息的原样,以感觉痕迹的形式在人脑中被暂留的过程。例如,人们将电影、电视中相继出现的静止画面看成运动的图像,就是瞬时记忆在起作用。信息在大脑中保持的时间很短,视觉信息保持在1—2秒之内;听觉信息大约在4秒内,然后大部分信息将消失,只有那些受到注意的信息才能进入短时记忆。

2. 短时记忆

瞬时记忆中的信息一旦受到注意,便能进入短时记忆。短时记忆是指信息在头脑中保持在1分钟之内的记忆。它是瞬时记忆中的信息进入长时记忆的中间环节。例如,电话接线员接线时对用户号码的记忆就是短时记忆,当他们接完线后,一般就不再把号码保持在头脑里。短时记忆中贮存信息的数量是有限的,一般为7±2个组块。所谓组块就是熟悉而具有意义的加工单元,一个组块可以是一个字母,也可以是一个单词。

3. 长时记忆

短时记忆中的信息得到复述后,便可进入长时记忆。长时记忆是指保持1分钟以上甚至终身的记忆。长时记忆几乎没有容量限制,是一个庞大的信息库,存储着个体所具有的关于世界的一切知识。记忆的信息加工系统见图6-1。

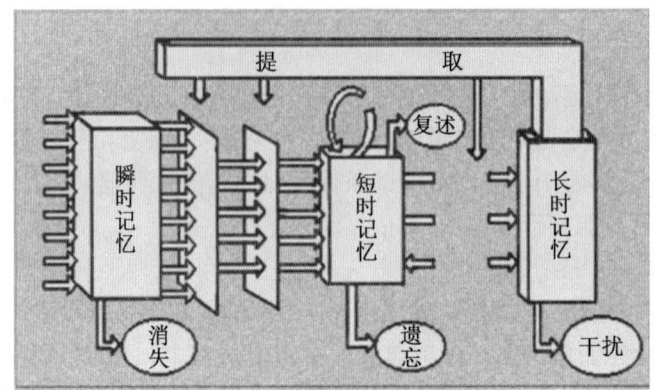

图6-1 记忆的信息加工系统

（三）陈述性记忆和程序性记忆

根据信息加工和存储内容的不同,可分为陈述性记忆和程序性记忆。

（1）陈述性记忆,以陈述性知识为内容,即事实类信息,包括字词、定义、人名、时间、事件、概念和观念。陈述性内容可以用言语表达。

（2）程序性记忆,又称技能记忆,即对程序性知识进行记忆,如该怎样做事情或如何掌握技能。通常包含一系列复杂的动作过程,即有多个动作间的序列联系,也包括在同一瞬间同时进行的动作间的横向联系,这两方面共同构成的复合体是无法用语言清楚表述的,如打篮球。

## 三、记忆的过程

记忆是一种比较复杂的认识过程,不是一个瞬间的过程,而是一个从"记"到"忆"的过程。一般包括识记、保持、再认或重现三个环节。识记为记忆的第一个环节,它的任务是通过感知、思维、体验和操作等获得知识和经验。保持为记忆的第二个环节,它的任务是储存和巩固已获得的知识和经验。再认或重现为记忆的第三个环节,它的任务是提取头脑中的知识和经验,用以解决当前的问题。这三个环节是彼此相连、密不可分的。没有识记就谈不上对知识经验的保持;没有识记和保持,就不可能对经历过的事物进行再认或重现。因此,识记和保持是再认或重现的前提和保证,再认或重现是识记和保持的结果和证明。

（一）识记

识记就是人们识别并记住事物的过程。用信息加工观点看,识记是信息的输入(编码)过程。

依据不同的标准,可将识记分为不同的种类。根据识记有无明确的目的和是否需要意志努力,可以把识记分为无意识记和有意识记。无意识记就是事先没有明确的识记目的,也不需要意志努力的识记。人有许多知识是由无意识记积累起来的,人们所接受的许多教育内容,也是通过无意识记获得的。所谓"潜移默化"就是这个意思。无意识记在人的生活、学习和工作中具有一定的积极意义。但是,无意识记具有很大的选择性,只有在人们的生活中具有重要意义的,与人们的活动任务和兴趣、需要、强烈的情感相联系的事物才容易被记住。有意识记是指有预定识记目的,经过一定的意志努力,并运用一定方法的识记。日常的学习和工作主要依靠有意识记来完成。由于有意识记总是在一定识记目的的指引下,并有积极的思维活动参与,所以在其他条件相同的情况下,有意识记要比无意识记效果好。

根据识记材料有无意义以及对材料是否理解,又可以把识记分为机械识记和意义识记。机械识记是指识记的材料本身无内在的意义联系,或虽有意义但学习者并不理解,仅依靠机械重复的方法进行的识记。意义识记是指在理解识记材料的基础上,依靠材料本身的内在联系进行的识记。由于意义识记是一种与思维活动密切联系的、积极主动的识记,是把材料整理后归到已有知识系统中的识记,所以它的效果总是优于机械识记。因此,教师在教学中,对于有意义的材料,必须让儿童学会积极开动脑筋,找出材料之间的内在联系;对于无意义的材料,尽量人为赋予其意义,以保证儿童记忆的效果。

识记是记忆过程的开端,是保持和再认的前提。要提高记忆的效率,必须先研究识记的规律,提高识记的质量。研究发现,识记效果与识记的目的、对材料的理解、识记材料的数量、识记材料的不同性质、主体的情绪状态等因素存在内在的、规律性的联系。

(二)保持和遗忘

保持是经历过的事物在头脑中储存和巩固的过程。从信息加工观点看,保持就是信息的储存过程。保持是记忆系统的中间环节,是再认或重现的前提,也是记忆力强弱的重要标志之一。识记的材料在头脑中的保持不是一成不变的,而是会发生质和量的变化。质的变化是指内容的加工改造;量的变化是指随着时间的推移,保持量呈减少的趋势,即出现部分遗忘。

遗忘是对识记过的材料不能再认和重现,或错误地再认和重现。保持和遗忘是两个相反的过程。遗忘有多种情况:识记的材料保持不好,但能再认而不能重现叫不完全遗忘;不能再认和重现叫完全遗忘;一时想不起来,但过后还可能恢复记忆叫暂时性遗忘;对识记材料永远不能再认叫永久性遗忘。

心理学研究表明,遗忘是有规律的。德国心理学家艾宾浩斯最早对遗忘现象做了比较系统的实验研究,为避免经验对学习和记忆的影响,他在实验中用无意义音节作为学习材料,用重学时所节省的时间或次数作为指标测量遗忘的进程。实验表明,在学习材料记熟后,间隔20分钟重新学习,可节省诵读时间58.2%左右;1天后再学可节省时间33.7%左右;6天以后再学习节省时间缓慢下降到25.4%左右。依据这些数据绘制的曲线就是著名的"艾宾浩斯遗忘曲线"(见图6-2)。从曲线图可以看出,遗忘的进程是不均衡的。在学习停止以后的短时期内,遗忘特别迅速,后来逐渐缓慢,到了一定时间,几乎不再有遗忘,即遗忘的速度是"先快后慢",这就是人们常说的遗忘规律。在艾宾浩斯之后,许多心理学家用无意义材料和有意义材料对遗忘的进程进行研究,结果都证明艾宾浩斯遗忘曲线基本上是正确的。

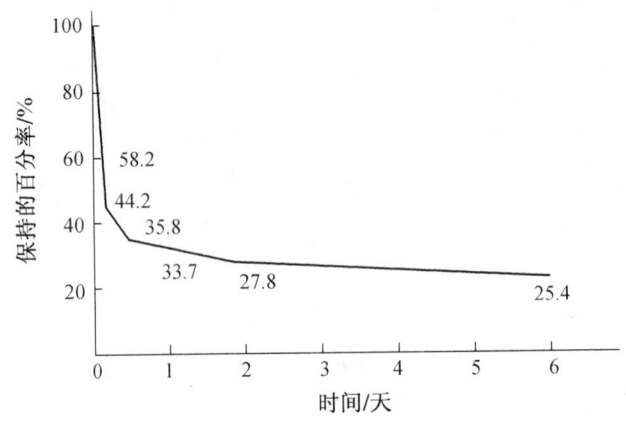

图 6-2　艾宾浩斯遗忘曲线

### (三) 再认和重现

再认是指过去经历过的事物再度出现时能够识别,是一种低水平的回忆过程,因为只有当经历过的事物在眼前时,才能再认。

重现是指经历过的事物不在眼前,但能在脑中出现,并加以确认的过程。从信息加工的观点看就是信息的输出或提取过程。重现是记忆系统的一个非常重要的环节。

再认和重现是过去经验的恢复,是从记忆中提取信息的两种不同水平和形式,它们之间没有本质的区别,只有保持程度上的不同。能重现的一定能再认;能再认的不一定能重现。

## 遗忘理论

贮存在记忆中的信息为什么会遗忘?这是教育工作者最为关心的问题之一。事实上,遗忘会使我们失去许多有用的技能和有价值的知识。这里我们介绍几种比较有影响的、有代表性的遗忘理论。

1. 消退理论。这种学说的主要代表人物是巴甫洛夫,他认为大脑中的记忆痕迹随着时间的推移而衰退。这种理论假定:学习会改变中枢神经系统,除非定期地使用或复述信息,否则这种信息就会逐渐衰退,最终完全消失。这一过程就像拍照后印出来的相片一样,随着时间的延长,相片会逐渐变黄而模糊不清。现在也有人把这种遗忘理论称为"渐退理论",即认为,不常回想起的或不常使用的信息,往往容易从记忆中失去。

2. 干扰理论。代表人物主要是詹金斯和达伦巴希,他们认为记忆的东西回想不起来是由于这中间存在着干扰。干扰主要有两类:倒摄干扰与前摄干扰。倒摄干扰是指后来学习内容对先前学习内容的干扰;前摄干扰是指以前学过的内容干扰以后学习的内容。不论在哪一种情况下,前后学习的内容越相似,干扰的程度就越大。詹金斯与达伦巴奇对倒摄干扰的经典性研究是极有说服力的。他们发现,在入睡前学习的内容,比上午学习的内容遗忘得要慢些。安德伍德的经典研究则说明了前摄干扰在遗忘中的重要性。他给在不同条件下的不同被试提供一系列要他们记住的单词。在给第一组被试看这些单词之前,先让他们学习另一组单词,第二组被试则只学习一组单词,一天以后检查被试的遗忘情况。结果发现,第一组被试只记住要求他们记忆的那一组单词的25%,而第二组被试能记住70%。安德伍德认为,第一组被试成绩之所以差,是由于前摄干扰所致。

3. 动机遗忘理论。弗洛伊德的动机说也叫压抑说。他认为,人们记忆某种信息时在一定程度上是受动机驱使的,那些会引起消极情绪的信息很可能被遗忘。这种理论认为,有些信息可能对我们自己很重要,所以被记住了;而有些信息可能会引起我们的痛苦或不快,因而不大可能被记住。例如,有人对持截然相反观点的两组学生在辩论时的论点做了记录,事后测验这两组学生。结果发现,每一组学生记住的赞同自己意见的论点,远比反对自己意见的论点要多得多。弗洛伊德提出的动机遗忘理论,主要是根据他对精神病人的观察结果得出的,他称之为压抑理论。弗洛伊德认为,人们之所以往往趋于遗忘那些特别令人不快的事情,是由于这些记忆内容沉入到下意识中去了,或者说,被压抑住了。压抑是一种自我防御机制,它通过阻止不愉快的记忆内容进入意识,以避免发生不愉快的体验。

4. 线索依存遗忘理论。该理论认为,应根据提取失败,而不是根据记忆中失去信息、干扰或抑制等来解释遗忘。换句话说,一个人回想不出某种信息,仅仅是由于他不能发现从记忆中回想该信息的方式,是没有良好的提取线索导致的。图尔文认为,记忆是来自两方面的信息的产物:第一,作为对某一事件的初步知觉的结果,在个体记忆贮存中留下的记忆痕迹;第二,个体在回忆时认知环境中出现的提取信息的线索。因此,该信息可能虽然贮存在记忆中,但是因为缺少有关提取线索的信息而导致无法提取到,人们通常把这一现象看作遗忘了。

5. 同化说。代表人物是奥苏贝尔,他认为学习的知识回想不起来,是因为我们用更高级的知识代替了它,所以遗忘了,那么既然我们有更先进的观点、更好的处理事情的方法,遗忘旧观点、效率低的方法就是一种积极的行为,这种遗忘就是积极的。

## 四、记忆表象及其特征

### (一) 记忆表象的概念

感知过的事物不在面前而在头脑中重现出来的形象叫记忆表象。例如,幼儿在幼儿园里活动时,看不到自己的父母,但头脑中仍然能出现父母的形象。

## （二）记忆表象的特征

1. 直观性

记忆表象是感知后留下的形象，所以它具有形象、直观的特征。但它又不同于知觉形象，记忆表象中的形象带有不完整性、不稳定性和暗淡性。

2. 概括性

记忆表象常常是综合了多次知觉的结果。人们多次知觉同类或同一物体，但在记忆表象中留下的只是这类事物的一般形象和主要特征，而非事物的个别特征，这就是表象的概括性。从这个意义上说，表象接近于思维的概念。但是表象的这种概括性不同于借助词语实现的思维的概括性。表象概括的是事物的形象，其中混杂有事物的本质和非本质属性，而思维的概括性反映的是事物的本质属性。

3. 可操作性

表象在头脑中不是凝固不动的，而是可以被智力操作的。表象在头脑中可以被分析、综合，可以被放大、缩小，可以移植，也可以翻转。正因为表象具有可操作性，形象思维和创造思维才成为可能。

## 五、记忆对学前儿童其他心理过程的影响

学前儿童的心理是在成人的抚育下，在学习和掌握人类社会已有经验的基础上逐渐发展起来的。我们在分析学前儿童心理各方面的发展时，都可以看到经验在其中的作用，而个人经验的积累，要依靠记忆，记忆有助于其他心理过程和心理活动的发展。

（一）记忆对知觉发展的影响

记忆是在知觉的基础上进行的，知觉的发展又离不开记忆。知觉中包括经验的作用，而且知觉的恒常性和记忆有密切关系。例如，幼小的婴儿经常用奶瓶吃奶或喝水，当他只看见奶瓶的一个侧面时，就知道那是可以给他提供食物的东西，马上做出吃奶的反应。又如，婴儿听见母亲的声音就安静下来或活跃起来。这种对奶瓶的知觉或对母亲声音的知觉，已经和经验发生了联系，而知觉之所以能够和过去经验相联系，依靠的是记忆。

从复杂的空间知觉看，经验在其中的作用更加明显。例如，2岁的婴儿常常会伸手要求在楼上的妈妈抱。这说明他们的空间知觉发展不足，而空间知觉的发展又和儿童对空间距离的知觉经验有关，掌握这种经验则需要记忆的发展。

（二）记忆对想象、思维发展的影响

学前儿童的想象和思维过程都要依靠记忆。正是记忆把知觉和想象、思维连接起来，使学前儿童能够把知觉到的材料进行想象和思维。学前儿童最原始的想象和记忆不容易区分。2岁左右学前儿童的想象基本上是记忆的简单加工。

（三）记忆对语言发展的影响

学前儿童学习语言也要依靠记忆。首先，学前儿童必须记住某个声音所代表的语义，才能理解语词。其次，在语言交际过程中，在听别人说完一句话之前，要把这句话前

面那部分词暂时记住,才能和后面所说的词联系起来理解;自己说完一句话或一段话时,也要把自己说过的词或句暂时记住,才能做到说话前后连贯。学前儿童有时说了后面的话忘了前面的,就明显暴露了言语活动与记忆联系的不足。

(四)记忆对情感、意志发展的影响

学前儿童记忆的发展也影响他们情感和意志的发展。通过记忆,学前儿童对与经验有关的事情发生一定的情感体验,其情感丰富起来。通常,幼小婴儿只有一些原始的恐惧心理,而较大的学前儿童就出现一些与经验有关的恐惧。比如,曾经伸手去摸火苗而引起痛觉的幼儿,以后见到火就害怕。这种怕火情感的出现,说明他们已经有了记忆。

学前儿童的意志行动,也离不开记忆。意志是有目的的行动,在行动过程中必须始终记住行动目标。幼小学前儿童和失去记忆能力的病人在意志行动中有相似之处,他们往往在行动过程中忘记了原先激起行动的动机和目的,因而不能坚持完成任务。

# 任务二 学前儿童记忆的发展

## 一、记忆发生的指标

判断个体记忆发生的时间与所用的指标有关。判定学前儿童记忆的发生一般采用以下三种测量指标:

(一)习惯化

一个新异刺激出现时,新生儿会产生定向反射即注意它一段时间,如果同样的刺激反复出现,对它注意的时间就会逐渐减少甚至完全消失。随着刺激物出现频率的增加而对它的注意时间逐渐减少甚至消失的现象,心理学家称之为"习惯化"。新生儿和乳儿的习惯化,可以作为他对事物是否熟悉(是否能够再认)的指标。

(二)条件反射

条件反射的建立,也常常作为记忆发生的指标。新生儿对条件刺激物做出条件性反应,表明再认现象的存在。新生儿对喂奶姿势的再认,一般被认为是第一个自然条件反射出现的标志,其时间发生在出生后 10 天左右。

(三)重学节省

儿童学习一种知识或技能之后,仅过一段时间后再来学习,第二次学习所需的时间或次数比第一次要少一些,这种现象称为重学节省。虽然这一现象的产生需要一定的时间间隔,不宜作为新生儿记忆发生测量的指标,不能反映新生儿记忆发生的最早时间,但可用来检测婴儿记忆和学习的能力及其效果。

## 二、新生儿记忆的发生与发展

新生儿期是记忆发生的时期。新生儿的记忆主要是短时记忆,表现为对刺激的习惯化和最初的条件反射的建立。

### (一) 对熟悉的事物产生"习惯化"

新生儿记忆的表现之一是对熟悉的事物产生"习惯化"。西方学者凯森(Kessen,1970)等人曾采用感觉偏好法研究新生儿对熟悉图形的视觉习惯化,证实出生 1—3 天的新生儿已经有了这种原始记忆。

### (二) 条件反射的建立

新生儿记忆的另一表现是对条件刺激物形成某种稳定的行为反应(即建立条件反射)。例如,母亲喂孩子时往往先把他抱成某种姿势,然后再开始喂奶。不用多久,新生儿便对这种喂奶的姿势形成了条件反射,每当被抱成这种姿势时,奶头还未触及嘴唇,新生儿就已开始了吸吮动作。这种情况表明,他们已经"记住"了妈妈的喂奶姿势,并把它作为条件反射的信号。

## 三、1 个月至 3 岁儿童记忆的发展

### (一) 乳儿记忆的发展

2—3 个月的乳儿,当注视的物体从视野中消失时,能用眼睛去寻找,这表明他们已经有了短时记忆。乳儿的短时记忆是随月龄的增加而发展的。

1—3 个月是长时记忆开始发生的阶段。萨利文(Sullivan,1979)等发现,3 个月的儿童在相隔 192 小时以后重新学习,出现了省时反应。

3—6 个月的儿童,其长时记忆有很大发展。在康耐利(Corneli,1979)的研究中,用重学节省法发现 5—6 个月儿童有 48 小时的记忆。

6 个月的儿童,能辨认自己的妈妈、平日用的奶瓶等,能把熟悉的人和陌生的人区别开来,表现出明显的"怕生",这些都是再认的表现。

6—12 个月的儿童再现的潜伏期明显延长。用条件反射、习惯化或成对比较等方法进行的实验,都证明了这一点。日常生活更多的材料表明,乳儿对社会性刺激和社会性交往的记忆在这个阶段迅速发展,乳儿的认生越来越明显。这一时期开始出现大量模仿动作,模仿也包含记忆。

### (二) 婴儿记忆的发展

婴儿记忆的发展主要表现在重现(回忆)的发展方面。再认形式的记忆发展较早。大约 1 岁半以后,言语的发展使儿童的记忆具备了新的特点:第一,儿童重现的能力开始发展起来。约在 2 岁的时候,儿童能回忆自己去过哪里,自己的小玩具丢在哪儿,等等。但这时重现的事物只是几天内感知过的事物。3 岁的时候,则可以保持到几个星期以后还能回忆。所有这些,儿童是凭借词、言语来恢复过去的印象的。第二,出生后的三年中,儿童的记忆基本上是无意记忆。但由于词、言语的发展,成人就向孩子提出

"要记住"的任务,于是有意记忆开始萌芽。

延迟模仿也是回忆的一种明显表现,1岁半至2岁儿童,常常出现并非当时的模仿,而是过了一段时间以后,突然出现模仿行动。比如,一个1岁半的女孩在和小伙伴玩耍时,突然说出了"疼"字,这个字在以前她从未说过,当时也没人说。她是把以前听过的"疼"字和当时的感受联系起来,并模仿表现出来。除了言语方面的延迟模仿,在日常生活中,还可以看到儿童在动作方面的延迟模仿。动作中的延迟模仿,主要是由于动作较难且不具备模仿的条件而不能即时模仿产生的。只有过一段时间当儿童产生顿悟或条件具备时,才出现模仿的动作。比如,一个2岁左右的孩子,看到妈妈带着小猫的面具,学着猫的动作时,非常高兴,但妈妈催促几次让他学时,他却学不出来。第二天早晨刚起床,他自己就拿着面具做出了类似猫的动作。延迟模仿与儿童记忆表象的发展有密切联系。儿童延迟模仿的出现,标志着儿童重现能力的初步发展。

## 四、幼儿记忆的发展

由于活动的丰富化、复杂化,以及言语的进一步发展,幼儿期儿童的记忆水平在逐渐提高。这个时期儿童记忆的特点主要表现在以下几个方面:

### (一)记忆保持时间逐渐延长

记忆保持时间也称记忆的潜伏期,指的是从识记材料到能够对材料再认或重现(回忆)之间的时间间隔。再认和重现由于机制不同,其潜伏期也不一样。再认潜伏期和重现潜伏期都随儿童年龄的增长而延长。学前儿童记忆保持时间的变化见表6-1。

表6-1 学前儿童记忆保持时间的变化

| 年龄 | 1岁左右 | 2岁左右 | 3岁左右 | 4岁左右 | 7岁左右 |
| --- | --- | --- | --- | --- | --- |
| 再认潜伏期 | 几天 | 几个星期 | 几个月 | 1年以前 | 3年以前 |
| 再现潜伏期 | — | 几天 | 几个星期 | 几个月 | 1—2年 |

1. 影响儿童记忆保持的因素

一是儿童对记忆对象的感知程度。在生活中我们有这样的体会,只有把记忆对象感知得很清楚,才能留下深刻的印象,而只有印象深刻才能保持长久。随着年龄增长,儿童各种分析器的结构和机能逐渐成熟。儿童通过积极从事各种活动,提高了各分析器的分析综合能力,感知的选择性、持续性、精确性也不断提高,这为头脑中留下深刻的印象创造了条件。

二是儿童的知识经验和对识记材料的理解程度。凡是容易和已知的知识相联系的内容就比较容易记住。儿童在生活实践中接触的事物越来越多,知识经验也越来越丰富,这就有利于在记忆对象之间建立各种联系,使回忆容易实现。理解了的东西往往容易记住,儿童知道了所记东西的意义,就便于把它同已有的知识经验联系起来,并进入自己的知识结构,利于长期保持。

三是儿童的情绪状态。儿童,特别是年幼的儿童很容易记住那些富有情绪色彩(愉快或不愉快)的事情。大多数成人之所以能回忆四五岁时的往事,就是因为那些往事大都带有情绪色彩。儿童听儿歌、故事时往往容易记住最有感情的那些句子,比如3岁左右的儿童对《小鸭子游泳》这首诗相当熟悉,要他再现时,首先记住的是"小鸭子摇啊摇,扑通一声跳下河",诗句中"摇啊摇""扑通一声"等词语,引起儿童愉快的情绪反应,所以保持得特别长久,而那些与情绪态度无联系的、印象不深的材料则不易被记住。

四是对被记忆对象的兴趣。有人说兴趣是记忆力的促进剂,面对感兴趣的事物,儿童的记忆力能很好地发挥出来。儿童有强烈的好奇心和旺盛的求知欲,他们对什么事都要问个为什么,特别是对感兴趣的东西,能集中注意力去想它们,以形成比较鲜明的、深刻的印象,并且喜欢查根问底,弄个水落石出。相反,他们对不感兴趣的事漠不关心。

2. 幼儿记忆的独特现象

第一,幼儿期健忘。3岁前儿童的记忆一般不能永久保持,这种现象称为"幼儿期健忘",直到3—4岁后才出现可以保持终生的记忆。幼儿期健忘与幼小儿童大脑皮质的发展有密切关系,一方面,3岁前儿童皮质细胞的反应性极高(成人的反应性逐渐降低),他们往往容易识记所观察到的对象的全部细节;另一方面,3岁前儿童脑皮质的各个区域还没有完全成熟,脑的各区域成熟有先有后,后发育的脑区的结构控制了先发育的脑区,覆盖了原先记忆的东西,使人不能回忆更早发生的事情。

第二,记忆回涨现象。记忆回涨现象是指在一定条件下,学习后过几天测得的保持量比学习后立即测得的保持量要高。这一现象最早是由巴拉德(Ballard)在1913年发现的。例如,如果幼儿在第一次记忆测验中回忆出了10个项目,过了一段时间后,假设他在第二次记忆测验中回忆起了8个项目,其中有5个项目是第一次记忆测验中回忆出的项目,而另外3个项目却是第一次记忆测验中没有回忆出的,这3个项目就被认为是记忆的回涨。

产生记忆回涨现象的原因可能是幼儿的神经系统还比较弱,刚识记时接受大量的新异刺激,神经系统疲乏了,转入抑制状态,所以记忆不能马上恢复。过了一段时间经过休息后,便能回忆出来。

(二) 记忆容量不断增加

儿童记忆中所保留的信息容量,起初是很小的,随着年龄增长,记忆容量逐渐增加。由于短时记忆在记忆理论和生活实践中所处的特殊地位,所以关于记忆容量发展的研究主要集中在短时记忆容量的发展上。

米勒(J. A. Miller,1956)的研究表明,成人短时记忆容量为 $7\pm2$ 个组块,而7岁前儿童未达到这一标准。记忆广度是指在单位时间内能够记忆的材料的数量;信息单位是指彼此之间没有明确联系的独立信息,这种信息单位称为组块。儿童记忆广度的增加受生理发育的局限。儿童大脑皮质的不成熟,使他在极短的时间内来不及对更大的信息量进行加工,因而不能达到成人的记忆广度。记忆广度对记忆容量有一定的影响,但记忆容量的大小不取决于记忆广度的大小,而取决于组织加工识记材料,并使之系统化的能力。因为每个信息单位内部的容量是不同的,加工能力越强的,单位容量就大。

随着儿童动作的发展,与外界交往范围的扩大,活动的多样化,记忆范围也随之越来越大。

### (三) 无意识记占优势,有意识记逐渐发展

幼儿期虽是心理活动的有意性开始发展的时期,但水平较差,记忆也是如此,幼儿有意识记虽已有所发展,但仍是以无意识记为主。幼儿所获得的知识经验,大多数是在日常生活和游戏等活动中无意识地、自然而然地记住的。特别是幼儿初期,儿童的识记还难以服从于一定的目的,而主要取决于事物本身是否具有鲜明、生动、新奇的特点,是否能够引起儿童的兴趣和强烈的情绪反应。

在教育的影响下,幼儿晚期时,儿童的有意识记和追忆能力才逐步发展起来。有意识记最初是被动的,记忆的目标通常是由成人提出的,而后儿童才能主动确定目标,进行记忆。有意识记的出现标志着儿童记忆发展上的一个质变。

1. 无意识记占优势

无意识记占据优势地位主要表现为:

第一,无意识记的效果优于有意识记。3岁儿童基本上只有无意识记,他们不会进行有意识记。例如,让幼儿观察一些图片,然后要求他们回忆,或者要求幼儿记住一些图片,然后回忆。前者属于无意识记,后者要求有意识记。在这两种情况下,3岁幼儿的记忆效果基本上一致。原因在于,幼儿并没有真正接受识记任务,他们的回忆都是依靠无意识记保持下来的。

在整个幼儿期,无意识记的效果都优于有意识记。在一项实验里,实验桌上画了一些假设的地方,如厨房、花园、睡眠室等,要求幼儿用图片在桌上做游戏,把图上画的东西放到实验桌上相应的地方。图片共15张,图片上画的都是儿童熟悉的东西,如水壶、苹果、狗等。游戏结束后,要求幼儿回忆所玩过的东西,即对其无意识记进行检查。另外在同样的实验条件下,要求幼儿进行有意识记,记住15张图片的内容。实验结果表明,幼儿中期和晚期记忆的效果都是无意识记优于有意识记。

第二,无意识记的效果随年龄增长而提高。由于记忆加工能力的提高,幼儿无意识记继续发展。例如,给小、中、大三个班的幼儿讲同样一个故事,事先不要求识记,过了一段时间以后进行检查。结果发现,年龄越大的幼儿无意识记的成绩越好。据上海市徐汇区对107名幼儿的调查,幼儿对物体的无意识记,小班的完整率为21%,中班为29%,大班为50%。天津幼儿师范学校心理组(1980)对4—7岁儿童无意识记的研究也说明,儿童对10张画有常见物体的图片进行无意识记的效果随年龄增长有所提高。不同年龄幼儿无意识记效果见表6-2。

表 6-2　不同年龄幼儿无意识记效果

| 年龄/岁 | 平均再现量/张 |
|---|---|
| 4 岁 | 4.5 |
| 5 岁 | 5.3 |
| 6 岁 | 5.7 |
| 7 岁 | 6.2 |

第三,幼儿无意识记是积极认知活动的副产物。幼儿的无意识记,不是由于幼儿直接接受记忆任务和完成记忆任务而产生的,而是幼儿在完成感知和思维任务过程中附带产生的结果,是一种副产物。事实证明,幼儿的认知活动越是积极,其无意识记效果越好。

幼儿无意识记的效果依赖于下列因素:

一是客观事物的性质。直观、形象、具体、鲜明的事物,以其突出的物理特点,容易引起幼儿的集中注意,也容易被幼儿在无意中记住。

二是客观事物与幼儿主体的关系。对幼儿生活具有重要意义的事物,符合幼儿兴趣的事物,能激起幼儿愉快、不愉快或惊奇等强烈情绪体验的事物,都比较容易成为幼儿注意和感知的对象,也容易成为无意识记的内容。比如,感人的道德故事就比空洞的道德说教容易使幼儿记住;幼儿挨重打后的痛苦,有时使他久久不忘,也和这种因素有关。

三是幼儿认知活动的主要对象或活动所追求的事物。如果使识记对象成为认知活动的对象,那么对这种对象进行无意识记的效果也较好。在日常生活中,幼儿经常在院子里玩,却不知道院子里有哪几种树,树叶有什么不同。如果老师组织了拾落叶的活动,由于活动要求尽可能多找出几种叶子,幼儿自然而然地记住了院子里的树和树叶的形状。

四是活动中感官参加的数量。多种感官参加的无意识记效果较好。比如,将同一年龄班的幼儿分为两组进行实验,让他们学习同一首儿歌。第一次,甲组儿童边看图片边听歌词,乙组儿童不用图片,只听歌词。第二次,两组交换识记方法,学另一首儿歌。结果,通过视听两个通道识记时,儿童平均得 76.7 分,而单纯通过听觉识记的平均成绩仅为 43.6 分。实验说明多种感官参与有助于提高无意识记的效果。

五是活动动机。活动动机不同,无意识记的效果也不同。例如,任务内容为大班幼儿分别按事物的意义联系(如锤子—钉子、河—船)或事物的特性联系(如公鸡—喔喔啼、小鸟—会飞)想出 10 个词。把幼儿分为活动动机不同的两个小组,一组是为了完成学习任务而做,另一组是为了游戏中和别人竞赛。结果表明,儿童在竞赛性游戏中积极性较高,无意识记的效果也较好。不同动机下无意识记词的数量见表 6-3。

表 6-3　在不同动机下无意识记词的数量

| 词的类别 | 学习动机/个 | 游戏动机/个 |
| --- | --- | --- |
| 按意义联系的词 | 3.5 | 5.0 |
| 按特性联系的词 | 3.0 | 4.2 |

2. 有意识记逐渐发展

有意识记的发展,是幼儿记忆发展中最重要的质的飞跃。幼儿有意识记的发展有以下特点:

第一,幼儿的有意识记是在成人的教育下逐渐产生的。成人在日常生活和组织幼儿进行各种活动时,经常向他们提出记忆的任务。比如,在家里,父母会对孩子说:"记住,去问问老师……"在幼儿园,老师也会嘱咐:"回家告诉爸爸妈妈……"在讲故事前,预先向幼儿提出复述故事的要求;背诵儿歌时,要求他们尽快记住等,这些都是促使有意识记发展的手段。

第二,幼儿有意识记的效果主要依赖于对记忆任务的意识和活动动机。幼儿是否意识到识记的具体任务,影响着幼儿有意识记的效果。比如,幼儿在玩"开商店"游戏时,担任"顾客"的角色,"顾客"必须记住应购物品的各种名称,角色任务促使幼儿努力去记忆,记忆效果也有所提高。

活动的动机对幼儿有意识记的积极性和效果都有很大影响。在一些专门的实验或测验中,实验者把幼儿带到实验室里,简单地要求他们完成记忆任务。幼儿对这种活动缺乏积极性,记忆效果往往比较差。而在游戏中,有意识记的效果比较好。在实际生活中,如果成人提出的要求恰当,使幼儿明确识记的目的任务,那么,在完成任务中,有意识记的效果甚至超过游戏的效果。这种情况发生于:在完成生活中的实际任务时,幼儿的记忆效果能够得到成人或小朋友集体的评价,受到赞许或得到奖励。这种赞许或奖励是实际的强化。幼儿在三种不同的动机下有意识记的效果见表 6-4。

表 6-4　幼儿在三种不同动机下有意识记的效果

| 年龄/岁 | 完成实验任务/个 | 游戏/个 | 完成实际任务/个 |
| --- | --- | --- | --- |
| 3—4 岁 | 0.6 | 1.0 | 2.3 |
| 4—5 岁 | 1.5 | 3.0 | 3.5 |
| 5—6 岁 | 2.0 | 3.3 | 4.0 |
| 6—7 岁 | 2.3 | 3.8 | 4.4 |

总之,幼儿的有意识记随年龄增长不断发展。与小班幼儿相比,大班幼儿的有意识记水平有了很大的提高,他们不仅能努力记住和再现所要求记住的材料,还能运用一些最简单的记忆方法加强自己的记忆。比如,幼儿园的老师交代不同年龄班级孩子记忆任务时,他们表现出的差距就很大。小班幼儿可以默不作声地听取布置,但事后却不执行,或在听的中途或在听完后对老师说:"老师,我不会讲",表示不能接受这个任务。如果将此任务布置给大班幼儿,那么会出现另一种情景,大班的幼儿不时点头,小嘴默念

着,事后还会出声地重复,或怕自己记错,要求老师再讲一遍等,努力完成老师交给的任务。而中班儿童则介于两者之间,他们能注意倾听教师布置的任务,但并不积极主动地设法去记和努力回忆任务的全部内容,记多少是多少。

(四)机械识记占优势,意义识记逐渐发展

机械识记和意义识记的区别在于对记忆材料理解程度和组织程度的不同,幼儿期是意义识记迅速发展的时期。

1. 幼儿较多运用机械识记

和成人相比,幼儿较多运用机械识记,他们很容易地背诵一些自己并不了解的材料,充分显示了他们"死记硬背"的功夫。幼儿知识经验贫乏,分析、综合和理解力差,他们常常根据事物的一些外部特征和联系,机械地进行识记。小班幼儿在这方面表现得尤为突出。他们学习儿歌、识记歌词时,往往是凭借儿歌和歌词的音调进行机械模仿来识记的。幼儿相对较多地运用机械识记,可能出于两个原因:一是幼儿大脑皮质的反应性较强,感知一些不理解的事物也能够留下痕迹;二是幼儿对事物的理解能力较差,对许多识记材料不理解,不会进行加工,只能死记硬背,进行机械识记。

2. 幼儿意义识记的效果优于机械识记

虽然幼儿的机械识记占优势,但也不能由此认为幼儿只有机械识记而没有意义识记,或者把幼儿机械识记效果看成比意义识记效果还好,这种观点是没有根据的。实验研究表明,幼儿,尤其是4岁以后的幼儿,在记忆过程中能对识记的材料进行理解性的改造。例如,给幼儿一些随机呈现的单词,他们能按类别顺序再现。在复述故事时,往往不是一句一句地照背,而是按自己的理解和感受进行取舍或增补,在词语上,有时用熟悉的词来代替较生疏的词等。这些都说明幼儿时期已经有了意义识记,并随着生活经验的增加和思维能力的提高,意义识记在记忆中所占的比例逐渐增高。而且,从一定意义上说,幼儿的意义识记效果优于机械识记,也就是说,幼儿对可理解的材料要比无意义的或不理解的材料识记效果好得多。不同年龄幼儿识记常见物体和无意义图形的比较见表6-5。

表6-5 不同年龄幼儿识记常见物体和无意义图形的比较

| 年龄/岁 | 常见物体/% | 无意义图形/% | 比率 |
| --- | --- | --- | --- |
| 4 | 47 | 4 | 11.75∶1 |
| 5 | 64 | 12 | 5.33∶1 |
| 6 | 72 | 26 | 2.77∶1 |
| 7 | 77 | 48 | 1.6∶1 |

为什么意义识记效果优于机械识记?原因在于:第一,进行意义识记可以依靠过去的知识经验,也就是把识记材料纳入已有的知识经验中去,使新材料融于原有的知识经验系统中;第二,机械识记只能把事物作为单个的孤立的小单位来记忆,而意义识记使记忆材料形成相互联系,从而把孤立的小单位联系起来,形成较大的单位或系统。

这两种识记方式并不是相互排斥对立的。在现实生活中,我们反对死记硬背,反对教给幼儿根本不可能理解的东西,但并不是说不能要求幼儿进行机械识记。幼儿期机械识记较发达,因此在幼儿期,甚至更早一点儿就应该让幼儿背些东西,例如诗词、汉语拼音、外语单词等,利用机械记忆,让幼儿从小就打下知识的基础。同时,教师要注意采用各种方法,尽量帮助幼儿理解所要识记的材料。在向幼儿传授新知识时,应与已有知识紧密联系,帮助他们将新旧知识挂起钩来。

3. 幼儿的机械识记和意义识记都在不断发展

整个幼儿期,无论是机械识记还是意义识记,其效果都随年龄增加而提高。通过上文阐述可以看出:年龄较小的幼儿意义识记的效果明显优于机械识记。但随着年龄增长,两种识记效果差距逐渐缩小,意义识记的优越性似乎有所降低。这种现象并不表明机械识记的发展越来越迅速,而是由于年龄增长,机械识记中加入了越来越多的理解成分,机械识记中的理解成分使机械识记的效果有所提高。由此可见,由于意义识记渗入机械识记中,使两种识记越来越多地相互渗透,在机械识记和意义识记都随年龄增长而提高的基础上,两种识记效果的差距越来越小。

(五)形象记忆占优势,语词逻辑记忆逐渐发展

1. 幼儿形象记忆的效果优于语词逻辑记忆

形象记忆是根据具体的形象来记忆各种材料。在儿童语言发生之前,其记忆内容只有事物的形象,即只有形象记忆。在2岁儿童语言发生后,直到整个幼儿期,形象记忆仍然占主要地位。语词逻辑记忆是通过语言的形式来识记材料,随着语言的发展,语词逻辑记忆也逐渐发展。实验材料证明,幼儿对于形象记忆的效果要高于语词逻辑记忆。幼儿形象记忆和语词逻辑记忆效果比较见表6-6。

表6-6 幼儿形象记忆和语词逻辑记忆效果比较

| 年龄/岁 | 熟悉的物体/个 | 熟悉的词/个 | 两者的比率 |
| --- | --- | --- | --- |
| 3—4岁 | 3.9 | 1.8 | 2.1∶1 |
| 4—5岁 | 4.4 | 3.6 | 1.2∶1 |
| 5—6岁 | 5.1 | 4.6 | 1.1∶1 |
| 6—7岁 | 5.6 | 4.8 | 1.1∶1 |

2. 幼儿的形象记忆和语词逻辑记忆都随着年龄的增长而发展

从表6-6中可以看到,3—4岁幼儿无论是形象记忆或者是语词记忆,其水平都相对较低。其后,两种记忆的效果都随年龄的增长而增长。

3. 幼儿的形象记忆和语词逻辑记忆的差别逐渐缩小

如果计算一下表6-6中对熟悉的物体和熟悉的词两种记忆效果的比率,就可以看到两者的差距日益缩小。两种记忆效果的差别之所以逐渐缩小,是因为随着年龄的增长,形象和词都不是单独在儿童的头脑中起作用,而是有越来越密切的相互联系。一方面,幼儿对熟悉的物体能够叫出其名称,那么物体的形象和相应的词就紧密联系在一起;另一方面,幼儿所熟悉的词,也必然建立在具体形象的基础上,词和物体的形象是不可分割的。形象记忆和语词记忆的区别只是相对的。在形象记忆中,物体或图形起主

要作用,语词在其中也起着标志和组织记忆形象的作用;在语词记忆中,主要记忆内容是语言材料,但是记忆过程要求语词所代表的事物的形象作支柱。随着儿童语言的发展,形象和词的相互联系越来越密切,两种记忆的差别也相对减少。

(六)记忆策略的发展

记忆策略是指自觉运用的、有助于完成记忆任务或提高记忆效果的措施和方法。记忆策略的掌握与记忆态度的形成有密切的关系。只有具备了明确的记忆目的和意图之后,才可能产生运用记忆策略的要求。3岁之前的儿童尚未形成记忆的意识,自然谈不上运用策略帮助记忆,有意识记产生以后,儿童逐渐学习运用某些方法来完成记忆任务。

儿童常见的记忆策略有:

1. 反复背诵或自我复述

年龄较大的幼儿,在识记过程中反复背诵以避免遗忘。有时,边识记边自言自语地说出记忆材料的名称或内容。比如,为了记住图片,每当看到一张图片时,随即说出图片的名称。

2. 使记忆材料系统化

幼儿中期以后,能够在记忆过程中自动对记忆材料加以整理分类。例如,边识记边把图片分类,并自言自语地说:"苹果是水果,梨也是水果,萝卜是蔬菜……"幼儿还会把新词和某种事物或情绪联系起来。

3. 间接的意义识记

年龄较大的幼儿能对材料进行精心思考,找出材料组成的规律,以帮助记忆。例如,有一个6岁儿童,在1分钟之内正确记住了17位数字:81 726 354 453 627 189。他是经过思考,抓住了这些数字之间的规律性联系进行记忆的。他发现每两个数字之和都是9,去掉最后一个9字,其余的数字排列都是对称的。

综上所述,学前儿童记忆策略的水平直接影响着其记忆的实际表现,但在幼儿期所表现出来的策略能力是非常有限的。一般来说,儿童5岁以前基本上没有记忆策略,5—7岁处于过渡期,10岁以后记忆策略逐步稳定发展起来。

(七)记忆品质的发展

1. 记得快忘得也快

幼儿很容易记住一些新的学习材料,原因主要有两个:一是因为他们的神经系统具有极大的可塑性,很容易在大脑皮层上留下记忆痕迹;二是因为他们缺乏经验,许多事物对他们来说都是新鲜的,能够引起他们的惊讶、兴奋等情绪体验,从而加深对新事物的印象,而且较少受以往经验的干扰。

然而有趣的是,他们记得快,忘得也快,记忆的潜伏期较短。这一特点集中反映在"幼儿期健忘"这一有趣的现象上。

2. 记忆不精确

记忆不精确是幼儿记忆品质发展的另一显著特点,它主要表现在以下两方面:

一是完整性较差。幼儿的记忆常常支离破碎、主次不分,年龄越小,这种情况越明显。他们回忆学习过的语言材料时常漏掉主要情节和关键词语,只记住那些他们自己感兴趣的某个环节。比如,在听完《胆小的小猫》这个故事之后,小班不少孩子只能复述"小猫一跑,克朗朗!克朗朗!……把它吓坏了!'嘭'的一声,气球炸了,小猫掉下来了"这样几个带有拟声的、他们听讲时就笑了起来的句子。至于小猫如何变得勇敢起来的过程,几乎无人提及。大班情况有了很大的变化,他们开始能够区分主次,以主题贯穿情节。但在回忆自己的生活经历时,仍表现出记忆不完整的特点。幼儿用语言再现记忆材料时表现出的这个特点,与其言语发展水平也有着密切的关系。

二是容易混淆。幼儿的记忆有时似是而非,常常混淆相似的事物。比如,幼儿认识了一个幼儿园的"园"字,常常就把结构有某种相似性的"团"字也再认为"园"字;整体认识了"眼睛"两个字,就会把单独出现的"睛"字再认为"眼"。更有甚者,幼儿还可能真假难辨,把想象的东西和记忆的东西相混淆。当想象的事物为幼儿强烈期盼的事物时,这种情况便时有发生。

精确性是很重要的记忆品质,失去这一点,其他品质(如持久性)也就丧失了价值。幼儿记忆的精确性,一般而言,是随着年龄的增长而逐渐提高的。幼儿记忆的精确性不足,常常被成人误解为故意撒谎,这其实是不对的。但是,成人有意地采取措施来发展儿童记忆的精确性则是十分必要的。

# 任务三 学前儿童记忆力的培养

记忆力是认知能力,即智力的重要组成部分,人们常用"过目不忘"等词来形容记忆能力强的人。如何根据幼儿记忆的特点来提高记忆效率,是教师和家长共同关心的问题。在培养幼儿的记忆力时应注意以下方面:

## 一、培养幼儿对识记的兴趣和信心

幼儿的记忆效果与其情绪状态有很大关系。能引起兴趣的事物,记忆效果好;主动进行的、满怀信心的学习,效果也好。反过来,无兴趣的、被迫的、缺乏信心的学习,其记忆效果就差。因此,培养幼儿记忆的兴趣与信心是非常必要的。在良好情绪的状态下,个体记忆的动机会更加高涨,形成一种"愉快记忆—记忆效果好—从记忆效果中感到愉快"的"良性循环"。例如,"森林中动物联欢会"是根据幼儿拟人化的特征以及对于动物的喜爱之情所创设的生动情景,这些情景与幼儿头脑中的原有表象的丰富性有关。在童话般的世界中,幼儿记忆的兴趣将得到极大激发,记忆的效果大大提高。

## 二、明确识记的目的和任务,培养幼儿的有意识记

是否具有明确的识记目的和任务,对于识记的效果具有重要的影响。因为有了明

确的识记任务,就能把全部的精力集中到识记的任务上,并采取各种措施去实现它。幼儿的识记也是如此。事实表明,如果在记忆某一事物或单词之前,教师用语言向幼儿提出识记的目的、任务、重要性,就能调动他们的积极性,记忆的效果就好。

因此,在日常生活中应经常向儿童提出具体、明确的识记任务,对记忆的结果给予正确评价,激发幼儿有意识记的积极性。比如,在给幼儿讲故事时,应提醒其注意听什么,听完之后要回答哪些问题;带幼儿外出旅游的时候,让幼儿注意观察周围的一切,回来后说说都看到了什么,自己都做了哪些事情等。教师也可以通过主题谈话的形式培养幼儿的有意识记。例如,以"快乐的星期天"为主题的谈话,可以要求幼儿回忆星期天是怎么过的,讲一件快乐的事,但老师一定在周末前就交代清楚,"小朋友星期一要向大家讲一讲星期天经历的快乐的事情"。应该注意的是,在向幼儿提出明确、恰当的识记要求后,对幼儿完成识记任务的情况要给予及时的肯定和表扬,以提高幼儿有意识记的积极性。

### 三、帮助幼儿理解记忆的材料,培养幼儿在理解基础上的记忆

实验研究表明,幼儿意义识记的效果优于机械识记,他们对记忆材料理解得越深,记得就越快,保持时间也越长。因此,教师应该采用多种方法,尽量帮助幼儿理解所要识记的材料。同时,还要指导幼儿在记忆过程中进行积极的思维活动,逐渐学会根据事物的内部联系去识记材料。这样,在理解的基础上去识记,在积极思维的过程中去识记,有助于幼儿逐渐提高意义识记和认识能力,幼儿识记就会变得很容易。例如,教幼儿复述故事时,应当让幼儿熟悉故事内容,掌握故事任务,理解词义,着重练习有关主题的重要词语。又如,记忆古诗《春晓》时,可以将古诗的内容转化为形象生动的图画,以故事的形式帮助幼儿回忆已有的生活经验,进而引导幼儿理解古诗中的"眠""晓""啼鸟"等,这样幼儿记忆的效果会大大提高。

### 四、为幼儿提供色彩鲜艳、形象生动、新颖有趣的材料和活泼多变的方法

幼儿的记忆以形象记忆为主,色彩鲜艳、形象生动、新颖有趣的材料,更能够满足他们的需要,激发幼儿强烈的情绪体验,从而自然而然地记住。如朗朗上口的儿歌、童谣,生动形象的图片等。在方法上,教师可以通过开展游戏、放映幻灯片、演木偶戏等需要多种感官参与的活动来吸引幼儿的注意,提高其记忆的兴趣,这样可以使幼儿以轻松愉快的心情获得深刻的印象;教师还可以引导幼儿发现物体的共同之处,帮助幼儿联想与之相关的事物,鼓励幼儿自我复述与背诵等。

### 五、组织各种活动(游戏、学习等),在活动中提高幼儿记忆的效果

实验证明,当识记的对象是幼儿活动的主要对象,记忆的效果就好。发给幼儿15张图片,每张图片中央画着幼儿熟悉的物体,如猫、狗、椅子、桌子等,图片右上角画着醒目的符号,如△、+、○等。把幼儿分为两组:一组的任务是按物体的特点分类,如猫和狗放在一起,桌子和椅子放在一起;另一组的任务是按符号分类,如把有△符号的放在

一起。分类活动结束后,出其不意地要求两组幼儿说出各张图片上画的物体,结果表明,按物体特征分类的幼儿,平均记住 10.6 个物体;而按符号分类的幼儿,平均只记住了 3.1 个物体。可见,幼儿识记的效果依赖于活动任务。凡是活动的直接对象,就比较容易记住。因此,寓"记忆"于"活动",也是提高幼儿记忆效果的好方法。

### 六、教幼儿运用记忆的方法或策略

记忆能力强弱的关键之一在于是否会运用记忆策略。成人在向幼儿传授知识技能的同时,要培养他们运用记忆方法的意识,并且教给他们一些常用的识记策略。

1. 归类记忆法

把许多同类的事物归为一类,将记忆材料整理成有适当次序的材料系统,既能扩大记忆容量,又更容易记忆。例如,可以把牛、羊、猪、鸡、鸭、兔或火车、船、汽车、飞机等进行分类,让幼儿记忆和回忆。实验证明,教幼儿进行归类记忆,效果明显。在同样条件下,不会归类识记的 4 岁幼儿只能记住 4—5 个物体,而采用归类记忆法的幼儿则能记住 10 个物体;不会用归类法主动识记的 5 岁幼儿,只能记住 5—6 个物体,而采用归类法的幼儿能记住 14 个物体;不会用归类法主动识记的 6 岁幼儿,只能记住 7—9 个物体,而采用归类法的幼儿平均能记住 18 个物体。

2. 整体识记和部分识记相结合

整体识记方法是将材料整体一遍遍地识记,直到会背诵为止。部分识记方法是将材料一段段地背诵,到分段背诵完毕再合成整体背诵。如果材料的数量不多,一般用整体识记法较好;当材料较长时,应用部分识记法较好。通常最好是两种方法并用,先把材料从整体上读几遍,对特别困难的部分多读几遍,再全部诵读,如此反复,直到记熟为止。比如,在记忆故事《三只蝴蝶》时,幼儿一般是伴随游戏过程先整体记忆,后依据故事的情节逐段记忆。

3. 联想记忆法

借助某些中介建立多种联想,进行间接记忆,即为无意义的记忆材料赋予一定的意义,增加记忆效果。比如,在教幼儿认识数字时,引导幼儿利用某些形象的事物作为中介来记忆,"1"像铅笔,"2"像鸭子,"3"像耳朵,"4"像旗子,"5"像钩子,"6"像哨子,"7"像拐棍,"8"像葫芦,"9"像烟斗等。

4. 协同记忆法

记忆时,让多种感官参与活动,在大脑皮层上建立多方面暂时神经联系,这样可以加深记忆,不会遗忘。比如,让幼儿认识苹果时,应尽量让他们多看一看、摸一摸、闻一闻、尝一尝,通过眼、手、鼻、口等多种感官从多方面获得有关苹果的感性认识。这样会使幼儿记得又快又好。

### 七、帮助幼儿根据遗忘规律合理地复习

良好的记忆不仅要识记敏捷,更重要的是要保持得持久、再认或重现得迅速、准确。要使识记材料保持得牢固,就要防止遗忘,而复习是防止遗忘的最基本方法。

有效的复习应该按照遗忘的规律进行。根据遗忘的规律,刚学的东西要及时复习,尽量抢在遗忘之前。否则,就等于重新学,结果是事倍功半。另外,复习的时间安排应该遵循"先密后疏"的原则,开始复习时,间隔时间要短些,次数要多些。随着遗忘速度的减慢,复习的时间间隔可以逐渐拉长。

一般来讲,让幼儿复习巩固所学的内容时,不宜采用单调、长时间的反复刺激,应该在幼儿情绪稳定时,采用多种有趣的方法进行,如利用讲故事、念儿歌、猜谜语、表演活动、做游戏、比赛活动、散步、郊游活动和日常生活活动等。实验证明,这样不仅可以使幼儿在轻松愉快的情绪状态下很快地巩固掌握所学的知识与技能,而且可以激发幼儿的记忆兴趣,提高幼儿学习的积极性。

## 岗位实践训练

### 6.1 谁不见了

适合年龄:3岁左右。

活动目标:促进记忆有意性和精确性的发展。

活动准备:蒙眼布一块。

活动过程:

1. 全班幼儿围坐一圈,让幼儿们看清楚并记住谁坐在谁的旁边。
2. 教师请某幼儿站到圈子中间并将其眼睛蒙上。
3. 其他幼儿一起反复念"小脑筋转转转,想想是谁不见了"。
4. 教师指定一名幼儿躲起来。
5. 解开该幼儿的蒙眼布,让他说出谁不见了,说对了为他鼓掌。
6. 幼儿交换位置。第二遍游戏开始,如此往复进行。
7. 游戏的难度可以随游戏进行逐步加大,躲藏的幼儿可以酌情增加。

岗位实践训练
6.2、6.3、6.4

## 精品练习

### 一、单项选择题

1. 背诵短文时,前后端的内容容易记住,中间的内容难记住且易遗忘,这是(    )影响的结果。

    A. 同化说　　　　　　　　　B. 痕迹消退说
    C. 动机说　　　　　　　　　D. 倒摄抑制与前摄抑制

2. 昔日同窗情,至今常怀念,这属于(    )。

    A. 运动记忆　　B. 情绪记忆　　C. 形象记忆　　D. 语词记忆

3. 在不理解的情况下,幼儿也能背诵唐诗,这是(    )。
　　A. 意义识记　　　B. 逻辑记忆　　　C. 机械识记　　　D. 理解记忆
4. 按顺序呈现"护士、兔子、月亮、救护车、胡萝卜、太阳"图片让儿童回忆,儿童回忆说:刚看到了救护车和护士、兔子与胡萝卜、太阳与月亮,这些儿童运用的记忆策略为(    )。(2014年下国考题)
　　A. 复述策略　　　B. 精细加工策略　　C. 组织策略　　　D. 习惯化策略
5. 幼儿时期占优势的记忆类型是(    )。(2021年下国考试题)
　　A. 意义记忆　　　B. 形象记忆　　　C. 词语逻辑记忆　　D. 动作记忆

## 二、填空题

1. 记忆是人脑对过去经验的保存,包括_____、_____、_____三个环节,其中恢复又分_____和_____两种形式。与记忆的保持相反的过程是_____。

2. 记忆广度是单位时间内能够识记的材料的数量,人类短时记忆的广度一般为_____个信息单位,其增长受生理发展水平的局限。

3. _____和_____是再认和回忆的前提。

4. 表象和思维都具有概括性,但表象的概括用的是_____,思维的概括用的是_____。

5. 当要求幼儿记住某样东西时,他往往记住的是和这件东西一道出现的其他东西,这种现象叫作_____。

## 三、判断与说明(判断下面的说法是否正确,并说明理由)

1. 压抑说认为,遗忘是因为在学习和回忆之间受到其他因素的影响。　　(    )
2. 记忆潜伏期指的是回忆时间的长短。　　(    )
3. 随着年龄的增长,幼儿形象记忆和语词记忆的差别逐渐增大。　　(    )
4. 幼儿能够出现可以保持终生的记忆是在1—2岁以后。　　(    )
5. 艾宾浩斯的遗忘曲线表明,遗忘过程在学习后1天内进展最快。　　(    )

课后自测

## 模块七 学前儿童的想象

1. 理解想象的概念、基本特点、分类和形成方式。
2. 掌握学前儿童想象发展的基本特点和一般趋势。
3. 能够根据实际情况采取有效的措施培养学前儿童的想象力，能初步设计促进学前儿童想象力发展的活动方案。

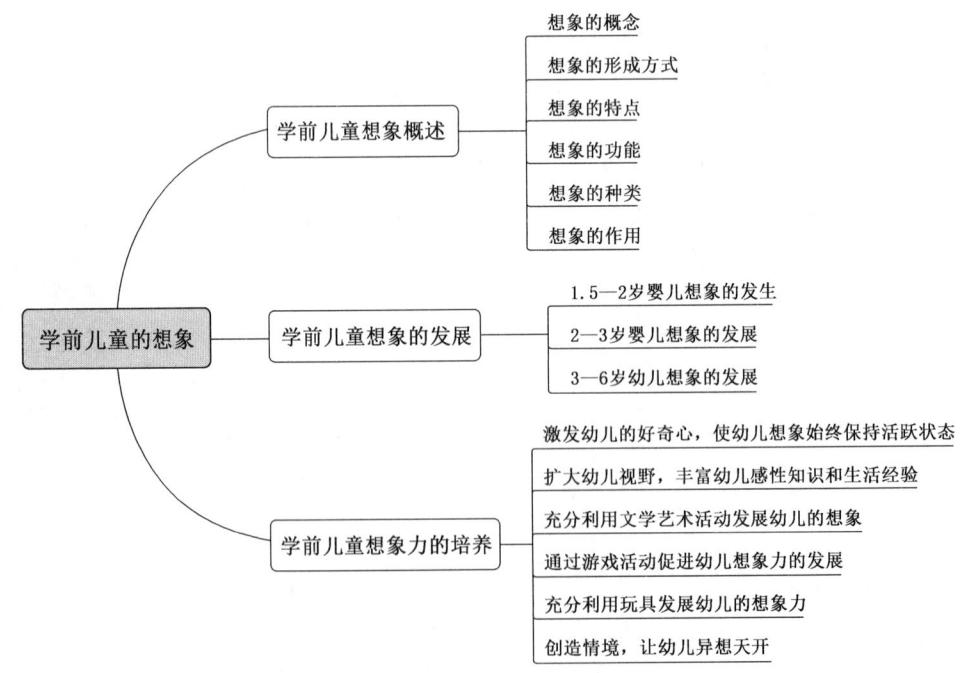

5岁的小智特别喜欢汽车,有一天妈妈发现小智的书包里有一个特别精致的汽车模型,小智说是小朋友送给他的。后来证实是小智趁小朋友不注意时拿的。

跃跃4岁了,他常常自言自语,成人问他,他说有朋友正在和他玩儿,更让人不可理解的是,他还说这个朋友有自己的名字、自己的性格和自己的故事。遇到任何事情,跃跃都要和他的"朋友"商量,听取他的意见,寻求他的帮助。跃跃的行为令父母感到非常担心。

为什么小朋友们会有这样的举动呢?我们该如何看待幼儿期出现的这些现象?在进行学前教育时应采取哪些措施来引导学前儿童的这些行为呢?

# 任务一 学前儿童想象概述

人们在社会实践中,不仅要通过实际行动和概念、判断、推理去认识客观世界的本质及规律,还要通过在大脑中组织构成事物的新形象去完成各种任务,这就是想象。

## 一、想象的概念

想象是人脑对已储存的表象进行加工改造,创造出新形象的过程。想象是一种高级的复杂的认识活动。例如,人们在听广播、看小说时,在大脑中所呈现的各种各样的情景及人物形象;发明家设计新机器时,在大脑中创造出的新产品的形象;作家根据生活体验,创造出作品中的人物形象。这些根据别人的口头或文字描述,或者根据自己已有的知识经验,在大脑中所形成的新形象,都是想象活动的结果。产生想象的条件:第一,头脑中要有相当数量、稳定性的表象作为加工材料。第二,大脑具备对已有表象进行加工改造的能力。

想象虽然建立在表象的基础上,但表象属于认识的初级阶段,即感性认识阶段。而想象与思维有着密切的联系,同属于认识的高级阶段,即理性认识阶段。当人们遇到疑难问题时,往往运用想象来解决问题。解决问题的想象与解决问题的思维是不同的,思维是有计划、有步骤、连贯地思考,想象则可以跳过中间几个步骤,而达到对问题解决的构想。

## 二、想象的形成方式

想象是人脑对已有的表象加工、改造而创造新形象的过程,它要对已有的表象进行分析、综合,抽取出必要的元素进行加工,按照新的构思重新结合,创造出新的形象。人脑对已有的表象进行加工改造的方式主要有以下四种：

### （一）综合

综合就是把生活中各个领域和各种现象的不同方面的特征组合在一起。例如，神话故事中美人鱼的形象，就是把美丽的少女的头、上身与鱼的尾巴组合在一起；孙悟空的形象就是把猴子和人的某些特征组合在一起。在科学技术的发明创造中也有运用这种方式的，如水陆两用的坦克，就是把坦克与船的某些特征组合在一起。这种形成方式不是按照事物的特征和它们之间固有的相互关系进行组合的，而是按照人们的要求，把分析出来的事物的各种特征重新配置、综合起来，构成人们所渴求的形象，以满足人们的某种需要。

### （二）夸张

夸张又称强调，是通过改变客观事物的正常特点，或者突出某些特点在头脑中形成新的形象。例如，千手观音就是对观音的手进行夸张后想象出来的新形象，还有神话故事中的七头龙、九头鸟，《格列佛游记》中大人国和小人国等形象，都是运用夸张方式而形成的新形象。夸张也是文学中常用的修辞手法，作者往往通过夸张的描述，在读者头脑里形成比较形象具体的事物形象。

### （三）拟人化

拟人化是把人类的特性、特点加在外界事物上，使之人格化的过程。例如，神话故事里面所描述的，海里有龙王，天上有雷公、电母，月亮上有嫦娥等。这些形象就是用拟人化的方法想象出来的。

### （四）典型化

典型化是根据一类事物的共同特征创造新形象的过程。它是形成新形象最复杂、最高级的过程。它首先要对某一类型的事物进行分析、比较、抽象，找出其共同的具有典型化的、最有代表性的特征，然后在某一对象身上生动、具体、集中地表现出来。它是文学、艺术创作的重要方式。例如，装饰图案画中的花瓣、树叶等形象，就是来自各种植物的共同特征，小说中的人物形象的创造，也是作家综合某些人物的特点之后创造出来的。高尔基在谈艺术创作时就曾指出：主人公的性格是由他的社会集团中各种不同人的许多特征构成的，为了能近乎真实地描写一个工人、和尚、小商人的形象，就必须去观察一百个其他的工人、和尚、小商人。典型化使作家和艺术家创造出来的形象更逼真、更感人。

## 三、想象的特点

### （一）形象性

想象是在感知的基础上，改造旧表象创造新形象的心理过程。它在人们大脑中呈现出的是直观的形象，而不是词或者符号。而且想象中出现的形象是新的，是在已有表象的基础上进行加工改造的结果，而不是表象的简单再现。例如，当我们读着马致远的

《天净沙·秋思》时，大脑中出现一幅苍凉悠远的画面。虽然这样的场景我们并没有亲眼见到过，但是我们大脑里储存有枯藤、老树、昏鸦、小桥、流水、夕阳、瘦马等表象，人脑就对这些表象加工组合而形成一幅这样的画面。

### （二）新颖性

想象的新颖性表现在想象不仅可以创造出人们未曾感知过的事物的形象，还可以创造出现实中根本不可能存在的形象。例如，《西游记》中的孙悟空、猪八戒以及妖魔鬼怪等。尽管这类形象离奇古怪，有时甚至荒诞无稽，但它们仍来自现实之中，来自对人脑中记忆表象的加工。例如，孙悟空的形象是将人的特征和猴子的习性、动作等结合在一起而创造出来的；猪八戒的形象则是对人和猪的某些特征加工改造的结果。想象的形象在现实生活中都能找到其原型，它同其他心理活动一样，都是对客观现实的反映。

## 四、想象的功能

### （一）预见功能

人类活动同动物本能活动的根本区别就在于活动的目的性、预见性和计划性，也就是说人能实现对客观现实的超前反应。人类的任何实践项目，无论是制造简单的工具，还是进行艺术创作、科学发明，在活动之前，人们总是先在大脑中形成未来活动过程和活动结果的想象，并利用这些想象指导调节活动过程，实现预定的目的和计划。科学家的发明创造、工程师的工程设计，都是想象预见功能的体现，因此爱因斯坦曾说"想象力比知识更重要"。

### （二）补充功能

人脑能够通过感知揭示直接作用于感觉器官的事物的属性和意义。但是在社会实践中，由于时间、空间及主客观条件的制约，我们常常遇到一些无法直接认识的东西。如宇宙中的星球、原始人类生活的情景等，对于这些空间上遥远的东西和时间上久远的事物，我们要直接感知是很困难的，甚至是不可能的。在这种情况下，可以借助想象的机制，弥补人类认识活动的时空局限和不足，超越个体狭隘经验的范围，对客观世界产生更充分、更全面、更深刻的认识。例如，《红楼梦》中王熙凤的形象是无法直接感知的，但当人们读到"一双丹凤三角眼，两弯柳叶吊梢眉，粉面含春威不露，丹唇微启笑先闻"的文字描写时，人们通过已有的"丹凤""柳叶""粉面"等表象的作用，就能在大脑中想象出王熙凤的形象。

### （三）代替功能

现实生活中，由于各种因素的制约，人们的某些需要不可能得到满足或全面实现时，就可以通过想象来代替，从心理上得到一定的补偿和满足。例如，在中国古典戏曲表演艺术中，许多布景和实物是通过演员形象化的动作来唤起观众的想象而获得良好效果的。戏曲中的骑马、过河、摆渡、开门、关门等都是通过想象来理解的。又如，在游戏中，儿童借助想象满足其模仿成人的愿望，增长了知识和才干。若没有想象的参与，游戏就无法进行。可见，想象在儿童游戏中同样有着非常重要的作用。

## （四）调节功能

人在想象时，有机体常出现心理的乃至病理的变化，它表明了想象对有机体本身的反作用。例如，我们想象自己右手靠在燃烧的火炉旁，左手握着冰块，过一段时间两手温差可达到3—4℃；想象令自己激动和兴奋的事情，会使自己的血压升高、心跳加快等。这些都表明了想象对机体的调节作用。

总之，想象对我们的日常生活有重要的作用，它不仅丰富了我们的生活，让我们认识不可能亲自感知的世界，而且对于激发人们的创造热情，对于创造性思维能力的培养更是起着重要的作用，凡是人类的创造性劳动，无一不是想象的结晶。

## 五、想象的种类

按照想象活动是否具有目的性，想象可以分为无意想象和有意想象。

### （一）无意想象

无意想象是一种没有预定目的、不自觉的想象，是当人们的意识减弱时，在某种刺激的作用下，不由自主地想象某种事物的过程。例如，人们观察天上的白云时，有时把它想象成棉花，有时想象成仙女，有时又想象成野兽等。还有人们在睡眠时做的梦，精神病患者在大脑中产生的幻觉等，都是无意想象。梦和幻觉均属特殊情况下产生的无意想象。但是这绝不意味着无意想象经常在这种特殊的，甚至是不正常的情况下产生。在正常生活情况下，无意想象也经常发生。例如，学生上课时的"分心"现象，诗人、作家的"浮想联翩"等。

## 什么是梦

梦是无意想象的极端形式。它是人们在睡眠状态下出现的一种想象活动。巴甫洛夫认为，梦是人们在睡眠状态下，大脑皮层处于不平衡的抑制状态，少数神经细胞的兴奋使一些表象被激活，这些被激活的表象由于缺乏意识的调节和控制以意想不到的方式重新结合而产生的形象。

人是不是一睡觉就要做梦，而且不停地做梦呢？根据脑电和眼动的研究，人的睡眠有两个时相，即快速眼动睡眠时相和慢速眼动睡眠时相，简称为快波时相和慢波时相。人刚开始入睡时，脑电出现幅度大、频率低的慢波，人的意识消失，心率、呼吸、体温、血压、代谢率等都降低，眼球只缓慢地运动，做梦少，这一时期被称为慢波时相。它大约持续90分钟，就转入快波时相，脑电呈低幅高频的快波，血压升高，心跳加快，眼球转动速度快，每秒50—60次，梦一般是在快波时相产生的。这一时相持续20—30分钟后，又转入慢波时相,如此交替往复直至觉醒,一般交替出现3—5次。只是在睡眠后期,快波时相的持续时间相应延长了。这说明正常人每夜大约有25%的时间在做梦,只是人们有时意识得到,有时意识不到。

离奇性和逼真性是梦的两个特点。人在梦中会出现自己在现实生活中无论如何也不会经历的事情,而在梦中出现的情境都是可见的,常常会有身临其境之感,这主要是由于人在做梦时,大脑皮层处于抑制状态,缺乏意识的调节和控制,使激活的表象形成了离奇的结合。

梦虽然是无意想象,但它也是由一定的原因引起的。梦产生的原因一般有以下几个方面:一是生理变化引起的,如小腿肚生疮,容易梦到被狗咬伤了腿。二是外界刺激引起的。有研究者曾让自己的助手在自己睡觉时施加各种不同的刺激,结果发现,当助手抓他的嘴唇和鼻子时,他梦到自己受刑,遭到折磨;当助手在室内喷洒香水时,他梦到自己在逛鲜花店;当他的床铺在脑后部位突然塌下时,他梦到自己被砍头了。三是大脑皮层神经联想的暂时接通,也就是我们平常所说的"日有所思,夜有所梦"。白天生活中的某些事情引起大脑皮层的过度兴奋,使这部分细胞不容易抑制,就会产生梦境。美国赫威发明缝纫机就是得之于梦的帮助,当时他的设计在缝纫针的环节上停滞了,百思不解。一天夜里,他梦见国王强令他在24小时内必须造出缝纫机,否则将用长矛刺死他,他突然惊奇地发现长矛的尖上有眼睛一般的小洞,这个启示使他顿悟出针眼应靠近针尖,从而解决了问题。

做梦是脑的正常功能的表现,它不仅无损于身体健康,而且对于脑的正常功能的维持是必要的。研究表明,如果人为地连续几天剥夺人的快波时相的睡眠,人就会出现紧张、焦虑、注意力涣散、易怒,甚至出现幻觉等反常现象。

### (二) 有意想象

有意想象是有预定目的、自觉地进行的想象。它是人们根据一定的目的,为塑造某种事物形象而进行的想象活动,这种想象活动具有一定的预见性、方向性。在有意想象中,根据想象的创新程度和形成方式的不同,可以把有意想象分为再造想象、创造想象和幻想。

1. 再造想象

再造想象是指根据言语的描述或图形的示意,在头脑中形成相应的新形象的过程。例如,我们在阅读小说时在头脑中产生的有关人物形象、事物形象、活动场面的过程就是再造想象的过程。再造想象的新形象不是想象者自己独立地创造出来的,而是再现他人描述的形象。所以,言语描述或图样示意越详细,主体的感性经验越丰富,再造想象的形象也越完善。但是再造想象并不是别人想象的简单再现,而是依据自己以往经验再造出来的。由于个体之间在知识、经验、兴趣、爱好、能力等方面存在差异,每个人再造出来的想象是各不相同的。所以,再造想象中也有创造性的成分,但创造性的水平较低。

再造想象是人们接受知识、理解教材内容不可缺少的条件,它能帮助人们更加具体地、生动地、正确地理解和记忆所学习的知识,形成明确的观念和概念,它能帮助人们摆脱狭小的生活圈子,形象地掌握不曾感知或无法感知的事物。例如,学习古代的历史事件,我们可以根据描述,通过再造想象去获得历史知识。

2. 创造想象

创造想象是指在创造活动中,根据一定的目的、任务,在人脑中独立地创造新形象的心理过程。人类在创造新产品、新艺术、新作品、新理论时,头脑中构成的新事物的形象都属于创造想象。创造想象不是根据现成的描述再造出事物的形象,而是在头脑里独立地创造出新形象。例如,鲁迅先生创作的"阿Q"形象、工程师构建的建筑物的形象、发明家构思的新作品的形象等都是创造性的新形象。因此,创造想象具有首创性、独立性和新颖性的特点。创造想象所形成的新形象是现实生活中没有的或是从来没有见过的,所以它比再造想象要复杂和困难。创造想象需要对已有的感性材料进行深入分析、综合,根据实践的需要,在头脑里进行创造性的构思。例如,"阿Q"形象就是作者经过选取材料,在高度的创造性构思的基础上独立地创造出来的,这当然要比读者通过阅读在头脑中再造出"阿Q"的形象复杂和困难得多。

创造想象是一切创造活动、科学发明与发现的必要条件。爱因斯坦说过:"想象力比知识更重要,因为知识是有限的,而想象力概括着世界上的一切,推动着进步,并且是知识进化的源泉,严格地说,想象力是科学研究中的实在因素。"这个想象力指的就是创造想象的能力,可见,创造想象在科学创造中具有十分重要的意义。

3. 幻想

幻想是指向未来,并与个人愿望相联系的想象,它是创造想象的特殊形式。科学幻想中的形象,各种神话、童话中的形象都属于幻想。幻想指向于未来的活动,不与目前行动相联系。幻想中的形象体现着个人的愿望。例如,古书中所描述的腾云驾雾、千里眼、顺风耳、嫦娥奔月等,在当时就代表了人们的幻想。当然,随着科学技术的发展,许多过去的幻想,现在都逐渐变成了现实。

根据幻想能否实现,可以把幻想分为理想和空想。理想是以客观现实的发展为依据,能够实现的可能性很大。如共产主义的理想、"四化"建设的理想、建设祖国边疆的理想等,这种对未来的向往,顺乎潮流,合乎规律,只要为之奋斗,总是会实现的。空想则完全脱离现实生活发展的规律,而且毫无实现的可能性。《守株待兔》的寓言中,农夫把自己的希望寄托在偶然发生的事件上,而不愿付出辛勤的劳动,他的希望是一定会落空的。所以,理想是一种积极的想象,体现了事物发展的客观规律,对人的激励作用很大,是鼓舞人们前进的重要精神支柱,而幻想是一种消极的想象,它不以客观规律为依据,甚至违背了事物发展的客观进程,对人的精神起着瓦解和销蚀的作用。

### 六、想象的作用

**（一）想象在学前儿童学习中发挥重要作用**

人们在认识客观事物的过程中，可以通过直接感知获得对事物的认识，但人不可能事事都去亲身实践，因此就有必要通过他人的描述间接地获得对客观事物的认识。人们在获取间接认识的过程中，没有想象是无法构建出新形象、新知识的。想象能够在幼儿学习活动中帮助幼儿掌握抽象的概念，理解较为复杂的知识，创造性地完成学习任务。例如，幼儿在学习"4可以分成2和2"的组成概念时，教师可以用直观的语言激发幼儿的想象，让幼儿通过实物表象（如头脑中出现4个橘子分两份的分法）来理解数的组成概念。又如，在语言活动中进行故事续编，教师讲出故事的前半部分，让幼儿通过想象编出不同的结尾来。在其他类型的学习中，幼儿也离不开想象这一心理过程。缺乏想象力的幼儿，是无法取得良好的学习效果的。

**（二）想象在学前儿童游戏中起着重要作用**

学前儿童的主要活动是游戏。在游戏中，儿童的想象起着极为重要的作用。在角色游戏中，角色的扮演、游戏材料的使用、游戏的整个过程等都要依靠幼儿的想象。例如，"娃娃家"游戏中"爸爸""妈妈"使用布做成的包子、馒头，木棍代替的菜勺，炒菜、烧饭、带孩子看病的活动，都是经过幼儿的假想而成的。如果没有想象，这种虚构的活动便无法开展。另外，在结构游戏中，幼儿必须对结构材料、结构物体进行想象，通过一定的建构技能才能创造出一定的结构。因此，想象在幼儿游戏活动中起着关键作用。通过各种方法发展幼儿的想象力，可以促进幼儿游戏水平的提高。

**（三）想象的发展是幼儿创造思维发展的核心**

人的创造力主要表现在一个人的创造思维方面，而创造思维一般可以分为三个方面：直觉、灵感和想象。换言之，想象是创造思维的一个主要方面。对于幼儿来说，创造思维的核心就是想象。我们评价幼儿创造思维的水平也主要是从想象的水平出发的。丰富的想象是幼儿创造思维的表现，如儿童画《月亮上荡秋千》就充满了丰富的想象，因此才可能获得很高的评价。既然想象是幼儿创造思维的核心，就应该充分发展幼儿的想象，以更好地促进幼儿心理的发展。

## 任务二　学前儿童想象的发展

想象发生于儿童2岁左右，2岁以后儿童的想象得到迅速发展。幼儿期是想象最为活跃的时期，想象几乎贯穿于幼儿的各种活动中。学前儿童各年龄阶段想象的发展都有各自的特点。

## 一、1.5—2岁婴儿想象的发生

想象是以记忆表象为基础材料,对已有表象加以改造的过程。所以,想象活动与表征活动密切联系,儿童想象最初出现的年龄和表征发生的年龄相同,即在1.5—2岁。想象的发生和儿童大脑皮质的成熟有关。2岁左右大脑神经系统的发展趋于成熟,儿童在头脑中有可能储存较多的信息材料,其排列组合的可能性也就更多。另外,语言的发生也是儿童想象发生的重要因素。词具有概括性,词和它所代表的具体事物之间有着广泛的联系。想象正是借助词的这种概括性联系,对各种具体事物在大脑皮质所留下的痕迹及其相互之间的联系,进行了加工改组、重新配合。

儿童想象的萌芽,主要是通过动作和语言来表现的。当儿童把日常生活中的行动迁移到游戏中去的时候,就有想象成分参与进来。当婴儿能够用语言来表达自己的想象活动时,就更加明确客观地说明了想象的出现。

1.5—2岁婴儿出现的想象的萌芽,可以说是记忆材料的简单迁移。其特点有:

（一）记忆表象在新情境下的重现

2岁儿童的想象,几乎完全重复曾经感知过的情境,只不过是在新的情境下表现出来。例如,当孩子把奶嘴塞到玩具娃娃的嘴里时,他的头脑中很可能出现了妈妈喂自己吃东西时的情景。这就是记忆表象在头脑中的重现,但这种情景已经与新的情景（他自己喂娃娃）结合起来了。

（二）简单的相似联想

婴儿最初出现的想象是依靠事物外表的相似性把事物的形象联系起来的。例如,儿童把玩具娃娃称为"小妹妹",把穿制服的都称为"解放军叔叔"等。

（三）没有情节的组合

婴儿最初的想象只是一种简单的代替,以一物代替另一物。例如,在生活中掌握了把小女孩称为"小妹妹"的经验,在想象中就用玩具娃娃来代替小妹妹,但是没有更多的想象情节,没有或很少把已有经验的情节成分重新进行组合。

## 二、2—3岁婴儿想象的发展

2—3岁是想象发展的最初阶段。其想象的发展有如下特点:

（一）纯粹的无意想象

这一阶段儿童的想象毫无目的性,在想象活动展开之前不能形成想象的表象。例如,在搭积木的活动中,儿童在动手之前完全不能说出自己要搭什么。一个2岁9个月的女孩,在开始搭积木时,成人连续多次提问:"你想搭个什么东西?"她都不回答,只是在一直搭,这是因为这一阶段的想象是随心所欲的,想象的内容和结果自己事先没有确定,也无法预想,完全由刺激物本身的特性和动作的情况所决定。

另外,这一阶段的想象还依赖于成人的提示、引导。例如,孩子在搭好积木后,成人提问"这像什么"时,幼儿根本答不出来,成人继续说:"你看,它好像有个小尾巴。"幼儿点点头。过了一会儿,这个孩子忽然大声地说:"这是一只小狗!"

## (二)想象与记忆的区别不明显

这一阶段儿童的想象和记忆十分接近,它们之间的界限并不很明显。想象表象只是新情景的某些特征和旧表象的某些特征的等同或相似性联想。换句话说,只是在新的形象中"认出"已经熟悉的物体。例如,拍着娃娃睡觉,主要是重复模仿成人照顾孩子时的动作,其中想象的成分不是十分明显,不易区分。

## (三)想象依靠感知动作

婴儿的想象还没有完全从知觉过程中独立出来。这一阶段的想象依赖于感知的形象,特别是视觉形象。在游戏中,没有玩具就很难展开想象。对2—3岁的儿童来说,成型的玩具如小狗、小人、小汽车等容易引起想象,而游戏材料和不成形的玩具如小塑片、小积木等不易引起想象。另外,这一阶段的儿童常常是一边感知一边展开想象,他们感知到什么便和已有经验中的形象联系起来。例如,一个孩子看见一片纸转起来了,说"转椅",另一个孩子则说"飞机"。

这一阶段儿童的整个心理活动离不开动作,动作有利于促进幼小儿童想象的进行。例如,一根棍子,儿童骑在胯下是马,挥动起来是鞭子、枪、扫帚等。儿童正是在这种不断变化的活动中,不断地想象,把已有的经验用在新的情境中,如果儿童不行动,是很难进行想象的。

## (四)想象过程进行缓慢,想象内容简单贫乏

这一阶段的儿童在造型活动中,其想象是缓慢展开的。例如,成人用积塑摆出某个形体时,问他"这像什么",他并不能马上说出来。这是因为眼前的感知形象并不能立即引起其头脑中表象的活动,因为这个新形象同他头脑中已有的各种表象并不完全相同。这时,儿童需要一个较长的时间在记忆的基础上进行想象。他需要在头脑中检索记忆所储存的形象,看看哪个形象和当前感知形象有相同的特征,只有当他把有关表象提取出来,并和眼前的形象建立起联系的时候,才能形成想象的表象。上述例子中,儿童在翻来覆去地看手中的形体后,突然说出:"床!"这是他经过缓慢的再认,从感知形象中找到了记忆表象的成分,进而根据这些成分组成了想象表象。

另外,这一阶段儿童想象的内容也不是很丰富。例如,当一个孩子高兴地把插好的积塑形象向成人展示时,说是"小汽车"。随后又动手插,问他:"现在插的是什么?"他仍说是"小汽车",再改变了形状,还说是"小汽车"。

## 三、3—6岁幼儿想象的发展

幼儿期是儿童想象非常活跃的时期。幼儿想象发展的一般趋势是从想象的无意性发展到开始出现有意性,从想象的单纯再造性发展到出现创造性,从想象的极大夸张性发展到合乎现实的逻辑性。

### (一)以无意想象为主,有意想象开始发展

无意想象实际上是一种自由联想,不需要意志努力,意识水平较低,整个学龄前期

儿童以无意想象为主,幼儿园小班儿童表现得尤为突出。

学前儿童无意想象的发展主要有以下特点:

1. 想象的目的不明确

幼儿的想象常常由外界刺激直接引起,没有预定的目的,想象主要受刺激物和幼儿的兴趣所支配,感知到什么就想象什么。例如,在游戏中,想象往往随玩具的出现而产生,看见娃娃,就抱起来哄它睡觉;看见枪就玩打仗游戏;看见汽车就学当司机;等等。如果没有玩具,幼儿可能呆呆地坐着或站着,头脑中不进行想象活动。在绘画活动中,幼儿想象的主题往往是从看到别人所画的或听到别人所说的产生。如果要求在活动开始之前想象一下活动的目标,小班幼儿往往不能完成任务,他们往往是在行动中看到了由自己的动作无意造成的物体形态,才能想象出自己作品的意义。

2. 想象的主题不稳定

幼儿的想象过程容易受外界事物的影响,想象的方向也常常因外界刺激的变化而变化,因此,想象的主题容易改变。在幼儿的游戏中,我们常常看到幼儿很难长时间地保持一个主题的游戏,而是随心所欲,想到什么就玩什么,看别人玩什么自己就玩什么,而且年龄越小,这种表现就越明显。例如,幼儿正在用积木搭造大楼,忽然发现别的小朋友使用了带动物头的积木,于是就改变主意,改搭动物园了。在绘画活动中也是如此,看见别人画什么自己就画什么,甚至还没有完成,又去画另外一幅了。

3. 想象内容零乱、无系统

由于想象没有预定目的,主题不稳定,所以幼儿想象的内容通常是比较零散的,所想象的形象之间不存在有机的联系。例如,在一张纸上既画喜欢的小兔子,又画上小人、三角形、大船等,这显然是一串无系统的自由联想。

4. 以想象过程为满足

幼儿的想象往往不追求达到一定目的,只满足于想象进行的过程。例如,幼儿都愿意给其他小朋友讲故事,乍看起来有声有色,既有动作,又有表情,实际听来毫无逻辑,没有说出任何一件事的来龙去脉。可是讲故事者本人却津津乐道,听故事的孩子们也听得津津有味,这种活动经常可以持续半个小时以上,而且他们都随着这种零乱的情节进行想象,感到满足。幼儿在绘画过程中的想象也是如此,幼儿常常在一张纸上画了一样又一样,直到把画面填满为止,甚至最后把所画的东西涂满黑色,自己口中还念念有词,感到极大的满足。幼儿在游戏中的想象更是如此,幼儿游戏的特点是不要求创造任何成果,只满足于游戏活动的过程。

5. 想象常常受情绪和兴趣的影响

幼儿的想象不仅容易被外界刺激所左右,也容易受自己的情绪和兴趣的影响。幼儿的情绪常常能够引起某种想象过程,或者改变想象的方向。例如,在玩"老鹰捉小鸡"的游戏中,幼儿由于同情被捉去的小鸡,产生了这样的想象:"最后大公鸡把小鸡又救回来了。"另外,幼儿对感兴趣的想象主题可以多次进行重复。例如,幼儿都爱听童话故事,对于故事完美的结局,幼儿可以不厌其烦地听好多遍,所以幼儿的童话常常是以王子和公主过上了幸福的生活为结局,如果换成了巫婆最后吃掉了小矮人,那么幼儿就不愿意听了。

在幼儿园教育的影响下,随着幼儿言语的发展,到了幼儿中后期,有意想象逐渐发展起来。主要表现在:在活动中出现了有目的、有主题的想象,想象的主题逐渐稳定。幼儿晚期,儿童的想象已经不仅仅满足于想象的过程,而是开始服从于一定的目的,达到目的时,想象活动才结束。但总体来看,幼儿期有意想象的水平还很低,并存在一定的个体差异。此外,有意想象是在成人的引导和培养下发展起来的。因此,教师组织各种有主题的想象活动以及在活动中适时的语言提示对幼儿有意想象的发展有着重要的作用。

(二)以再造想象为主,创造想象开始发展

在幼儿阶段,再造想象占主要地位,主要表现出以下特点:

1. 幼儿的想象常常依赖于成人的语言描述

幼儿在听故事时,其想象随着成人的讲述而展开。如果讲述加上直观的图像,幼儿的想象会进行得更好。因此,我们常常看到幼儿比较喜欢图画书,而不是单纯的文字书。事实证明,幼儿通过视频看故事,比单纯听故事更容易展开想象。但是,如果单纯看图画或电视上的图像,而缺乏语言上的描述或提示,幼儿的再造想象也不能够充分展开。在游戏中,幼儿的想象往往也是根据成人的语言描述来进行的,这一点在年龄较小的幼儿身上表现得尤为突出。例如,一个小班幼儿抱着一个娃娃,可能完全不进行想象,只是静静地坐着。当老师走过来,说"娃娃饿了"或者"娃娃去玩了",这时,幼儿的情绪马上就会被调动起来,想象也随之活跃起来。

2. 幼儿的想象具有复制性和模仿性

幼儿想象的内容基本上重现一些生活中的经验或作品中所描述的情节。幼儿初期的儿童甚至在玩具和游戏材料的使用上都缺乏灵活性。例如,喂娃娃吃饭,必须用玩具小勺子;洗手得跑到水龙头下,否则就认为不像;等等。幼儿中期以后,尽管儿童的想象仍以再造想象为主,但儿童想象的灵活性有所增加,他们可以不受具体实物的限制。例如,他们可以拿石块当汽车,而不是非要有汽车玩具;洗手也不需要非在水龙头下,只要在洗手前后假装开关水龙头即可。

随着幼儿言语的发展和抽象概括能力的提高,幼儿的想象开始出现一些创造性的因素。例如,教师要求儿童学画一个人,教师示范画的是一个徒手的人,可是儿童凭借想象画出了一个手举红旗的人。到了幼儿中后期,创造想象开始出现并有了一定的发展。5岁以后幼儿的想象内容涉及面比以前宽广得多,幼儿的想象会涉及生活中的各个领域。这个阶段的幼儿想象一般都不再只是空泛的想象,而是有情节的。例如,儿童在画画时可以独立进行创造,想象情节,画出几个物体,它们之间有情节的联系,如一个女孩带着小狗散步,小朋友在月亮上荡秋千等。另外,幼儿中后期,想象的内容也开始有了较多的新颖性。例如,在角色游戏和建构游戏中,幼儿不仅能够重复反映在家庭或幼儿园里发生过的事情,还能反映在超市、医院、游乐场等公共场合的某些情节,使游戏内容日益丰富,游戏想象的空间距离日益扩大。

幼儿的创造想象存在着明显的个别差异,这固然与其神经类型的灵活性有关,但更重要的是受其教育环境的影响。在良好的教育条件下，大班幼儿的想象可以发展到较高的水平，表现出明显的创造性。所以，家长和教师要努力营造一种宽松、民主的精神环境，采用一些有效的方法来激发孩子的创造想象。

（三）幼儿初期想象具有极大夸张性，幼儿中后期想象开始具有逻辑性

幼儿想象的一个突出特点是喜欢夸张，这种夸张主要表现为夸大事物的某个部分或某种特征和想象容易同现实混淆两个方面。

幼儿想象时经常夸大事物的某些方面，这种夸张性主要受到两方面因素的影响，一方面是受情绪的影响，儿童所喜欢的或憎恨讨厌的内容都会被夸张；另一方面是受认知水平较低的影响，他们认识不到某些事物的正常比例。例如，幼儿在画人时，总是把人的头画得很大，手脚画得又长又细，身体画得又小又短，像个"蝌蚪人"。这是因为孩子在观察人时，总是先注意人的头和面部，然后才知道有手脚的运动，但他们不知道身体各部分有正常的比例。

幼儿混淆想象与现实具体表现在以下几个方面：

（1）把渴望得到的说成已经得到，尤其是看到其他的小朋友有而自己没有的东西。如看到别人玩变形金刚，他会说："我家也有，比你的还大呢"，但实际上他并没有。这时往往被成人理解成吹牛，但实际上是幼儿的一种无意想象。

（2）把希望发生的事情当成是已经发生的事情。例如，自己没有去公园，但其他的小朋友去了，在向其炫耀，他第二天也说自己去了，他把美好的想象当成了现实。

（3）在参加游戏或欣赏文艺作品时，往往会身临其境，把自己带入游戏或故事中去。例如，小班儿童在玩大灰狼和小白兔的游戏时，扮演大灰狼的老师抓住了一名小朋友扮演的小白兔，忽然，这名扮演小白兔的幼儿就哭了起来，口中说道："大灰狼会吃掉我的！"

幼儿想象同现实混淆的表现常常被成人误认为是在说谎，并予以严厉的责备，这是不冷静的做法。一旦有这种情况发生，成人要耐心了解，弄清真相。如果真是由于想象与现实的混淆，成人应该耐心地指导儿童，帮他们分清想象和现实。

随着知识经验的增加以及认识能力的逐渐提高，到了幼儿中后期，儿童已经能够分清真的和假的、向往的和真实的，逐步开始合乎现实的逻辑。例如，大班幼儿听到一些事情后，常问："这是真的吗？"有些大班幼儿甚至不喜欢听童话故事，希望老师"讲个真的"。

# 任务三　学前儿童想象力的培养

幼儿期是想象非常活跃的时期。幼儿的想象不断丰富，并且有意识围绕类似的主题进行想象，这是幼儿智力不断发育进步的表现。幼儿想象的发展也是智力开发的一个重要方面。所以，想象力的培养应从幼儿开始，针对幼儿想象的生理心理特征，探索

幼儿想象力培养的最佳途径。

## 一、激发幼儿的好奇心，使幼儿想象始终保持活跃状态

幼儿对世上的一切都是好奇的，总是怀有一种要发现世界奥秘的热望，到处探索。心理学研究表明，幼儿的好奇心和创造力的发展是成正比的，好奇心强的儿童，一般创造性也较强。历史上但凡有成就的科学家、发明家，在孩提时代都有极强的好奇心。牛顿对苹果落地现象的好奇，引导他发现万有引力定律；瓦特对蒸汽掀动壶盖现象的好奇，促使他发明蒸汽机；帕斯卡对盘子叮当声响现象的好奇，激发他发现声音振动原理；爱因斯坦则更是以从小就有强烈的好奇心而闻名。因此，为使幼儿想象更富有创造性，教师必须特别珍视幼儿的好奇心，并能够进一步激发他们的好奇心，使幼儿的想象始终处于活跃状态。

## 二、扩大幼儿视野，丰富幼儿感性知识和生活经验

想象虽然是新形象的形成过程，然而这种新形象的产生也是在过去已有的记忆表象基础上加工而成的。也就是说，想象的内容是否新颖，想象发展的水平如何，取决于原有的记忆表象是否丰富，而原有表象丰富与否又取决于感性知识和生活经验的多少。因此，知识和经验的积累，就是幼儿想象力发展的基础。

在实际工作中，教师要指导孩子去感知客观世界，使其置身于大自然中，多让他们去看、去听、去模仿、去观察，通过参观、旅游等活动开阔幼儿的视野，积累感性知识，丰富生活经验，增加表象内容，为幼儿的想象增加素材。例如，有一次小朋友参加户外活动，当看到蓝蓝的天上有片片白云时，有个小朋友不禁大声喊："我真想采下一片白云。"老师问："为什么啊？""我想吃啊，好甜。那是棉花糖啊！"原来这个小朋友喜欢吃棉花糖。而另一个小朋友则说："那不是棉花糖，那是我爷爷放的一群绵羊。"原来这个小朋友的爷爷在农村，养了一群羊，怪不得他对羊的记忆表象特别清晰。可见，幼儿的感性知识和生活经验，对幼儿的想象是很重要的。幼儿个体的经历不同，想象的内容也有区别。

## 三、充分利用文学艺术活动发展幼儿的想象

幼儿园应多开展一系列的文学艺术活动，这些活动的开展有助于幼儿想象力的培养。

首先，幼儿想象力的发展离不开语言活动。想象是大脑对客观世界的反映，需要经过分析综合的复杂过程，这一过程和语言思维的关系是非常密切的。幼儿能通过言语得到间接知识，丰富想象的内容，也能通过言语表达自己的想象。在教学活动中，学习故事、诗歌等可以丰富幼儿的再造性想象，激发幼儿广泛的联想。例如，在学习故事《小鼹鼠要回家》时，教师可以通过诱导启发式的提问，开拓幼儿的想象："小鼹鼠克拉在外面蹦蹦跳跳地玩，迷路了，怎么办呢？"幼儿会争先恐后为小鼹鼠想办法，有的说小鼹鼠可以找警察叔叔，有的说小鼹鼠可以拨打110，有的则说搭辆出租车……幼儿各抒己

见,展开了丰富的想象,从而想象力也就得到不同程度的发展。

其次,美术活动更为幼儿的想象插上理想的翅膀。特别是画意愿画,可以无拘无束地发挥幼儿的想象力,构思出奇特、新颖的作品。教学过程中教师要激发幼儿的灵感,放飞幼儿的想象,点燃幼儿创造的火花,鼓励幼儿大胆作画,让幼儿充分发挥自己的想象力,从而创造出优秀的作品。评价幼儿的美术作品,也不能以成人的眼光,更不能以"像不像"为标准。即使幼儿画得不像,也要与幼儿交流,知道幼儿所想。例如,在幼儿园开展画意愿画《梦》的活动,有个小朋友画了月亮还有星星,并且画的月亮有个大缺口,说是月亮又不像月亮,说是星星又没有棱角。教师就问:"你怎么把月亮画成这样子啊? 能告诉老师是为什么吗?"小朋友受到鼓励,表达了自己的想象:"我奶奶说,天狗吃月亮,这是从这儿咬了一口。"小朋友边说边得意地指着缺口。教师恍然大悟,及时表扬了这个幼儿,并通过简单的故事讲述了月食的形成过程。

最后,音乐舞蹈活动也是培养幼儿想象力的重要手段。通过对音乐舞蹈的感受,幼儿可以运用自己的想象去理解其中所塑造的艺术形象,然后运用自己的创造性思维去表达艺术形象。例如,音乐欣赏时教师放一段音乐,让幼儿去听、去想、去思考,当教师播放情绪激昂的进行曲时,孩子们会雄赳赳气昂昂地大踏步前进,还说自己是解放军、自己是小海军等;当教师播放一段轻音乐时,孩子们会很安静,有的说:"老师,我做了个梦,梦见自己变成了蝴蝶,在花丛中飞啊飞啊,我好美啊!"在优美的音乐中,幼儿的情绪兴奋愉快,想象力得到发挥。因此,音乐和舞蹈也为幼儿提供了想象的空间,能有效培养幼儿的想象力。

### 四、通过游戏活动促进幼儿想象力的发展

在游戏过程中,幼儿可以通过扮演各种角色,发展游戏情节,展开自己的想象。例如,在开火车的游戏中,幼儿会骑在小凳子上,嘴里边叫着"嘀嘀……嘟嘟……",边唱着儿歌:"一列火车长又长,运粮运煤忙又忙,钻山洞,过大桥,呜——到站了——"此时幼儿已经置身于自己的想象中去了,俨然就是一名列车员。幼儿园应当经常开展这样的游戏活动,把幼儿的思维和想象充分调动起来,在轻轻松松的游戏氛围中,使他们的想象力得到充分的发展。

### 五、充分利用玩具发展幼儿的想象力

玩具为幼儿的想象活动提供了物质基础,能引起大脑皮层旧的暂时联系的复活和接通,使想象处于积极状态。玩具容易再现过去的经验,使幼儿触景生情,从而展开各种联想,启发幼儿去创造,促使幼儿去想象,有时幼儿可以长时间沉浸于自己的玩具想象中。例如,幼儿抱着布娃娃做游戏时,会把自己想象成"爸爸"或者"妈妈",还会自言自语地说"娃娃不哭,妈妈抱抱,娃娃睡觉"等。这些有趣的游戏能够活跃幼儿的想象,促进幼儿想象力的发展。

### 六、创造情境,让幼儿异想天开

给幼儿自由的空间,包括思想上、行为上的,不要定格幼儿的思维,更不要扼杀幼儿

的想象,而要让幼儿异想天开。死板的教育往往直接告诉幼儿天是蓝的,太阳是圆的。这样的做法没有留给孩子想象的空间,扼杀了孩子想象的天性。歌德的妈妈就很注重孩子想象力的培养,歌德小时候,妈妈给他讲述故事时,讲一段总是停下来,让歌德自己去想象故事的发展,也许正是基于这种想象力的培养,歌德最终成为世界上著名的大作家。可见,幼儿想象力的培养关系其今后的发展。因此,在实际工作中,我们要创造各种条件,让孩子们异想天开,充分发挥其想象力。

案例分析

### 7.1 像什么

适合年龄:4—5岁。

活动目标:启发幼儿根据形状猜想各种不同物品,发展幼儿的想象力,感受想象的过程。

活动准备:各种形状简笔画图片。

活动时间:20分钟。

活动过程:

(1) 出示一张画有圆形的图片,请幼儿猜猜是什么。

(2) 幼儿轮流说出自己认为的物品,要求别人说过的不可以重复回答。

(3) 待幼儿说得差不多后公布答案,激发幼儿参与游戏的兴趣。

(4) 出示另外一张图形图片,按规则玩游戏。

活动建议:

还可以选择一些抽象的图画,让幼儿根据图画说说看到了什么。不可用成人的眼光评判幼儿说得对不对,旨在鼓励幼儿大胆想象。

岗位实践训练
7.2、7.3、7.4

### 一、单项选择题

1. 幼儿在想象中常常表露出个人的愿望。例如大班幼儿文文说:"妈妈,我长大了也想和你一样,做一个老师。"这是一种( )。(2012年上国考题)

　　A. 经验性想象　　B. 情境性想象　　C. 愿望性想象　　D. 拟人化想象

2. 在同一桌上绘画的幼儿,其想象的主题往往雷同,这说明幼儿想象的特点是( )。(2013年上国考题)

　　A. 想象无预定目的,由外界刺激直接引起

　　B. 想象的主题不稳定,想象方向随外界刺激变化而变化

　　C. 想象的内容零散,无系统性,形象间不能产生联系

D. 以想象过程为满足,没有目的性

3. 幼儿常把没有发生或期望的事情当作真实的事情,这说明幼儿(　　)。(2012年下国考题)

  A. 好奇心强         B. 说谎

  C. 移情           D. 想象与现实混淆

4. 一名幼儿画小朋友放风筝,将小朋友的手画得很长,几乎比身体长了3倍,这说明了幼儿绘画特点具有(　　)。(2016年上国考题)

  A. 形象性    B. 抽象性    C. 象征性    D. 夸张性

5. 有个孩子很喜欢长颈鹿,有一天他对小朋友说:"我家有一只真的长颈鹿。"这说明(　　)。(2018年国赛试题)

  A. 幼儿想象的独特性      B. 幼儿想象的夸张性

  C. 幼儿想象的情绪性      D. 幼儿想象不受外界刺激的影响

## 二、填空题

1. 想象的构成方式包括黏合、夸张、强调和_____。

2. _____是想象的原材料。

3. 按照新颖性、独立性和创造性程度,想象可分为_____和_____。

4. 幼儿常常根据自己的主观体验和经验来体会和想象现实,这就使想象具有特殊的_____和_____。

5. 幼儿想象发展的一般趋势是从简单_____向_____的发展。

## 三、判断与说明(判断下面的说法是否正确,并说明理由)

1. 表象具有概括性。(　　)

2. 孙悟空对于吴承恩来说是创造想象的结果,对于每个读者则是再造想象的结果。(　　)

3. 幼儿的绘画活动是典型的想象过程,其绘画往往是为画画而画画,不在于画出了什么。(　　)

4. 幼儿的想象力比成人强,想象非常丰富。(　　)

5. 小班幼儿画画时能够想好了再画,也能画出完整的形象。(　　)

课后自测

# 模块八 学前儿童的思维

1. 掌握思维的基本概念、思维形式和思维过程。
2. 了解学前儿童思维发展的一般规律和特点。
3. 能够根据实际情况分析学前儿童思维的特点，并采取相应的教育措施。
4. 能够独立设计促进学前儿童思维发展的活动方案。

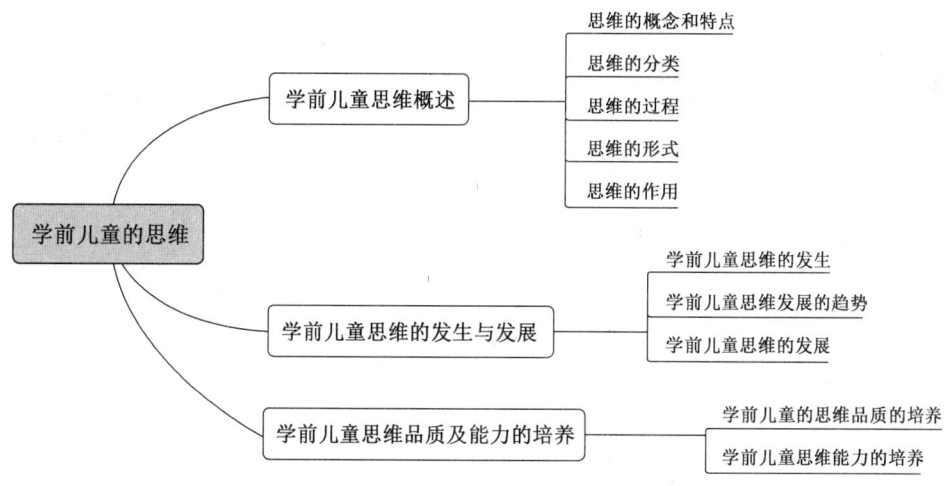

 案例导学

明明是某幼儿园小班的小朋友。这一天,爸爸去幼儿园接明明时,幼儿园王老师向爸爸夸奖明明的聪明伶俐。爸爸说:"还聪明?他简直太笨了,太让我失望了。"老师问爸爸为什么这么说。爸爸说:"我教了他简单的加减法。结果当我问他'2+2=?'时,他根本答不上来。"这时,老师蹲下来问小明:"明明,现在老师这里有4颗糖,要分给你和真真两个小朋友,每人分得一样多,应该怎么分呀?"明明看着老师手里的糖,很快地答道:"分给我2颗,分给真真2颗。"爸爸纳闷了,明明能够把4颗糖分给两个小朋友,为什么他就算不出"2+2=?"呢?

上面小朋友的行为反映了学前期儿童思维发展的特点。案例中明明能够把4颗糖分给2个小朋友,却不能算"2+2=?",也就是说他能做除法却算不出加法,这涉及幼儿思维发展的特点问题。那么,什么是思维?幼儿思维发展具有什么特点?这就要求我们要了解和尊重学前儿童思维的发展特点,培养学前儿童的思维能力,为其智力开发奠定坚实的基础。

# 任务一　学前儿童思维概述

思维是人类智慧活动的核心,是认识过程的理性阶段和高级的反映方式。思维是在感觉、知觉、记忆等心理过程的基础上形成的,它的发生标志着儿童的各种认识过程已经齐全,儿童心理发展发生了重大的质变。因此,思维的发展成为学前儿童心理发展的重要方面。

## 一、思维的概念和特点

### (一) 思维的概念

思维是人脑对客观事物本质特征和内在规律性联系的间接的概括的反映。日常人们所说的思考、考虑、沉思等都可称为思维。思维和感知觉一样都是人脑对客观事物的反映,都属于心理活动的认识过程。但是感知觉属于认识的初级阶段即感性认识阶段,而思维属于认识的高级阶段即理性认识阶段。感知觉是对客观事物的外在特征或外在联系的直接反映,具有直观性、形象性。而思维是建立在感知觉的基础上,对通过感知觉所获取的大量感性材料进行推论、假设,并检验这些假设,进而揭露感知觉所不能揭示的事物的本质特征和内部规律,具有间接性、概括性。

（二）思维的特点

1. 思维的间接性

思维的间接性是指思维能对感官所不能直接感知的事物,借助于某些媒介与头脑加工来进行反映。也就是说,思维活动不反映直接作用于感觉器官的事物,而是通过已知的事物属性或已有的知识经验,去认识那些没有直接感知的,或个体根本不可能直接感知到的事物属性和规律性联系。例如,当天气闷热、蜻蜓低飞时,人们就能通过思维预测将会下雨;医生通过化验病人血液来诊断疾病;生理学家通过狗的唾液分泌来推断其大脑皮层的活动规律;教师通过学生的现实表现来分析其心理形成规律并制订教育方案;等等。这种"由此及彼、由表及里"的加工活动就是思维间接性的表现。

思维的间接性使人的思维具有无限的认识能力。由于思维的间接性,人的认知能力才能突破时空的限制,从具体事物的认知局限性中摆脱出来,因此人类的认知能力远远超过动物的认知能力,即人类拥有智慧。

2. 思维的概括性

思维的概括性是指思维所反映的是一类事物所具有的共性,反映的是事物之间普遍的必然的联系。由于这一特性,人能通过事物的表面现象和外部特征而认识事物的本质和规律。思维的概括性包含两层意思:第一,通过思维能找出一类事物所特有的共性并把它们归结在一起,从而认识该类事物的性质及其与他类事物的关系。例如,人们对麻雀、燕子等各种鸟长期观察,通过思维认识到鸟类的本质特征是有羽毛的脊椎动物,而舍弃了"会飞""卵生"这一非本质特征,从而得出了"鸟是有羽毛的脊椎动物"这一科学概念。又如,对一列数字3、6、12、24,通过思维人们认识到这些数字中的规律性联系,知道后面接着应该是48、96等数字。这种概括,不仅扩大了人对事物的认识范围,而且加深了人对事物本质的了解。一般来说,一些科学概念、定义、定理、规律等都是通过思维的概括得出来的。第二,通过思维能从部分事物相互联系的事实中找到普遍的或必然的联系,并将其推广到同类的现象中去。例如,借助思维,人可以认识动植物与人类的生态平衡关系,认识温度的升降与金属膨胀的关系,等等。这种概括加深了人们对客观事物的内在联系和规律性的认识,有助于人们对现实环境的适应、控制与改造。

二、思维的分类

（一）动作思维、形象思维和抽象思维

根据思维任务的性质、内容和解决问题的方式不同,可将思维分为动作思维、形象思维和抽象思维。

动作思维又称操作思维,是指在实际动作中进行的思维。它解决问题的方式是一边动手操作一边思考,以实际操作解决直观、具体的问题。幼儿在活动中通过触摸、摆弄物体的动作来进行思考,这种思维就属于动作思维。有时成人也需要动作思维,如家电维修人员在维修电器时一边查看一边思考,直到机器故障得以排除;聋哑人靠手势和表情进行交际。需要指出的是,在整个思维过程中,成人的动作思维是以丰富的知识为中介,并在经验的基础上由语言进行调节和控制,它与没有完全掌握语言的幼儿的动作思维有着本质的区别。

形象思维是运用事物的具体形象和头脑中已有的表象进行的思维,它的主要心理成分是表象、联想和想象。它解决问题的方式是想象活动。学前儿童和小学低年级学生的思维以具体形象思维为主,这时的儿童思维可以在脱离直接刺激物和具体动作的情况下借助头脑中储备的各种表象进行加工改造,处理和解决问题。如儿童计算"2+3=5",不是对抽象数字的分析、综合,而是在头脑中用2个苹果加上3个苹果等事物表象计算出来的。在解决复杂问题时,鲜明生动的形象有助于思维的顺利进行。形象思维在青少年和成人中仍是一种主要的思维类型。艺术家、作家、导演、工程师、设计师等的工作都离不开高水平的形象思维。具体形象思维在认识过程中带有强烈的感情色彩,对解决问题具有动力作用,是创作或其他创造活动不可缺少的一种特殊思维活动。

抽象思维又称逻辑思维,它是以概念、判断、推理等形式所进行的思维。它解决问题的方式是运用概念进行判断、推理和论证。学生运用数字符号和概念进行数学运算和推导,科学工作者根据实验材料进行推理和论证,日常生活中人们分析问题、解决问题等的思维方式都属于抽象逻辑思维。

(二)直觉思维和分析思维

根据思维过程是否遵循明确的逻辑规则,思维可以分为直觉思维和分析思维。

直觉思维也称非逻辑思维,它是指未经逐步分析就迅速对问题答案做出合理的猜测、设想或突然领悟的思维。例如,达尔文在阅读马尔萨斯《人口论》一书时突然悟出自然选择的理论;阿基米德在浴缸洗澡时突然发现浮力定律;魏格纳在看地图时突然闪现出"大陆漂移"观念等。直觉思维的发生与灵感密切相关。

分析思维亦称逻辑思维,是严格遵循逻辑规则,逐步分析和推导,最后得出合乎逻辑的正确答案与结论的思维。例如,学生通过逐步推理和论证解决数学难题;医生面对疑难杂症进行多种检查、会诊分析;警察通过线索、取证、对证等找出犯罪对象,这些都是分析思维的体现。

(三)聚合思维和发散思维

根据探索目标的方向及答案的多少,思维可以分为聚合思维和发散思维。

聚合思维又称求同思维、集中思维,是指把问题所提供的各种信息集中起来得出一个正确的或最好的答案的思维。它是个体利用已有的知识、经验和现有方法来解决问题的一种有方向、有范围、有条理的思维方式,其主要特点或功能是求同求优。聚合思维是传统教学中着重培养的一种思维。例如,高尔基童年时在食品店干杂活,曾碰到一个刁钻的顾客,订九块蛋糕,要装在四个盒子里,而且每个盒子里至少要装三块蛋糕。高尔基的办法是:先将九块蛋糕分装在三个小盒子里,每个盒子三块,然后再把三个小盒子装在一个大盒子里。

发散思维又称求异思维、辐射思维,是从所给予的信息中产生众多的信息,或是指从一个目标出发,沿着各种不同途径寻求各种答案的思维。变通性、流畅性和独创性是发散思维的主要特点。例如,数学中的"一题多解"、科学研究中对某一问题的解决提出多种设想等。

聚合思维与发散思维都是智力活动不可缺少的思维,都有创造的成分,而发散思维最能代表创造性的特征。聚合思维与发散思维在解决问题的过程中是紧密联系的。当人们对某一问题提出各种假设时,是使用发散思维;但通过检验,逐一放弃一些假设,最后找到正确答案时,则是使用聚合思维。

(四)常规性思维和创造性思维

根据思维的创造性程度,可将思维分为常规性思维和创造性思维。

常规性思维是指人们运用已获得的知识经验,按惯常的方式解决问题的思维。例如,学生按例题的思路去解决练习题和作业题,学生利用学过的公式解决同一类型的问题等。因为在这个过程中并没有任何创新性的思维成果,所以也没有对已有知识做出任何改造和创新。

创造性思维是指以新异、独创的方式解决问题的思维。创造性思维需要对已有的知识经验进行改组,提出新的方案或程序,并以创造出新的思维成果为终结。例如,技术革新、科学的发明创造、教学改革等所用到的思维都是创造性思维。

## 三、思维的过程

思维是人类所具有的一种高级心理现象,思维过程是人们运用概念、判断、推理等形式对外界信息不断进行分析、综合、比较、分类、抽象、概括、系统化和具体化的过程。

(一)分析与综合

分析与综合是思维过程的基本环节,一切思维活动,从简单到复杂,从概念形成到创造性思维,都离不开头脑的分析与综合。

分析是指在头脑中把事物的整体分解成各个部分、个别属性或个别方面的思维过程。例如,几何图形被分解为点、线、面、体;一篇文章被分为段落、句子、字词;植物被分解为根、茎、叶、花、果。一般来说,人们对事物的了解往往是从分析事物的特征开始的。无论对什么对象进行分析,都需要运用知识经验选择一个分析的角度。

综合是在头脑里把事物的各个部分、个别属性或个别方面结合起来进行考虑的思维过程。例如,把各个零部件组合起来成为一个完整的机器,把各个字词组合起来成为一个完整的句子等。综合是思维的重要特征,只有把事物的部分、特征、属性等综合起来,才能把握事物各部分之间的联系,才能反映事物的本质。

分析与综合在人的认识过程中有不同作用。分析可以使人了解事物的组成部分、各种属性和各个方面,综合可以使人了解事物的整体和构成事物整体的各个部分之间的关系。分析与综合是同一思维过程中彼此相反而又紧密联系的过程,是相互依赖、互为条件的。分析是以事物是一个综合体为前提的,综合是以对事物的分析为基础的。对事物只有分析而没有综合,只能形成片面的、支离破碎的认识;只有综合没有分析,只能形成表面的认识。分析与综合是辩证统一的,只有把分析与综合有机地结合在一起,才能发现事物的联系和关系,才能更好地认识事物。

（二）比较与分类

比较是在头脑中把各种事物或现象加以对比,确定它们之间的异同点及其关系的思维过程。比较与分析、综合是紧密联系的,比较是在分析、综合的基础上进行的,只有把不同对象的部分特征区别开来,才能进行比较。比较要对事物的各部分、各种属性或特性进行鉴别与区分,因此没有分析就谈不上比较,分析是比较的前提。然而,比较的目的是确定事物间的异同,因此比较也离不开综合。例如,生活中的"性价比",就是把同类商品不同品种各自分解为性能、价格等方面的属性,然后进行比较,最终确定哪种商品性能与价格之比最优。

分类是在头脑中根据事物或现象的共同点和差异点,把它们区分为不同种类的思维过程。通过分类,可以揭示事物的一定从属关系和不同的等级系统,而且能使分析更接近客观,也能更全面地反映事物之间的内在联系。分类以比较为基础,只有通过比较才能找出事物间的异同点,进而将事物归于不同的类别。例如,学生掌握数的概念时,把数分为实数和虚数,又把实数分为有理数和无理数,有理数又可分为整数和分数等。

比较与分类是重要的思维认知加工方法,也是重要的思维环节。只有经过比较和分类才能找出事物的异同,才能进行选择,进而做出决定,并在此基础上进行抽象与概括。

（三）抽象与概括

抽象是指在头脑中把事物或现象共同的、本质的特征抽取出来,并舍弃个别的、非本质的特征的思维过程。例如,无论是鸡、鸭、鹅,还是麻雀、天鹅、猫头鹰,这些动物都是鸟类,因为我们已经抽取这些动物的共同特征"羽毛",而忽略了个别特征"会飞"。这就是抽象过程。

概括是指在头脑中把抽象出来的事物的共同的、本质的特征综合起来并推广到同类事物中去,使之普遍化的思维过程。例如,我们把"人"的本质属性即能言语、能思维、能制造工具综合起来,推广到古今中外一切人身上,得出：凡是能言语、能思维、能制造和使用工具的动物都是人,这就是概括。

抽象与概括是互相依存、相辅相成的,如果不能抽出一类事物的本质属性,就无法对这类事物进行概括。而如果没有概括性的思维,就抽不出一类事物的本质属性。任何概念、原理和理论都是抽象与概括的结果。人类借助于抽象与概括,使认识从感性上升到理性,由特殊上升到普遍,进而实现认识过程的飞跃。

（四）具体化与系统化

具体化是指在头脑里把抽象、概括出来的一般认识同具体事物联系起来的思维过程,也就是用一般原理去解决实际问题,用理论指导实际活动的过程。具体化把理论与实践结合起来,把一般与个别结合起来,把抽象与具体结合起来,进而使人更好地理解知识、检验知识,使认识不断深化。

系统化是指在头脑里把学到的知识分门别类地按一定程序组成层次分明的整体系统的过程。例如,生物学家按界、门、纲、目、科、属、种的顺序,对世界上所有的生物进行分类,并揭示了各类生物间的关系,这样就把有关生物的知识系统化了。知识的系统化有助于形成一个合理的知识结构,有助于对知识的理解、记忆和运用,提高学习效率。

以上各种思维的认知加工方式是相互联系、相互依存的。完成一项思维活动的任务,往往需要多种思维的认知加工方式的参与。

### 四、思维的形式

思维形式是指思维的逻辑形式,主要有概念、判断、推理三种基本形式。思维形式的发展反映着思维的本质规律性。

（一）概念

概念是思维的基本形式,是人脑对客观事物的一般特征和本质特征的反映。概念是在概括的基础上形成和发展起来的,通常用词来表示。概念是用词来表达的,词是概念的物质外衣,也就是概念的名称,如树、桌子、花、椅子、床等。通过接触各种实物或图片,人们可以掌握各种具体概念。又如,不管男人、女人、大人、小孩、中国人、外国人,都有一个本质属性：会说话,能劳动,可以用"人"这个概念来表示。

每个概念都有一定的内涵和外延。内涵是指概念所反映的事物的本质特征。外延则是指概念所反映的具体事物,即适用范围。幼儿对概念的掌握直接受其概括能力发展水平的制约,所以,幼儿掌握的概念与社会形成的概念之间往往有一定的差距。随着儿童经验的丰富和理解的加深,二者之间的差距逐渐缩小,最终一致起来。

（二）判断

判断是概念与概念之间的联系,是事物之间或事物与它们的特征之间的联系的反映。人们可以通过判断来确认某一事物是否具有某种特征,或者某一事物是否属于另一事物。例如,"狮子具有锋利的牙齿""企鹅是一种鸟"等。判断可分为直接判断和间接判断。直接判断主要在感知觉层面上进行,不需要复杂的思维活动；间接判断一般需要推理,能反映事物之间的因果、时空和条件等关系。思维的过程离不开判断,思维的结果也以判断的形式来体现。

（三）推理

推理是由一个判断或几个判断推出另一个新的判断的思维形式,是间接认识的必要手段。推理主要分为演绎推理和归纳推理。演绎推理是从一般规律出发,运用逻辑证明或数学运算,得出特殊事实应遵循的规律,即从一般到特殊。如鸟长着两只脚(大前提),企鹅长着两只脚(小前提),企鹅是鸟(结论)。归纳推理就是从许多个别的事物中概括出一般性概念、原则或结论,即从特殊到一般。如鸽子长着两只翅膀,鸡长着两只翅膀,鸵鸟长着两只翅膀,鸟都长着两只翅膀(结论)。

在人的实际思维活动中,判断和推理是紧密相连的。

### 五、思维的作用

思维的发生是学前儿童心理发展中的重大质变,主要表现在以下几个方面:

#### (一)思维的发生标志着学前儿童的各种认识过程已经齐全

学前儿童的各种认识过程并不是在出生时就已具备的,而是在以后的生活中逐渐发生的。思维是复杂的心理活动,在个体心理发展中出现较晚。它是在感觉、知觉、记忆等心理过程的基础上形成的。思维的发生,说明儿童已具备了人类的各种认识过程。

#### (二)思维的发生发展使学前儿童的其他认识过程产生质变

思维是人类认识活动的核心。思维一旦发生,就不是孤立地进行活动。它参与感知和记忆等较低级的认识过程,而且使这些认识过程发生质的变化。由于思维的参加,知觉已经不只是单纯反映事物的表面特征,而成为在思维指导下的理解过程,这就使得学前儿童的知觉也复杂化起来。记忆也不再是人与动物共有的那种低级形态,而开始出现有意记忆、意义记忆和语词记忆。

#### (三)思维的发生发展使学前儿童的情感、意志和社会性行为得到发展

思维从一开始就渗入情绪领域。学前儿童的情绪活动越来越复杂并出现了高级情感,如道德感,对他人需要的理解使得儿童学会同情、关怀、谦让、互助。

思维的发生发展使学前儿童出现了意志行动的萌芽,儿童开始明确自己的行动目的,理解行动的意义,从而能够按一定目的去实现行动。这使儿童能够对自己的行为独立做出决断而逐渐摆脱对成人的依赖。

思维的发生发展也使学前儿童开始理解人与人之间的关系,理解自己的行为所产生的社会性后果,从而萌发了责任感和自制力。

#### (四)思维的发生标志着意识和自我意识的出现

意识是人类所独有的。自我意识是意识的一个方面,意识的基本特征是抽象概括性和自觉能动性。思维的发生使学前儿童具备了对事物进行间接、概括反映的可能,从而出现了意识特征的初步形态。自我意识的发生与思维发生的联系十分密切,学前儿童通过思维活动,在理解自己和他人的关系中逐渐认识自己。

## 任务二  学前儿童思维的发生与发展

### 一、学前儿童思维的发生

儿童思维的真正形成是在2岁左右。婴儿在生活中常常会遇见"问题"。例如,如何才能抓住一个想抓的物体,如何能够使那个曾经发出声响的物体再度发声,如何才能够取到离自己远一点儿的玩具,如何找到刚才还在身边的玩具等。他们在面对这些问

题时必须学会如何解决问题,在这种学习探究的过程中思维得以产生和发展。

问题解决的实质就是采用一定的手段达到某种目的。成人解决问题的过程为:明确自己所要达到的目的—选择途径和方法—实施方法并在实践中改变和完善—最终达到目的。婴儿解决问题不会像成人那么自觉、复杂,过程也不会那么严密,但性质是一样的,也会有一个过程,只是这个过程更简略,不够完整或只是萌芽状态。

目前对婴儿解决问题的研究发现,婴儿的问题解决带有尝试错误的性质。早期的问题解决是婴儿不断尝试,丢弃错误方法,留下成功方法的结果,但随着婴儿经验的增多,表象的出现,感知和概括能力的增强,出现了顿悟的现象。这表明婴儿已经有了在头脑中分析和综合的能力,思维已经从表象水平发展到进行思维操作的水平了。

## 二、学前儿童思维发展的趋势

学前儿童的思维有三种不同的形态:直觉行动思维、具体形象思维和抽象逻辑思维。学前儿童的思维发展遵循着从直觉行动思维、具体形象思维到抽象逻辑思维的发展趋势,即婴儿的思维以直觉行动思维为主,幼儿的思维以具体形象思维为主,幼儿晚期儿童的抽象逻辑思维开始萌芽。

### (一) 婴儿的思维以直觉行动思维为主

婴儿解决问题的活动就是婴儿的思维活动,婴儿阶段的典型思维形式是直觉行动思维。所谓直觉行动思维,即个体在直接感知和行动中所进行的思维活动。成人的动作思维只是思维的不同类型,不具有水平差异,而婴儿的直觉行动思维是个体最低水平的思维,有较大的局限性。直觉行动思维的基本特点可以概括为:

(1) 婴儿的思维过程是在直接感知的过程中进行的,是与感知过程混合在一起的,而且离不开感知过程,是边感知边思考而后解决问题。例如,儿童作画常常事先没有目的,即先做后想,或者边做边想,只有画出来之后才知道画的是什么。

(2) 婴儿的思维离不开动作和活动。没有动作和活动,婴儿的思维就无法进行,也不能表现,他们不能预先设计动作的程序,也不能预想动作的结果。例如,澡盆里婴儿的戏水动作,只有当置身于澡盆里的时候,才会发生。当离开澡盆的时候,这种动作就停止了,而且也很难在没有澡盆的时候复现。

(3) 婴儿思维反映的是事物的外部特征,是事物间的外部联系,所反映的范围是感知和动作能触及的事物。

(4) 感知对象和活动对象一旦转移,婴儿思维活动也随之转移。直觉行动思维的出现在儿童心理发展上有重要的意义。首先,它使儿童对事物做出了一定程度的概括,形成了动作与各种刺激物之间的最初联系。其次,在思维的过程中,儿童的动作不断协调,通过协调的动作,儿童能够更加准确地了解事物的属性和关系,为以后深入认识事物及其关系打下基础。最后,儿童在解决问题的过程中形成的心理表象会不断增加,促使心理向更高级的方向发展。

### (二) 幼儿的思维以具体形象思维为主

幼儿思维发展的总趋势,是按直觉行动思维在先,具体形象思维随后,抽象逻辑思维最后的顺序发展的。幼儿思维的主要形式是具体形象思维。具体形象思维是利用事物的形象以及事物形象之间的关系来解决问题的思维。幼儿活动范围的扩大、感性经验的增加、语言的丰富,为思维的发展创造了有利的条件。在这个阶段,幼儿的思维主要是依赖事物的具体形象、表象以及对表象的联想而进行的。而这种表象正是在婴儿期的直觉行动思维中不断重复、浓缩而成的。随着活动的不断发展,表象在思维中所占的成分也越来越大,最终具体形象思维成为幼儿主要的思维方式。具体形象思维的特点如下:

1. 具体性

具体性是指幼儿思维的内容是具体的,抽象概括性差,即幼儿头脑中内化了的形象是具体的形象。例如,理解"母亲"概念时,认为"母亲是像我妈妈那样年龄的女性"。由此可见,具体性使儿童在理解和解决问题时常常带有机械的性质。另外,他们能够掌握代表实际东西的概念,不易掌握抽象概念。例如,相对于"水果"和"家具"这类抽象概念,幼儿更容易掌握"苹果"和"桌子"这样具体的概念。这表明幼儿的动作和关于事物的特征已经内化,但这种内化了的事物或动作表象的概括性还比较差。在生活中,抽象的语言也常常使幼儿难以理解。比如,老师说:"喝完水的小朋友把水碗放到柜子里。"初入园的幼儿全部没有反应。老师说:"李红,把碗送到柜子里去吧!"李红才懂得了老师的意思。在这里,"喝完水的小朋友"是个泛指的词,没有具体指出是哪一个小朋友,而每个孩子的名字才是具体的。

2. 形象性

形象性是指儿童头脑中用于思维的素材基本上都是形象的,较少或还没有其他的心理表征,语言和其他符号表征还没有发展起来。例如,兔子总是"小白兔",猪总是"大肥猪",奶奶总是白头发的,儿子总是小孩,穿军装的才是解放军等。又如,幼儿能够正确回答"6个苹果,分给两个人,两个人想要的一样多,每个人应该得到几个苹果"这样的问题,却回答不出"3+3等于几"。这里,幼儿并不是通过算术公式来解答问题的。他之所以能够正确解答第一个问题,是因为这个问题在他头脑中形成了直观的形象,而后一题只是抽象的数概念题。幼儿思维的依靠物是头脑中的形象,而且是具体形象,幼儿在思考问题时的正确性取决于幼儿表象的丰富性、准确性和相对概括性的发展水平。

3. 经验性

幼儿的思维是根据自己的生活经验来进行的。比如,一个3岁半的孩子听到奶奶抱怨她的小鸡长得太慢,他就去把小鸡埋在沙里,只把鸡头留在外面,还用水去浇。回来告诉奶奶:"奶奶,您看小鸡一定会长得大大的。"又如,一位老师向幼儿布置"解迷津"的任务,说:"假装这里是一座山,你必须走过这座山才能回家。现在老师和小朋友们都走过去了,就剩下你一个了,再不走过去,天就要黑的,要有野兽来了。"幼儿说:"我不会到那样的地方去的,再说妈妈总是和我在一起的。"幼儿拒绝接受老师的逻辑推理,他从自己的具体生活经验出发进行思维过程。

4. 拟人性

幼儿往往把动物或一些物体当作人。他们把自己的行动经验和思想感情加到小动物或小玩具身上,和它们交谈,把它们当作好朋友。许多幼儿抱着心爱的玩具睡觉。幼儿还常常提出拟人化的问题:"春天来了,那么冬天躲到哪里去了?""云是不是火车头造出来的?""是月亮飞得高,还是星星飞得高?"幼儿喜爱童话故事,也是因为童话故事的拟人化手法符合幼儿的思维特点。

5. 表面性

幼儿思维只是根据具体接触到的表面现象来进行的。因此,幼儿的思维往往只反映事物的表面联系,而不反映事物的本质联系。比如,一个5岁的孩子看着阿姨给新生儿喂奶,看见奶水从阿姨的乳房里流出来,他认真地问:"阿姨,那里面(指乳房)也有咖啡吗?"幼儿只从表面理解事物,因而不理解词的转义。比如,幼儿听妈妈说:"看那个女孩子长得多甜!"他问:"妈妈,您舔过她吗?"幼儿也难以理解"反话"。一位老师用反话对一个小朋友说:"你吃不吃饭?不吃饭就脱衣服去睡觉吧!"孩子果真放下饭碗到床上脱衣服去了。老师还得把他请回来接着吃饭。另外,幼儿在观察问题时只看到事物的表面,考虑结果只考虑近距离的结果,不能理解具有相对意义的概念,这些都是具体形象思维的表现。

6. 固定性

幼儿思维的具体性使幼儿的思维缺乏灵活性。在日常生活中,幼儿常常"认死理",比如,在美工活动中,小朋友都在等着教师发剪刀,可是发到中途剪刀发完了,教师又去拿。另一位老师给他们拿手工区的剪刀,他们说什么都不肯要。这时他们的老师回来说:"没有剪刀了,你们就用手工区的吧!"可是这几个小朋友仍然不愿意用手工区的剪刀。

虽然幼儿的具体形象思维有一定的局限性,但是与直觉行动思维相比也有很大的进步,对幼儿的心理发展有着重要的意义。首先,由于幼儿表象功能的充分发展,儿童的思维从动作中解放出来,脱离直接感知的过程。其次,幼儿思维的概括性也有所增强,灵活性增大。最后,儿童思维由完全依靠动作发展到主要依靠表象,表明了思维由外显到内隐的发展,为抽象逻辑思维的发展做好了准备。

(三)幼儿末期儿童的抽象逻辑思维开始萌芽

所谓抽象逻辑思维是指以抽象的概念或符号来判断、推理、解决问题的思维形式。它是人类特有的思维,也是人类思维的典型方式,能够反映事物的本质特征。幼儿晚期才出现抽象逻辑思维的萌芽,幼儿开始能够对事物的一些本质特征及其相互联系有初步的认识。幼儿的抽象逻辑思维主要表现在概念、判断和推理这些思维形式的发展,以及分析、综合、比较、概括等思维过程的发展方面。

儿童思维发展的总趋势是由直觉行动思维发展到具体形象思维,最后发展到抽象逻辑思维。这个发展阶段是固定的、不可逆转的,但这并不意味着三种思维方式之间是相互排斥、互不相容的。它们在一定情况下会相互联系、相互配合、相互补充。在学前儿童的思维结构中,具体形象思维占优势地位。但当遇到简单而熟悉的问题时,能够运用抽象水平的逻辑思维。而当遇到的问题比较复杂、困难程度较高时,又不得不求助于直觉行动思维。

### 三、学前儿童思维的发展

随着儿童年龄的增长,活动范围的扩大,知识、经验的不断丰富和言语能力的发展,学前儿童的思维也有了很大的发展。但各年龄段学前儿童的思维具有不同的特点。

#### (一)学前儿童思维基本过程的发展

1. 学前儿童分析综合能力的发展

思维是通过分析综合而在头脑中获得对客观事物更全面、更本质的反映过程。在不同的认识阶段,分析和综合有不同的水平。对事物感知形象的分析综合,是感知水平的分析综合。随着语言在幼儿分析综合中作用的增加,幼儿逐渐学会凭借语言在头脑中分析综合。

2. 学前儿童比较能力的发展

比较是个体认识世界的一种重要的手段,但学前儿童还不善于进行比较。幼儿比较能力发展的趋势是:先学会找两种或几种物体的不同之处,然后学会找物体的相同之处,最后学会找物体的相似之处。幼儿在进行比较时,往往表现出以下特点:

一是比较的面窄。幼儿进行比较时只会找不同点和相同点,而不懂得找相似点。例如,让孩子对不同大小的铅质勺子和钢制勺子进行比较时,绝大部分 5 岁的幼儿只能说出它们的不同,如"一个大,一个小"或"一个发亮,一个不发亮",而不能说出它们的相似之处。

二是比较的条件泛化。幼儿常常把不同种类物体的某些表面特征放在一块儿进行比较,如颜色、形状等,而很少进行本质特征的比较。

三是比较的过程不对称。幼儿在对两个物体进行比较时,往往很快就把注意力转移到对其中某一对象的专一描述上,而忘却了另一对象,使比较过程失去对称性。

3. 学前儿童分类能力的发展

分类活动表现了幼儿的概括水平,分类能力的发展是逻辑思维发展的一个重要标志。幼儿分类的发展经历了以下四个阶段:

第一,习性分类或随机分类阶段。这一阶段主要表现在 2—3 岁婴幼儿身上。幼儿通常会成对地把物体组织起来,但他们既不能提供分类的理由,也不能说出物体的某一具体特征。例如,幼儿可能会把一只狗和一个苹果分在一起,问其原因,他们可能会回答:"我喜欢狗也喜欢苹果。"这表明幼儿在此阶段仅根据自己喜欢与不喜欢进行分类,体现了儿童自我中心的特点。

第二,知觉分类阶段。这一阶段主要表现在 3—4 岁幼儿身上。幼儿通常根据知觉特征对物体进行分类。例如,把桌子和椅子分在一起是因为它们都有四条腿,把大象和卡车分在一起是因为它们都很大,把青蛙和大树分在一起是因为它们都是绿色的等。

第三,功能性分类或主题分类阶段。年龄较大的幼儿倾向于根据物体的功能或主题关系进行分类。例如,将生日蛋糕和生日蜡烛分为一类即根据功能或主题分类。在这一阶段,幼儿认识到在一个类别内的物体虽然不同,但它们之间共享某种内部的相互关系。例如,幼儿将狗和骨头分在一起是因为狗喜欢吃骨头,人和卡车分在一起是因为人会开卡车。

第四,基于概念的分类阶段。6—9岁儿童主要采用基于概念的分类。这一阶段,儿童的分类已经比较符合成人的分类标准,具有逻辑性,在一定程度上与科学的分类相似。例如,能够根据动物、家具、衣服等类别进行分类。

需要注意的是,幼儿分类的发展并不是严格按阶段进行的。虽然3岁幼儿很少出现基于概念的分类,但4—5岁的幼儿通常会采用混合的分类方式,偶尔也会采用概念分类。另外,实验表明,幼儿在分类时不能事先浏览全部的物体,然后决定最佳的分类方式。

4. 学前儿童的概括能力的发展

儿童概括能力的发展决定着儿童概念的掌握。概括水平是儿童掌握概念的直接前提,同时,幼儿的概括水平又是儿童思维发展阶段的反映。因此,与三种不同的思维方式相对应,儿童的概括能力有如下三个阶段或水平:

第一,动作概括水平。动作概括水平与直觉行动思维相对应。当婴儿的眼手动作协调后,开始能用自己的动作去影响物体,这就标志着动作已具有概括性,说明婴儿能够概括出自己的动作对客体的作用。当然这种概括完全是无意识的,行动或动作的概括严格来说与掌握概念的概括相距甚远,因为它还不是用词标志的。

第二,形象概括水平。形象概括水平与具体形象思维相对应。当幼儿开始掌握语言,用词语时,便出现了与掌握概念相联系的概括水平。幼儿此时使用的词语的意义就是物体外部特征的概括化的表象。幼儿的每一个词只标志某一特定的个别事物,这是一种简单的认识。例如,幼儿所说的"狗"就是特指他家中的那只狗。以后,当词开始标志一组类似的事物时,就产生了最初的概括。但这时对幼儿来说,他所使用的词的意义核心特征只是物体外部特征的概括化的表象,因为它还不是概念,至多是一种概念的"机能等价物",所以,这一时期幼儿的概括水平还只是一种形象水平上的概括。

第三,本质抽象概括水平。当幼儿掌握的词语由表示外表特征发展到对一类物体的比较稳定的主要特征进行分析综合时,便进入了本质抽象概括的水平。这种水平出现的标志是确切概念的掌握。这一阶段,幼儿已能对事物的本质特征或属性及事物的内部联系和关系进行抽象概括,但还只是初步接近科学的概括,对那些非常抽象的事物还不能进行抽象的概括。

由此可见,幼儿概括能力的发展趋势是由表面的、具体的感知和经验的概括向进行某些内部的、靠近本质的概括发展。

(二)学前儿童概念掌握、判断、推理的发展

1. 学前儿童概念掌握的发展

学前儿童掌握的概念大致上可分为实物概念、社会概念、数概念和初步的抽象概念。

第一,实物概念。实物概念,即具体物体的概念。学前儿童掌握实物概念一般要经历以下四个阶段:第一阶段,只能根据物体的颜色、形状等外部特征和在生活中发生的感知联系来概括。第二阶段,能够按照物体的某一种突出的非本质的特点来概括。这

种突出的非本质的特点往往是物体的主要用途,这一阶段是幼儿掌握实物概念的典型阶段。第三阶段,能够按照物体的几种非本质的或自发的包括本质的属性形成实物概念。第四阶段,能够按照物体的本质特点进行概括形成实物概念。比如,带孩子到花园散步,指给他"树""花"等。成人也同样会通过列举实例教给儿童概念。如指着画片上的物品告诉他"这是牛""这是马"等。儿童就是这样通过词(概念的名称)和各种实例(概念的外延)的结合,逐渐理解和掌握概念的。

第二,社会概念。社会概念是指关于人类社会生活中的人和事的概念。学前儿童掌握社会概念大致经历了以下三个阶段:第一阶段,笼统的两极,如"好人—坏人",这时儿童所掌握的社会概念是不分化的、静止的。第二阶段,以具体形象为分化依据形成社会概念。例如,"警察叔叔是穿警服的人"。第三阶段,逐步以本质属性为依据形成社会概念。例如,"警察叔叔是抓坏人的"。

第三,数概念。数概念是反映事物的数量和事物间序列的概念。掌握数概念是逻辑思维发展的一个重要方面。数概念比实物概念更加抽象,因此,儿童对数概念的掌握晚于实物概念,而且掌握起来更加困难。数概念的掌握包括理解数的实际意义、数的顺序、数的组成等。学前儿童对数概念的掌握大致经历以下三个阶段:

阶段一(2—3岁),对数量的感知运动阶段。本阶段的特点:第一,对大小、多少有笼统的感知;能区分有明显差别的大小和多少;对不明显的差别,只能说"这个大,这个也大,这个小,这个也小""两个都不多,合起来才多"等。第二,能唱数,但范围一般不超过10。第三,逐步学会口手协调地点数,但范围一般不超过5;点数后不能说出物体的总数,个别幼儿能做到伸出同样多的手指来表示数量。

阶段二(3—5岁),数词与物体数量之间建立联系的阶段。本阶段的特点:第一,点数后能说出物体的总数,有了最初的数群概念。第二,本阶段前期,幼儿能够分辨大小、多少、一样多;中期开始能够认识第几以及前后顺序。第三,能够按数取物。第四,逐步认识数与数之间的关系。例如,有了数序的观念,能够比较数目的大小,能够应用实物进行数的组成和分解。第五,末期开始做简单的实物运算。

阶段三(5—7岁),数运算的初期阶段。本阶段的特点:第一,大多数儿童能够对10以内的数保持守恒。第二,计算能力得到较快发展,大多数儿童能够从逐个计数过渡到按群计数,从表象运算过渡到抽象数字运算。第三,序数概念、基数概念、运算能力等各方面均有着不同程度的扩大和加深。到了幼儿晚期,一半儿童通过教学可以学会计数到100或100以上,并能够学会20以内的加减运算,个别儿童可以做到百以内的加减运算。

从以上发展阶段可以看出,幼儿数概念的掌握的一般趋势为:最初从通过对实物的感知来认识数过渡到凭借实物的表象来认识数,最后能够在抽象概念的水平上真正掌握数概念。

第四,抽象概念。抽象概念是指反映事物的某种属性或事物间关系的概念。学前儿童由于受到形象概括水平的影响,还不可能达到对事物本质的认识,他们最多只是在事物的表面特征和非本质特征上形成最初的抽象概念。这种初步的抽象概念的内涵与真正的抽象概念是不一致的。

总之,幼儿期掌握概念的能力在不断发展,以掌握具体实物概念为主,向掌握抽象概念发展。但就其整个发展水平看,还处于低级阶段。即使是关于实物的概念,幼儿也还不善于从本质特征上去掌握,至于对各种抽象概念,掌握水平就更低;对具有一定相对性或抽象性更高的"左右"概念、时间概念、关系概念、道德概念以及政治概念等,更难正确掌握。

2. 学前儿童判断的发展

学前儿童判断的发展有如下趋势:

第一,从判断形式来看,学前儿童的判断从以直接判断为主开始向间接判断发展。所谓直接判断,是以感知形式进行的,不参与复杂的思维活动。所谓间接判断,是以抽象形式进行的一系列推理过程。例如,小孩子常常"以貌取人",认为长得好看的是好人,丑的是坏人。而年龄稍大的孩子会逐渐以人做出的行为来进行判断。

第二,从判断内容来看,学前儿童的判断从反映事物的表面联系开始向反映事物的本质联系发展。幼儿初期的儿童往往把直接观察到的物体表面现象作为因果关系。在发展过程中,幼儿会逐渐找出比较准确而有意义的原因。例如,一个水盆里有一根火柴浮在水面上,孩子会回答"因为火柴是木头做的"或者"因为火柴又轻又小"。

第三,从判断根据来看,学前儿童的判断从以自己的主观感受和生活经验为依据开始向以客观逻辑为依据发展。幼儿初期的判断没有一般性原则,不符合客观规律,而是从自己对生活的态度出发,带有"自我中心"的特征。例如,3—4 岁的幼儿会认为,球会滚下去是因为"它不愿意待在椅子上了"。

第四,从判断论据来看,幼儿从没有意识到自己判断的根据开始向明确意识到自己判断的根据发展。幼儿初期的儿童虽然能够做出判断,但是他们没有或不能说出判断的依据。3—4 岁儿童或者以别人的论据作为论据,或者只能说出模糊的论据。例如,幼儿常常会说是因为"妈妈说的""老师说的"等。随着身心的发展,他们开始设法找寻论据,由最初的自我猜测逐步向客观合理的方向发展。

3. 学前儿童推理的发展

学前儿童在其经验可及的范围内已经能够进行一些简单的推理,但其水平较低,主要有以下特点:

一是抽象概括性差。学前儿童的推理往往建立在直接感知或经验所提供的前提下,其结论也往往与直接感知和经验中的事物相联系。年龄越小,这一特点越突出。例如,不少幼儿看到红积木块、黄木球、火柴棍漂浮在水上,不会概括出木头做的东西会漂浮在水面的结论,而只是说"红的""方的""圆的""小的"东西浮在水上。

二是逻辑性差。学前儿童,尤其是年龄较小的儿童往往不会推理。例如,刚入幼儿园的孩子常常会哭着找妈妈。这时,如果对他说"别哭了,再哭就不带你找妈妈",他会哭得更厉害,因为他不能推理出"不哭就带你找妈妈"的结论。较大些的孩子能够进行一些简单的推理,但其思维方式与事物本身的客观规律的一致程度较低,常常以自己的"逻辑"去思考。

三是自觉性差。学前儿童的推理有时不能服从于一定的目的和任务,以致思维常常离开推理的前提和内容,出现"所答非所问"的情况。例如,问孩子"你有4块糖,给奶奶2块,你剩几块",这时孩子回答:"奶奶说她怕黏牙,糖都留给我吃。"儿童在回答一些实际问题的时候,他的自以为是的"逻辑"常常会干扰正常的推理过程。

(三)学前儿童理解力的发展

理解是指个体运用已有的知识经验去认识事物的联系、关系乃至其本质和规律的思维活动。理解是逻辑思维的基本环节,概念、判断和推理都依靠对事物的理解。理解分为直接理解和间接理解。学前儿童的理解主要是直接理解,即与知觉过程融合在一起,不要求任何中介的思维过程。幼儿中后期逐渐出现间接理解,间接理解是通过一系列比较复杂的分析、综合等活动来进行的。幼儿对事物的理解呈现出以下发展趋势:

第一,从对个别事物的理解发展到对事物关系的理解。从幼儿对图画和故事的理解中,我们就可以看出这种发展趋势。幼儿最初只理解图画中最突出的个别人物,然后开始理解人物形象的姿势和位置,最后理解主要人物或物体之间的关系。幼儿对故事的理解,也是先理解个别的词,然后理解句子,最后才能理解整个故事的内容。

第二,从主要依靠具体形象发展到依靠言语说明来理解。由于幼儿思维的直观行动性、具体形象性和言语发展水平的限制,幼儿初期的儿童常常依靠具体形象甚至实际行动理解事物。例如,小班幼儿在听故事或看故事书的时候,通常需要借助生动的肢体动作或直观具体的插图才能理解故事的内容。随着年龄的增长和言语的发展,幼儿逐渐可以不依靠图画而单纯依靠言语的说明来理解事物。但是,言语说明必须能在儿童头脑中引起生动形象。幼儿在理解较困难的材料时,仍然需要图画的辅助。

第三,从对事物简单的、表面的理解发展到对事物比较复杂的、深刻的理解。幼儿初期,孩子对事物的理解通常比较直接和肤浅,只能理解事物的表面现象,不能理解事物的内部联系。例如,教师在组织活动时,小朋友安静不下来,闹个不停,于是教师说:"吵吧,吵吧,你们使劲吵吧!"结果,全班大乱。小班幼儿往往不能理解教师所用的"反话",因此,在日常生活和工作中,教师应该注意幼儿理解的特点,对年龄较小的幼儿要坚持正面教育。大班幼儿已经能够理解事物较复杂和深刻的含义,他们喜欢猜简单的谜语,听寓言故事,能够理解比较浅显的古诗。

## 创造性思维

创造性思维本质上是发散性思维,遇到问题时,这种思维方式能从多角度、多侧面、多层次、多结构去思考,去寻找答案,既不受现有知识的限制,也不受传统方法的束缚。其思维路线是开放性、扩散性的。它解决问题的方法更不是单一的,而是在多种方案、多种途径中去探索、选择。

创造性思维具有三个特征：

一是流畅性。它是创造性思维"量"的指标，指思维的进程流畅，没有阻碍，在短时间内能得到较多的思维结果。

二是变通性。它是创造性思维"质"的指标，指创造性思维的思路能迅速地转换，从而得到更多的思维结果，为选择解决方案提供更多的可能。

三是独创性。它是创造性思维的本质，是创造性思维的灵魂，属于最高层次。

创造性思维的活动过程可分为四个阶段：

1. 准备阶段

准备阶段是创造性思维活动过程的第一个阶段。这个阶段是搜集信息、整理资料、做前期准备的阶段。对要解决的问题，存在许多未知数，因此要搜集前人的知识经验来对问题形成新的认识，从而为创造活动的下一个阶段做准备。例如，爱迪生为了发明电灯，据说，光收集资料整理成的笔记就两百多本，总计达四万多页。可见，任何发明创造都不是凭空杜撰，都是在日积月累、大量观察研究的基础上进行的。

2. 酝酿阶段

酝酿阶段主要对前一阶段所搜集的信息、资料进行消化和吸收，在此基础上，找出问题的关键点，以便考虑解决这个问题的各种策略。在这个过程中，有些问题由于一时难以找到有效的答案，通常会把它们暂时搁置。但思维活动并没有因此而停止，这些问题会无时无刻不萦绕在头脑中，甚至转化为一种潜意识。在这个过程中，人容易产生狂热的状态，如"牛顿把手表当成鸡蛋煮"就是典型的钻研问题狂热者的行为表现。所以，在这个阶段，要注意有机结合思维的紧张与松弛，使其向更有利于问题解决的方向发展。

3. 豁朗阶段

豁朗阶段，也即顿悟阶段。经过前两个阶段的准备和酝酿，思维已达到一个相当成熟的阶段，在解决问题的过程中，常常会进入一种豁然开朗的状态，这就是前面所讲的灵感。例如，耐克公司的创始人比尔·鲍尔曼，一天正在吃妻子做的威化饼，感觉特别舒服。于是，他被触动了，如果把跑鞋制成威化饼的样式，会有怎样的效果呢？于是，他就拿着妻子做威化饼的特制铁锅到办公室研究起来，之后，制成了第一双鞋样。这就是有名的耐克鞋的发明。

4. 验证阶段

验证阶段又叫实施阶段，主要是对前面三个阶段形成的方法、策略进行检验，以求得到更合理的方案。这是一个"否定—肯定—否定"的循环过程。通过不断的实践检验，从而得出最恰当的成果的创造性思维过程。

# 任务三 学前儿童思维品质及能力的培养

## 一、学前儿童的思维品质的培养

思维品质是思维能力的重要标志。良好的思维品质对孩子思维能力的形成起着至关重要的作用。思维品质包括思维的广阔性、思维的批判性、思维的逻辑性、思维的灵活性和思维的敏捷性。

### (一) 思维的广阔性

思维的广阔性,指要善于全面地考察问题,从事物的联系和关系中去认识事物。表现在一个人能全面地看问题,善于着眼于事物之间多方面的联系,从多方面找出问题的本质。也就是说要在孩子认识事物或解决问题的过程中,启发孩子多思多想,不满足或不局限于唯一的答案。例如,在家准备吃饭的时候,家长可以问孩子:"宝宝,我们三个怎样坐?"当孩子回答后,再问:"还可以怎样坐?"在幼儿园中也可以设计一些活动。例如,给孩子描述一种场景:一条河,上面有桥,河里有船,小鸭子想到河对岸去,有几种办法?锻炼幼儿从不同的角度去考虑解决问题的办法。

### (二) 思维的批判性

思维的批判性,是指一个人的思维接受已知客观事物的充分检验,以确定正确与否。表现在善于根据客观事实和情况,冷静地考虑问题,而不至于在受到偶然的暗示或影响时就动摇。对于幼儿来说,主要方法就是经常引导孩子做改错练习。例如,在一次园外的集体教学观摩中,某老师所执教的是大班活动"10 的减法",其中有一个我们大家很熟悉的问题:"树上有 10 只鸟,被猎人打掉 1 只,树上还剩几只?"几乎所有的孩子都异口同声说:"还剩 9 只,10 减去 1,等于 9,所以树上还剩 9 只鸟。"老师正点头肯定孩子们的答案时,一个男孩问:"老师,我想问,树上的小鸟有没有耳聋?"老师很诧异地给了孩子否定的答案:"没有!"男孩又问:"小鸟有没有关在笼子里?"老师回答:"没有!"男孩接着问:"打枪的人有没有开枪数错数?"老师:"也没有。"男孩还问:"旁边的树上还有其他的小鸟吗?"老师:"也许有吧。"男孩继续问:"枪的声音是有声的还是无声的?""枪的声音足够大吗?"老师:"枪是有声的,声音足够大。"男孩最后问:"老师,你讲的是不是都是真的?"老师肯定地点点头。男孩回答:"如果打死的鸟是挂在树上的,那树上就只剩 1 只鸟;如果打死的鸟是掉在地上的,树上就没有鸟了。"

### (三) 思维的逻辑性

思维的逻辑性是指在感性认识的基础上,运用概念、判断、推理等形式正确、合理地去考虑问题,表现是在思考问题时,注重问题的逻辑性和连贯性。例如,儿童早期看电视时,可以说出好人、坏人,以后能逐渐知道好在哪里,坏在哪里,还会用各种理由来说明。培养幼儿思维的逻辑性，主要应该加强以下推理训练：其一，根据孩子已有的生活常识，做排序训练。例如，在儿童面前摆放"埋种子、发芽、长蕾、开花、结果"五幅图片，让他按合理的顺序摆放。其二，换算训练。例如，问孩子这样的问题："一个西瓜和两个香瓜一样重，一个香瓜和两个苹果一样重，一个西瓜和几个苹果一样重？"其三，推理训练。例如，为孩子提供这样的情境：玩具熊比玩具兔重，玩具兔比玩具陀螺重，让孩子按由轻到重，或由重到轻的顺序排列。如果孩子比较小，可提供三个事物让他进行观察后再排序。另外，在与孩子交谈的时候，要注意孩子说话逻辑性的培养。

（四）思维的灵活性

思维的灵活性是指善于打破陈规，按不同的条件，不断地调整思维的方法，灵活运用一般的原则和原理。即随机应变，具体问题具体分析，外在的条件发生变化，主体采取灵活的方式，以适应变化的环境。培养孩子思维的灵活性，主要是要锻炼孩子根据不同的条件灵活改变策略。例如，首先给孩子创设这样的场景：从自己家去超市有三条路，左边的一条路要穿过两条胡同，远一些，是土路，没有车辆通行，很安全；右边的一条路比较平坦，是柏油路，有少量的车辆通行，但是比左边的路要远得多；中间的一条路最近，也是柏油路，但通行车辆较多，不安全。然后，给孩子不同的假设，让孩子选择要走的路，并让其说明理由。假设一：下雨天，想去超市，走哪条路比较合适？假设二：想在最短的时间到达超市，走哪条路最合适？假设三：让你自己去超市，你选择哪条路？假设四：骑自行车去超市，哪条路最合适？另外，在数学练习中，要注意对孩子进行一题多解、条件多变而问题不变的练习。

（五）思维的敏捷性

思维的敏捷性是指能比较快地看出问题的本质，抓住问题的关键，从而比较快地做出正确的判断和决定。数学是培养孩子思维敏捷性的最好材料，在数学操作练习活动中训练幼儿思维的敏捷性。如在指导幼儿学习 5 的组成时，可以准备一套教具，或选择大小、质地、种类不同的替代材料，如硬币、蚕豆、木珠等。让幼儿利用教具反复地摆弄，在分分合合的操作中感知 5 可以分成几和几，几和几合起来就是 5，在活动中幼儿积极探索，思维的灵活性、流畅性和敏捷性在潜移默化中得到发展。另外，还可以和孩子进行接话训练（如果孩子较小，可做词语接龙练习），就是教师或家长说一句话，让孩子用话里的最后一个字作为开头，立刻接一句话，也是培养思维敏捷性的好方法。例如，家长说："爸爸要出门。"孩子接上说："门外有汽车。"家长又接着说："车里没有人。"孩子继续说："人家在上班。"

思维的这些品质不是割裂开来的，而是互相联系、相辅相成的，需要通过实践来培养，思维的某些缺点和弱点也是要经过锻炼来克服和改善的。所以，要注意观察、了解孩子思维品质的某些萌芽状态的表现，根据孩子的特点，通过恰当的方法、手段对孩子的思维品质进行有针对性的训练和培养。

## 二、学前儿童思维能力的培养

### （一）不断丰富幼儿的感性知识

思维是在感知的基础上产生和发展的。人们对客观世界正确、概括的认识，是通过感知觉获得大量具体、生动的材料后，经过大脑的分析、综合、比较、抽象、概括等思维过程才达到的。因此感性知识、经验是否丰富，影响着思维的发展。幼儿教师应有意识、有计划地组织各种活动，丰富幼儿的感性知识及其表象。对待年龄小的孩子，最好采用一些直观法，如参观、游览，直接接触各种实物，以促进孩子尽可能通过亲身的感受与体验去获得丰富的感性知识。孩子积累的感性知识越多、越正确，就越易形成对事物正确的概括，从而发展其思维能力。

### （二）发展幼儿的语言

语言是思维的武器和工具。正是借助于词的抽象性和概括性，人脑才能对事物进行概括、间接的反映。通过语言中的词和语法规则，幼儿才得以逐渐摆脱实际行动的直接支持，摆脱表象的束缚，抽象、概括出事物之间的规律性联系。要重视发展孩子的口头语言，培养他们的抽象思维能力。不要放过在游戏、参观、散步等日常生活中跟孩子对话的机会，帮助孩子正确认识事物，掌握相应的词汇，教他们学说话，以培养他们会用规范的语言表达自己认识的能力。只有这样，才能促使孩子的思维从具体情景中解放出来，在具体形象思维发展的基础上向抽象逻辑思维转化。

### （三）教给幼儿正确的思维方法

思维的特征是概括性、间接性和逻辑性，随着年龄的增长，幼儿有了较多的感性知识和生活经验，语言发展也达到较高水平，为思维发展提供了条件和工具。但还需掌握正确的思维方法，才能更好地利用这些条件和工具。幼儿不是一开始就能掌握正确的思维方法，家长和老师要引导幼儿学习遇到问题如何通过分析、综合、比较和概括，做出逻辑的判断、推理来解决问题。为了使孩子思考问题获得一定的广度和深度，即使孩子遇到了较大的困难，家长也不要急于直接给予解答，可以用类比的方法启发他们自己找到正确的答案。实践证明，只有当孩子通过自己的努力去完成老师或家长提出的任务时，他们的思维能力才会得到真正有效地锻炼和提高。

### （四）激发幼儿的求知欲，保护幼儿的好奇心

思维的发展和思维的积极性密切相关。幼儿思维的积极性主要表现在他们好奇、爱提问题、喜欢从事探究活动上。好奇心是幼儿的特点，他们对周围的环境充满探求的渴望，善于主动发现和探索事物的特点，在不断获取知识和信息的同时，他们的思维力也得到发展。成人应该保护幼儿的问题，不能采用冷淡或压制的态度，应鼓励幼儿好问、多问、多动脑。另外，成人也应该经常向幼儿提出各种他们能接受的问题，引导他们去思考，去探究结论。这样能使幼儿的思维经常处在积极的活动状态之中，有助于思维能力的发展。家长切不可禁止他们提出问题或随便责备他们，以免挫伤他们思维的积极性。反之，应当因势利导，鼓励他们的探索精神，主动去培养他们爱学习、爱科学和乐

于动脑筋、想办法、勤于动手解决问题的习惯,从而培养孩子学习的兴趣和思维能力。

(五)通过智力游戏、实验等方式,锻炼幼儿的思维能力

智力游戏是一种以知识为内容,以发展智力为活动形式的游戏。因为其趣味性浓厚,受到幼儿的欢迎,所以它可以在活泼、轻松的氛围中,唤起幼儿已有的知识印象,促使幼儿积极动脑去进行分析、比较、判断、推理等一系列逻辑思维活动,从而促进幼儿思维抽象逻辑性的发展。智力游戏一般比较短小、简便,易于开展。通过形式多样的智力游戏,坚持经常化的练习,幼儿的思考力能得到有效的锻炼,在潜移默化中得到发展。

岗位实践训练

### 8.1 猜数字

案例分析

**适合年龄**:5—6岁。

**活动目标**:感知10以内数与量的对应关系,复习1—20的计数,了解数与数之间的关系。

**活动准备**:数字1—10卡片人手一套、数字1—20卡片一套、大量小型玩具。

**活动过程**:

(1)请幼儿将1—10的数字卡片依次排好。

(2)请幼儿在数字卡片下面排出对应量的玩具。

(3)引导幼儿发现1—10数量按顺序排放的递增(递减)关系。

(4)教师随意取几张数字卡片,请幼儿按照从大到小或从小到大的顺序排列。

(5)请一名幼儿离开教室,教师出示一张数字卡片,给在场的幼儿看,然后将卡片合上。请离开的幼儿,猜猜这个数字是几。如果他说的数字比卡片上的数字大,其他幼儿立刻说"大了",反之,则说"小了",直至幼儿猜对。

精品练习

岗位实践训练
8.2、8.3、8.4

### 一、单项选择题

1. 按照皮亚杰的观点,2—7岁儿童的思维处于( )。(2014年下国考题)

  A. 具体运算阶段   B. 形式运算阶段

  C. 感知运算阶段   D. 前运算阶段

2. 一名4岁幼儿听到老师说"一滴水,不起眼",结果他理解成了"一滴水,肚脐眼"。这一现象主要说明幼儿( )。(2016年上国考题)

  A. 听觉辨别力较弱   B. 想象力非常丰富

  C. 语言理解凭借自己的具体经验   D. 理解语言具有随意性

3. 下雨天走在被车轮碾过的泥泞路上,晓雪问:"爸爸,地上一道一道的是什么

呀?"爸爸说:"是车轮压过的泥地儿,叫车道沟。"晓雪说:"爸爸脑门儿上也有车道沟(指皱纹)。"晓雪的说法体现的幼儿思维特点是( )。(2016年上国考题)

  A. 转导推理  B. 演绎推理  C. 类比推理  D. 归纳推理

  4. 青青的妈妈说:"那孩子小嘴真甜!"青青说:"妈妈,您舔过她的嘴吗?"这主要反映青青( )。(2016年下国考题)

  A. 思维的片面性    B. 思维的拟人性

  C. 思维的生动性    D. 思维的表面性

  5. 桌面上一边摆了3块积木,另一边摆了4块积木,教师问:"一共有几块积木?"从幼儿的下列表现来看,数学能力发展水平最高的是( )。(2017年上国考题)

  A. 把前3块积木和后4块积木放在一起,然后一个一个点数

  B. 看了一眼3块积木,说出"3",暂停一下,接着数"4、5、6、7"

  C. 左手伸出3根手指,右手伸出4根手指,暂停一下,说出7块

  D. 幼儿先看了3块积木,后看了4块积木,暂停一下,说出7块

## 二、填空题

  1. 思维的特性包括_____、_____和_____。

  2. 按照思维探索答案的方向,可将思维分为_____和_____。

  3. 儿童思维发展的总趋势是_____思维在先,_____思维随后,抽象逻辑思维最后的顺序发展起来的。

  4. 创造性思维的主要特征是_____。

  5. 学前儿童概括能力的发展分为三种水平:_____的概括,_____的概括和抽象水平的概括。

## 三、判断与说明(判断下面的说法是否正确,并说明理由)

  1. 概念、判断、推理是思维的三个基本环节。  ( )

  2. 思维变化的基本趋势是由外而内。  ( )

  3. 由于幼儿的思维是具体形象思维,所以幼儿还不能掌握概念。  ( )

  4. 幼儿还完全不能够分类。  ( )

  5. 幼儿还不能够理解事物之间的关系。  ( )

课后自测

# 模块九 学前儿童的言语

1. 了解学前儿童言语的概念、分类和功能。
2. 理解并掌握学前儿童言语发展的基本特点。
3. 掌握并能运用具体教育策略促进学前儿童语言尤其是口语表达和早期阅读能力的发展。

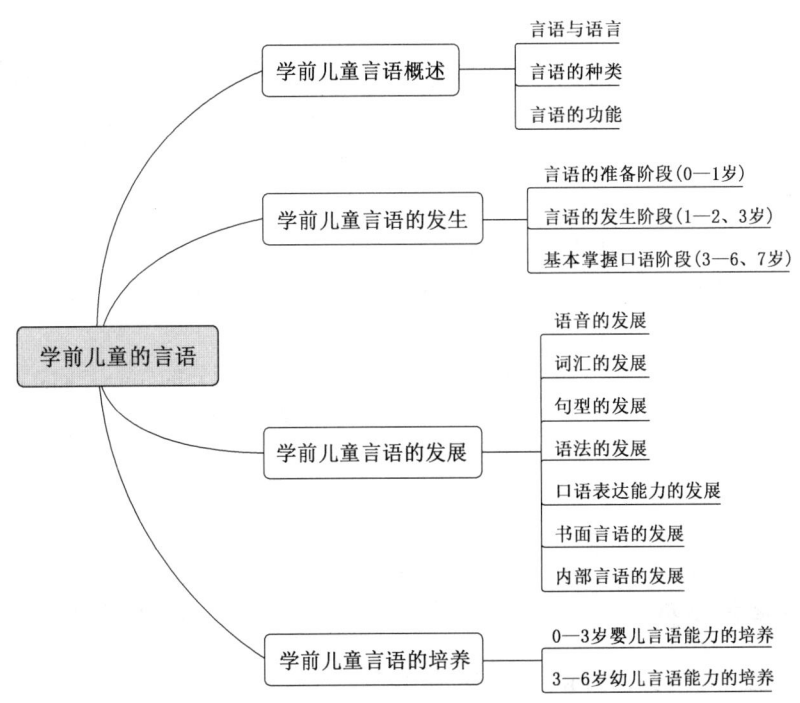

案例导学

牛牛2岁3个月了,每次说话时总喜欢用叠词,吃饭时说"妈妈肉肉,奶奶菜菜",睡觉时说"爸爸抱抱,妈妈觉觉",等等。

乐乐3岁了,前一天晚上他和爸爸妈妈去看电影,第二天就向小朋友讲自己昨天晚上做的事:"看到解放军了,在电影上,打仗,太勇敢了。妈妈带我去的,还有爸爸。"讲的时候好像别人已经了解他要讲的内容似的,一边讲,一边还做出一些手势和表情。

为什么小朋友会出现这样的行为呢?面对孩子这样的表达,我们该如何与之沟通?

上述两个小朋友的行为反映了幼儿期言语发展的特点及其独特性。同其他的心理现象一样,学前儿童的言语发展特点和其他年龄阶段是明显不同的,甚至有着令人费解的表现,但也正是这些表现伴随着他们真实、自然地成长。为此,我们有必要了解学前儿童的言语发展。

# 任务一 学前儿童言语概述

## 一、言语与语言

言语是个人使用语言的过程,包括理解别人运用的和自己运用语言的过程,人们通过言语活动互相交往,交流思想。在言语活动过程中,可以用汉语,也可以用英语或其他各种语言。学前儿童言语的发展,首先表现在他们掌握语言的能力不断提高,能够越来越完善地运用语言来和别人交往。

语言是人类最重要的交际工具,是人们进行沟通交流的一种表达符号。这种工具是交流双方共同使用的。每个民族都有其共同的语言,语言是社会历史的产物,学前儿童要学习社会上通用的语言。

言语和语言的概念是不同的,但是言语和语言又是不可分的。一方面,言语活动是依靠语言作为工具进行的。学前儿童不掌握语言,他的言语活动也就没法进行。学前儿童掌握语言的水平,也影响他的言语活动水平。另一方面,语言是在人们的言语交流活动中形成和发展的,如果某种语言不再被人的言语活动所使用,它就会从社会中消失。学前儿童如果没有言语活动的机会,也就不能掌握语言。

## 二、言语的类型

言语通常分为外部言语和内部言语两类。

（一）外部言语

外部言语包括口头言语和书面言语。

口头言语是指以听、说为主的言语。口头言语又分独白言语和对话言语两种。独白言语是指一个人在较长的时间内独自进行的言语活动。独白言语的语言有次序，句子清楚完整，语法正确严谨，讲演、讲课、报告、诗歌朗诵等均属独白言语。对话言语即在两个或两个以上的人之间进行的谈话，如座谈、辩论、问答等。对话言语是由对话者相互配合进行的，对话者均以对方的语言为刺激，故这种言语的语法结构和逻辑系统都不要求完整严谨，所谈之事多可意会，并且多辅以手势或面部表情。

书面言语即用文字表达自己思想、情感的言语。它具有口头言语的多种特性，但又不同于口头言语。一般来说，口头言语的对象就在面前，说话者可以根据听者的反应调整自己的言语活动，书面言语的读者不在面前，作者不能随时根据读者的反应修改自己的言语过程。故书面言语要求文字精确、严谨，符合逻辑性，并且应充分考虑读者的水平及可能产生的问题。此外，书面言语不能借助表情或动作来加强作者的表现力，作者的情感是以适当的修辞表达出来的，故既要避免词不达意，又应防止言过其实。外部言语是形成内部言语的基础，二者可以互相转化。

（二）内部言语

内部言语是一种自问自答或不出声的言语活动。内部言语不发出声音，但言语运动器官实际上仍在活动，它向大脑发送动觉刺激，执行着和出声说话时相同的信号功能。内部言语是在外部言语的基础上产生的。

内部言语和外部言语之间有密切的关系，一方面，没有外部言语就不会有内部言语；另一方面，如果没有内部言语的参与，人们就不能更好地进行外部言语的活动。内部言语的特点是隐蔽发音、比较简略，与思维密不可分。

### 三、言语的功能

（一）交际功能

言语是人们使用语言进行具体交际的行为。人们通过具体的言语活动可以传达自己的思想和情感，同时也能够理解他人的思想和情感，从而达到交际的目的。人们几乎每天都在运用语言与人交谈，互相表达各自的意愿和主张。在不同的场合，面对不同的交际对象，人们会选择不同的言语活动。例如，一个大学生希望向一位知名教授请教学术问题，他可以选择书面言语的形式，给这位教授写一封充满敬意和真诚的邮件，这样也许会达到良好的交际效果。而人们在日常生活中与熟悉的人打交道，会不拘小节，比较随意地使用口头语言。

（二）思维功能

人类的思维过程主要依靠言语活动来进行。换句话讲，人们在思考时会以言语活动作为工具，帮助其完成思考的过程并表达出思考的结果。成人更多地使用内部言语进行思考，而幼儿主要借助外部言语来思考。例如，幼儿在画画的时候，通常会一边画一边说："我要先画一座房子,再画一棵小树,树上还有一只小鸟……"人们思考的过程,就像是一个自己与自己对话的过程。

# 任务二 学前儿童言语的发生

言语既然是交流的活动,那就是双向的活动过程。言语活动包括对语言的接受,即感知(口头语言的听、书面语言的看)和理解(听懂、看懂)过程;发出语言过程(说或写)。学前儿童言语活动的这两种过程,在发生发展过程中并不是完全同步的。其趋势为:一是语音知觉发展在前,正确语音发展在后。婴儿对语音非常敏感,而成人在习得母语后,对某些语音细微差异的先天敏感性明显地发生变化。例如,汉语不同方言中语音虽有变化,却会被成人忽略,因为语言中不需要辨别某种语音差异。二是理解语言发生发展在先,语言表达发生发展在后。学前儿童学习语言是从理解词语开始的。大约在 6 个月以后,儿童已能"听懂"一些词。1—1.5 岁婴儿能理解的词数量增长很快。但是婴儿一般在 1 岁左右才能说出少数几个词,而在 1 岁半以后,才"开口说话"。

## 一、言语的准备阶段(0—1 岁)

言语准备阶段也叫前言语阶段,是儿童在正式说话之前的准备阶段,是围绕语音进行的语音感知、语音发音和语音交际行为。在这个阶段,儿童虽然还没有掌握语言,但已不同程度地在为言语的发生做准备。言语发生的准备主要表现在两个方面:发音准备(包括发出语音和说出最初的词)和语音理解准备(包括语音知觉和对词语的理解)。

(一)发音准备

婴儿的发音准备大致经历了三个阶段:

1. 简单发音阶段(1—3 月)

新生儿因呼吸而发声,哭是儿童最初的发音。新生儿哭声中,特别是哭声停止的时候,可以听出 ei、ou 的声音。2 个月以后,婴儿不哭时也开始发音,当成人引逗时,发音现象更明显,已能发出 ai、a、ei 等音。发这些音不需要较多的唇舌运动,只要一张口,气流自口腔冲出,音也就发出了。这与儿童发音器官不完善有关。这一阶段的发音是一种本能行为,天生聋哑的儿童也能发出这些声音。

2. 连续音节阶段(4—8 月)

这一阶段,婴儿明显变得活跃起来,当他吃饱、睡醒、感到舒适时,常常自动发音。发出的声中,不仅韵母增多,声母出现,而且连续重复同一音节,如 ba-ba-ba、da-da-da 等,其中有些音节与词音很相似,如 ba-ba(爸爸)、ma-ma(妈妈)等。父母常常以为这是孩子在呼喊他们,感到非常高兴。其实,这些音还不具有符号意义。但如果成人利用这些音与具体事物相联系,就可以形成条件反射,使音具有意义。

3. 模仿发音——学话萌芽阶段(9—12月)

这一阶段,儿童所发的音明显增加了不同音节的连续发音,音调也开始多样化,四个声调均出现了,听起来很像是在说话。当然,这些"话"仍然是没有意义的,但为学说话做了发音上的准备。这一阶段,近似词的发音更多,同时,儿童开始能模仿成人的语音。这一进步标志着儿童学话的萌芽。

在成人的教育下,婴儿渐渐能够把一定的语音和某个具体事物联系起来,用一定的声音表示一定的意思。虽然此时他们能够发出的词音只有少数几个,但毕竟能开口说话了。

(二)语音理解的准备

1. 语音知觉能力的准备

儿童对言语刺激是非常敏感的,出生不到10天的新生儿就能区分语音和其他声音,并对语音表现出明显的"偏爱"。近期的研究又发现,几个月的乳儿还具有了语音范畴知觉能力:能分辨两个语音范畴之间的差别(如 b 和 p),而对同一范畴之内的变异予以忽略。

语音范畴知觉在言语理解过程中具有重要意义,不能分辨不同的语音(两个范畴之间的差异)自然无法理解词义,但如果不能忽略同一语音范畴内的各种变异(如说话个人发音的差异等),语音便不再具有稳定性,而成为因人而异的不可理解的东西。

语音知觉的发展为语言理解提供了必要的前提,只有"听准音"才可能"听懂义"。

2. 语词理解的准备

8—9个月的婴儿已经能"听懂"成人的一些言语,表现为能对言语做出相应的反应。但这时,引起儿童反应的主要是语调与整个情境(如说话人的动作表情等),而不是词的意义。如果成人同样发这种词音,但改变语调和语言情境,婴儿就不再反应。相反,语调不变而改变词汇,反应还可能发生。

有人做过这样一个小小的实验:给9个月的婴儿看"狼"和"羊"的图片。每当出示"羊"时,就用温柔的声音说:"羊,羊,这是小羊。"而出示"狼"时,就用凶狠的声音说:"狼,狼,这是老狼。"若干次以后,当实验者用温柔的声音说:"羊呢?羊在哪里?"婴儿就会指向画着羊的图片;反之亦然。这时,实验者突然改变说话的语调,用凶狠的声音说:"羊呢?羊在哪里?"婴儿毫不犹豫地指向画着狼的图片。这足以证明,儿童反应的主要对象是语调和说话时的整个情境,而不是词,他还不能把词从语音复合情境中分离出来,真正作为独立信号而引起相应的反应。一般到了11个月左右,语词才逐渐从复合情境中分离出来,真正作为独立信号而引起儿童相应的反应。到这个时候,儿童才算是真正理解了这个词的意义。

1岁左右,儿童能理解几十个词,但能说出的很少。

## 二、言语的发生阶段(1—2、3岁)

从婴儿开口说出第一个有具体意义的词开始,他就进入了言语发生的阶段。在这一阶段,婴儿主要以掌握词汇为主,并且词汇的数量急剧增加。可将言语发生阶段进一步分为两个阶段。

(一) 理解语言迅速发展阶段(1—1.5岁)

在此阶段,婴儿能够理解更多的言语,但是说出的词汇很少,最早能掌握的是自己身边的人和物的名字,如妈妈、爸爸、爷爷、奶奶、包包、车车等。婴儿不太愿意开口说话,出现一个短暂的相对沉默期,只用手势或者行动来表达自己的想法,甚至停止了独处时自发的发音活动。婴儿言语发展的基本规律就是先听懂,后会说。因此,当父母看到自己的孩子在这个阶段不太愿意讲话时,不必操之过急,硬逼着孩子学说话,应当学会尊重孩子言语发展的规律。倾听和理解也是必不可少的积累。

(二) 积极说话发展阶段(1.5—2岁)

在此阶段,婴儿说话的积极性很高,具有强烈的说话愿望。这一阶段婴儿言语发展最明显的特征是词汇量猛增,出现词语爆炸现象,而且电报句的使用非常频繁。电报句也叫双词句,指由两个单词组成的句子,听起来像发电报时的省略句一样。例如,"妈妈抱抱""爸爸班班""狗狗汪汪"等。在词汇掌握方面,有研究者发现,儿童在1—1.5岁,每月大概能学8个新词,而在1.5—2岁,突然出现词汇量的爆发性增长,每天能学会9个新词。这些都为婴儿进入下一个掌握口语阶段做好了充足的准备。

### 三、基本掌握口语阶段(3—6、7岁)

随着儿童言语器官和神经系统的不断成熟,加上成人有意识的言语教育,儿童的言语水平不断发展。儿童在掌握语音、语法和口语表达能力方面都迅速发展。

3—4岁是幼儿语言发展的飞跃时期,也是培养儿童正确发音的关键期,在此时期幼儿很容易学会世界各民族语言的发音。4岁的儿童能够掌握本民族或本地区的全部语音,并达到基本正确。3—6岁是人的一生中词汇量增长最快的阶段,词汇量随着年龄的增长而增加,6岁时大约增长到3岁时的4倍。词是语言的基本单位,词汇量的增加有助于儿童更加有效地表达思想和进行交流。3—4岁儿童通过日常交流中对成人言语行为的模仿逐渐掌握语法结构,从4岁开始,幼儿的语法意识开始明显出现,主要表现为幼儿对于语法结构产生疑问,逐渐能够发现他人言语中的语法错误等。他们不是根据语法知识来发现错误的,而是感觉有些话听起来不顺耳。幼儿在掌握了一定的语音、词汇和语法知识之后,在具体的生活情境中加以运用,口语表达能力迅速发展,到6岁时基本可以掌握本民族的口头语言,能够与他人自由交流,为入学后学习书面语言打下基础。

# 任务三  学前儿童言语的发展

## 一、语音的发展

### （一）儿童语音发展的顺序

语音发展以"作巢"的方式或称"树枝分权"的方式进行。也就是说，儿童并不是先学会差别较大的一对发音，然后向差别较小的音发展，而是由中等程度差别的音向两端发展。例如，先发 a 和 e 之间的音，然后发 a 和 e，先发半软音，然后发硬音和软音。换句话说，成对的音是由中间音发展而成的。新的音包含原有音的成分或萌芽。新的音不是原有各种成分的联合和积累，而是它们的分化或分支。这种发展方式使发音可以逐渐由简单向复杂过渡。

### （二）儿童语音发展的趋势

儿童学习语音的过程，先后有两种不同的趋势。起初是扩展的趋势，婴儿处于语音扩展的阶段，能够从不会发出音节清晰的语音，到学会越来越多的语音；3—4 岁的儿童，相对容易学会世界各民族语言的发音。但是，在此以后，学习语音的趋势逐渐收缩。儿童掌握母语（包括方言）的语音后，再学习新的语音时，出现了困难；年龄越大，学习第二语言的语音，越受第一语言语音的干扰。

### （三）儿童掌握元、辅音的顺序

一般认为，儿童掌握语音的顺序是元音较辅音早出现。辅音中的口腔音和鼻音几乎同时出现，口腔音中清辅音和浊辅音几乎同时出现。擦音比塞音晚出现。最后出现的是翘舌音和颤音。

吴鸿业等对 2 岁前儿童元音和辅音的发展顺序做了具体研究（1982），认为儿童语音的发展中元音和辅音是同时出现的，并不是先元音后辅音。他们认为，出生后的第一声既有元音也有辅音，元音和辅音都是在 1 岁半时基本成熟。

### （四）儿童发音的正确率

在成人的正确教育下，儿童发音器官的发育逐渐完善，幼儿发音正确率随年龄增长而提高，错误率随年龄增长而不断下降。据调查，3—6 岁幼儿均存在发育不准确的现象。发音不准的幼儿人数百分率随年龄增长而降低。其中 4 岁前发音不准的较多。也说明 3—4 岁是语音发展的飞跃阶段。因此可以认为，3—4 岁幼儿已经接近掌握全部语音。4 岁以上幼儿一般能够掌握全部语音。

幼儿发音的错误，大多数发生在辅音。幼儿辅音发音的错误，集中在 zh、ch、sh、z、c、s 等音。幼儿发音的方式不同，其错误也不同。有一类辅音在单个发音时较少出错误，然而当这些音拼在音节中时，就容易出现错误；而另一些辅音，则在单独发音时错误较多。

幼儿发音的难点在于掌握发音部位和发音方法。其原因主要是:

1. 生理原因

3—4岁幼儿由于生理上不够成熟,不能恰当地支配发音器官,不善于掌握发音部位和发音方法。幼儿发出元音错误较少,辅音错误较多。这是因为发出辅音要依靠唇、齿、舌等运动的细微分化。3—4岁幼儿由于唇和舌的运动不够有力,下颌不够灵活,因而发出辅音时往往不能做出明显的分化。他们的发音往往不够清楚,说出来的常常是两个语音之间的音。此外,吐字不够有力,也造成发音不准确的原因。例如,在一项调查中,3—4岁幼儿有1/3不能准确发出f音,因为这些幼儿不会用牙齿咬住下唇,移动下颌。同样,幼儿不会发zh、ch、sh等音,或者把zh和z混淆,也可能是由于不善于掌握发音部位和方法。幼儿在把音拼成音节时出现的错误,也往往是由于没有掌握发音方法所导致的。幼儿在说出音节时,常常略掉在最前面的辅音,如把"流"说成"油",把"老"说成"袄",等等。

2. 语言环境原因

幼儿之所以不能正确掌握发音部位和发音方法,除了受生理成熟的影响外,还有其他原因。语言环境是影响幼儿正确发音的重要因素。比如在重庆,3—4岁幼儿常常把n音发成l,如"奶奶"说成"来来","宁宁"说成"玲玲"。可是在北京,3—4岁幼儿全都能够说出类似的音节,在n音节测查中的错误率为0。

方言对4岁以上幼儿发音的影响更为突出。例如,北京某幼儿园的幼儿,因家长来自五湖四海,用方言说话的较多,该幼儿园的幼儿发音准确率明显低于一般幼儿园。某幼儿园中一名5岁男孩,从小生长在南方,到北京的时间不长,他在模仿老师发音时没有发生错误,但在朗诵儿歌时就有较多错误,主要是把zh、ch、sh、z、c、s混淆。

声调是现代汉语在语音方面的重要特点,因此幼儿还必须正确按不同声调发音,而不同声调在发音上有差异。刘兆吉1984年对重庆3—6岁城乡儿童发音正确率的调查表明,城乡幼儿发音的正确率有较大差异。这种差异在3岁时不显著,4—5岁时差异较大。

(五)儿童语音意识的发生

儿童要学会正确发音,不仅要有精确的语音辨别能力,而且要能控制和调节自身发音器官的活动。儿童开始能自觉地辨别他人发音是否正确,自觉地模仿正确发音,纠正错误的发音,这就说明对语音的意识开始形成了。幼儿期,特别是在4岁左右,幼儿的语音意识明显地发展起来。幼儿语音意识形成的标志主要表现为能够评价别人发音的特点和能意识到并自觉调节自己的发音。

## 二、词汇的发展

词是言语的基本构成单位。词汇是否丰富,使用是否恰当,直接影响言语表达能力。学前儿童词汇的发展主要表现在词汇量的增加、词类范围的扩大、对词义理解的确切和深化方面。

## （一）词汇数量增加

词汇是学前儿童言语发展的标志之一。词汇数量的多少，直接影响到学前儿童言语表达能力的发展。学前儿童的词汇量随着年龄的增长而增加。1岁左右，儿童才开始说出词，最初说出的词汇数量极少。进入学前期，儿童已能掌握基本的口语词汇。根据我国幼教专家史慧中的研究表明，3—4岁儿童的词汇量为1 730，4—5岁为2 583，5—6岁为3 562。该研究结果说明，4—5岁是儿童词汇量增长的活跃期，4—5岁较3—4岁增长49.3%，而5岁后增长的速度已有所下降，5—6岁比4—5岁增长37.9%。

儿童的词汇有消极词汇和积极词汇之分。消极词汇是指儿童能理解但不能运用的词汇，实际上理解也是不深不透的。积极词汇是指儿童自己能说能用的词汇。儿童言语的发生，是理解先于说出词。儿童最初能说出10个词时，已经理解50个词。

## （二）词类范围扩大

随着年龄的增长，不仅词汇量增多，儿童掌握词的种类也不断扩大。儿童先掌握的是实词，然后是虚词。在实词中，儿童掌握的顺序是名词—动词—形容词。对其他实词如副词、代词、数词掌握较晚，对虚词如连词、分词、助词、语气词等掌握也较晚。

在学前儿童的词汇中，各类词的比例不同。其中，名词占总量的1/2左右，动词占总量的1/5—1/4，形容词占总量的1/10，其他词类所占比例都相当小。实词在3—4岁增长速度最快，虚词在4—5岁增长较快。一般来说，4—5岁是词汇丰富的活跃期，5—6岁是言语表达能力明显提高期。

在词类的运用方面，学前期各类词汇的使用频率有所不同。学前儿童使用频率最高的是代词，其次是动词和名词。学前儿童的句子中常用代词，不用名词。例如，"他打我"。有时候幼儿不会说出事物确切的名称，也用代词而不用名词。例如，"这个、那个、这里、那里"等。

## （三）词义的理解逐渐确切和深化

儿童最初掌握词时，对词的意义理解往往不确切。表现在三个方面：一是幼儿对词义理解过宽或泛化。如有的幼儿将"猫猫"一词理解为一切有毛、有尾巴的物体，当他看见一双猫形拖鞋时，会害怕地说"猫"。有的幼儿将"刚才"一词理解为过去的任何时间，他会说"我刚才爬了树"，其实是发生在一个星期以前的事了。二是幼儿对词义理解过窄或缩小。如有的幼儿将"猫猫"一词理解为仅自己家的"猫猫"，有的幼儿认为自己家的"爸爸"才是"爸爸"，还有的幼儿则将"珍贵"一词理解为仅指"熊猫"。三是幼儿常常自己造词，出现"造词现象"。比如，一个3岁半的孩子说："电话这里有条子（指电线）。"一个4岁孩子说："他在讲话，讲地下的话（指低着头讲话）。"又有的幼儿把一条裤子叫"一双裤子"。这是当儿童词汇贫乏、词义掌握不确切时出现的一时现象。比如，儿童能够区别大红和粉红，但不能掌握"粉红"这个词，便说成"小红"，或把灰色说成"小黑""淡黑"。当幼儿确切掌握了有关词义时，他就不会出现这种错误。随着词汇数量的增加和思维水平的提高，幼儿对词义的理解逐渐确切和深化。幼儿对词义理解的加深不仅表现在从对词理解的扩张或缩小到正确理解词的意思，还表现在从能正确理解词的一种意思到理解词的多种意思,以及从理解词的表面意义到理解词的转义。

### 三、句型的发展

从儿童所说出的句子的类型看,儿童句型的发展有下列趋势:

(一) 从不完整句到完整句

此阶段可以分为单词句阶段和双词句阶段。

1. 单词句阶段(1—1.5岁)

此时婴儿言语的发展主要反映在言语理解方面。同时,他们开始主动说出有一定意义的词。这一阶段儿童说出词有以下特点:

一是单音重叠。这一阶段的孩子喜欢说重叠的字音,如饭饭、鞋鞋、娃娃、衣衣等。他们还喜欢用象声词代表物体的名称,如把汽车称为"嘀嘀",把小狗称为"汪汪"。出现这一特点是因为儿童的大脑发育尚不成熟,发音器官还缺乏锻炼。重复前一个音,属同一音节、同一声调,不用费力,容易发出。如果发出不同的两三个音节,发音器官的部位(舌、唇等)就要变化动作,这对于1岁多的孩子来说,还是比较困难的事情。

二是一词多义。由于这个年龄的孩子对词的理解还不精确,说出的词往往代表多种意义,故称为多义词。例如,见到带毛的东西,如毛手套、毛领子一类的生活用品,都叫"毛毛"。

三是以词代句。这一阶段的孩子不仅用一个词代表多种物体,而且用一个词代表一个句子,因此这一阶段称为"单词句"时期。例如,孩子说出"拿拿"这个词,有时代表他要拿奶瓶,有时代表他要拿玩具,还有时代表他要拿别的孩子手里的食物。

2. 双词句阶段(1.5—2岁)

1岁半以后,孩子说话的积极性高涨起来,在很短的时间内,会从不大说话变得很爱说话,说出的词也大量增加,2岁时可达260多个词。这一阶段儿童言语的发展主要表现在开始说由双词或三词组合在一起的句子,如"妈妈抱抱"等。这种句子的表意功能虽较单词句明确,但其表现形式是断续的、简略的,结构不完整,好像成人的电报式文件,故也称"电报句"或"电报式语音"。

3. 完整句阶段(2岁以后)

2岁以后,儿童开始学习运用合乎语法规则的完整句以便更为准确地表达思想。完整句的数量和比例随年龄的增长而增长。到6岁左右,98%以上儿童使用完整句。完整句又可分为简单句和复合句、陈述句与其他多种句型(疑问句、祈使句、感叹句等)、无修饰句与修饰句。

(二) 从简单句到复合句

3岁的幼儿虽然出现了一些复合句,但绝大部分还是简单句。随着年龄的增长,复合句所占的比例逐渐增加,但总体看来,幼儿主要还是使用简单句(见表9-1)。

表 9-1　幼儿简单句和复合句的比例

| 年龄(岁) | 简单句 | 复合句 |
|---|---|---|
| 3 | 96.2% | 3.8% |
| 4 | 88.5% | 11.5% |
| 5 | 87.5% | 12.5% |
| 6 | 80.9% | 19.1% |

(资料来源:张永红.学前儿童发展心理学[M].2版.北京:高等教育出版社,2014.)

学前儿童使用的简单句有主谓结构句,如"宝宝睡觉";谓宾结构句,如"找妈妈";主谓宾结构句,如"妈妈抱我";主谓双宾结构句,如"阿姨给琳琳糖"等。复合句是指由两个或两个以上意思关联比较密切的单句组成的句子。如"妈妈上班,我上幼儿园""如果不下雨,就带你们出去玩""因为我个儿高,所以我站在后头"。复合句包括联合复句和偏正复句两大类。幼儿比较容易掌握联合复句。联合复句出现较早,并列复句在联合复句中占绝大多数。偏正复句反映比较复杂的逻辑关系,幼儿较难掌握,所以幼儿的偏正复句出现较晚。幼儿对于偏正复句的掌握情况如下:条件复句早于因果复句;转折复句出现最晚,在幼儿言语中数量极少。

(三)从陈述句到非陈述句

儿童最初掌握的是陈述句,如"爸爸去上班了"。在学前期,陈述句一直是使用最多的句型,占全部语句的 2/3 左右。但是,随着年龄的增长,幼儿的疑问句、否定句和祈使句等其他句型也逐渐发展起来。幼儿对于非陈述句的掌握,疑问句产生较早。由于生活的需要,2 岁左右孩子就会问:"干吗(干什么)?""锁门干吗?"5 岁左右出现因果关系的问句——"为什么",例如:"为什么树发出沙沙声?""为什么鸟会飞?"

(四)从无修饰句到修饰句

儿童最初使用的句子是无修饰语的,如"姐姐走了""宝宝吃饭"等。朱曼殊等人的研究发现,2.5 岁的儿童开始使用简单的数量修饰语,如"1 个苹果"。3 岁的儿童开始出现复杂的修饰语,如"我的爸爸""猴子有两只明亮的眼睛""老师昨天带我们去动物园看猴子""它们吃得饱饱的"。3—3.5 岁是复杂修饰语句的数量增长最快的时期。从 4 岁起,修饰句开始占优势。6 岁时,修饰句比例已经达到 90%以上。

四、语法的发展

语法是由一系列语法单位和有限的语法规则构成的,是语言最为抽象的基础性系统。儿童对语言的掌握,在很大程度上是指掌握了一种语言的语法。虽然由于儿童学习语言的主客观条件不同,其语法系统的发展会表现出不同程度的差异,但是从大体上来看,儿童对语法结构的掌握呈现出基本相同的发展趋势和特点。

(一)从混沌一体到逐步分化

学前儿童在掌握语言的过程中,语句逐渐分化。例如,在最初的单词句阶段,一个词可以代表多种含义,"妈妈"可以表示呼唤妈妈,或是要求妈妈帮他捡起某样玩具等。随着年龄的增长,儿童的语词逐渐分化。

(二) 从不完整到逐步完整,从松散到逐步严谨

最初的单词句只是一个简单的词链,不是体现语法规则的结构。儿童3岁半以前的话语常常漏缺主要词类,词序紊乱,3岁半以后出现较多复杂修饰语句,如运用介词"把":"他们把绳子接起来跳"。"把"字前后的两个名词的关系以及第二个名词与紧接着的动词的关系,都受严格的限制,不能任意调换和删除。到5—6岁,儿童使用的关联词逐渐丰富,但还常常用得不恰当,如小明碰了小华一下,可能会说成"小明被小华碰了一下"。

(三) 由压缩、呆板到逐渐扩展和灵活

幼儿最初的语句结构不能分出核心部分和附加部分,只能说出形式上千篇一律的、由几个词组成的压缩句。而后能加上简单修饰语,再后加上复杂修饰语,最后达到简单修饰语的灵活运用和语句中各成分的多种组合。幼儿语法结构的发展在4—4.5岁较为明显,5岁幼儿语句结构逐渐完善,6岁时水平显著提高。

(四) 语法意识出现

幼儿掌握语法结构,主要是通过日常生活中的言语交流,模仿成人说话而进行的。幼儿对语法结构的意识出现较晚。幼儿的语法意识是从4岁开始明显出现的,主要表现为幼儿会提出有关语法结构的问题,能够逐渐发现别人说话中的语法错误等。当然,他们不是根据语法规则的知识去发现错误的,只是由于这些错误说法使他们听起来感到"刺耳",不符合其语言习惯。例如,一个幼儿听别人说"知不道",就提出异议,应该说"不知道"。

## 五、口语表达能力的发展

随着词汇的丰富和语法结构的逐渐掌握,幼儿的口语表达能力也逐步发展起来。

(一) 对话言语和独白言语发展

口语可分为对话语和独白式。对话是在两个人之间交互进行谈话,独白是一个人独自向听者讲述。幼儿的言语最初是对话式的,只有在和成人共同交往中才能进行。3岁前儿童与成人的言语交际,仅限于回答成人提出的问题,偶尔也向成人提出一些问题或要求,这时,往往是成人逐句引导,儿童逐句回答。在幼儿期对话式口语有进一步发展:幼儿不但能够回答问题,或者提出问题和要求,而且为了协调行动能够在对话中与人商议,讨论对事物的评价,或对别人提出指示。

独白言语是在幼儿期产生的。随着幼儿活动的开展,他们的独立性大大增强,常常离开成人从事各种活动,从而获得自己的经验、体会、印象、意愿等。在与成人交际中,他们渴望把自己的各种体验、印象等告诉成人,这样就促成了儿童独白言语的发展。3—4岁幼儿能主动讲述自己生活中的事情,但是在集体(班级)面前讲话往往胆小、不自然。4—5岁幼儿能够独立地讲故事或各种事情。5—6岁幼儿不但能够系统地叙述,

而且能大胆而自然、生动而有感情地进行描述。

(二)情境言语发展,连贯言语发生

对话言语常常带有情境性。因为对话言语是在谈话双方之间交互进行的,所谈及的内容双方已经有了共同了解,不需要连贯和完整。所谓情境言语就是说话者只有在结合具体情境时才能使听者理解其思想内容,并且往往还要用手势或面部表情甚至身体动作辅助和补充。

3岁前的儿童只能进行对话,不能独自言语,他们的言语基本上都是情境言语。3—4岁幼儿的语言仍然带有情境性,他们在说话中往往想到什么说什么,缺乏条理性、连贯性,运用许多不连贯的、没头没尾的短句,并且辅以各种手势和面部表情。他们对自己所讲的事情丝毫不解释,似乎谈话的对方已经完全了解他们所讲的一切。如果别人听不懂他们的意思,或者要求他们做出解释,他们就会表现出反感或困惑。

随着年龄的增长,幼儿情境言语的比重逐渐下降,连贯言语的比重逐渐上升。连贯言语的特点是句子完整,前后连贯,能够反映完整而详细的思想内容,使听者从言语本身就能理解所讲述的意思,不必事先熟悉所谈及的具体情境。情境言语和连贯言语的主要区别在于是否直接依靠具体事物作为支柱。4—5岁幼儿说话常常是断断续续的,不能说明事物现象、行为动作之间的联系,只能说出一些片段。6—7岁的幼儿已经能够完整、连贯地说话,开始从叙述外部联系发展到叙述内部联系。

连贯言语的发展使儿童能够独立、完整、详细地表达自己的思想和感受,也为独白言语打下基础。连贯言语和独白言语的发展,不但促进幼儿表达能力的提高,而且促进幼儿逻辑思维的形成和独立性的加强。同时,连贯言语和独白言语的发展又依赖于幼儿逻辑思维的发展,是幼儿口语表达能力发展的重要标志。口语表达能力的发展既有利于内部语音的产生,也为幼儿进入学校接受正规教育、掌握书面言语奠定了基础。

(三)讲述的逻辑性不断发展

幼儿在独立讲述中,逻辑性水平逐渐提高,能够清楚讲述的人数百分比随着儿童年龄增长而增长,主要表现在讲述的主题逐渐明确,层次逐渐清楚。幼儿的讲述一般是单纯对现象的罗列,主题不突出。这种情况在3—4岁幼儿中常见,随着年龄增长,人数逐渐减少。幼儿言语表达的顺序性、完整性、逻辑性在3—4岁时发展较快,4岁与5岁差别不大。

有的幼儿在讲述时,用的语句很多,表面上看来讲话流利,似乎很能"说"。但是,仔细分析,他们的讲述常常主题不突出,甚至离题很远,层次和顺序不清楚,事物之间关系混乱,使别人无法了解其谈话内容。5—6岁幼儿在看图讲述中一般讲述得过于具体和琐碎,妨碍了主要情节的突出。例如,"小弟弟有一双大大的黑眼睛、一张红红的脸蛋、黑黑的头发。他穿短袖衫、短裤子,蓝色的,穿黑皮鞋、黄裤子,有鞋带,衣服上有小扣子,黄的……"可见,幼儿讲述逻辑性的发展需要专门培养。

(四)逐渐掌握言语表情技巧

幼儿不仅可以学会完整、连贯、清晰而有逻辑地表述,而且能够根据需要恰当地运用声音的高低、强弱、大小、快慢和停顿等语气和声调的变化,使之更生动,更有感染力。当然,这需要专门的教育。

在儿童言语表达能力的发展中,有人可能会产生一种言语障碍——口吃,表现为说话中不正确的停顿和单音重复,这是一种言语的节律性障碍。口吃出现的年龄以2—4岁最多,其中,2—3岁一般是口吃开始发生的年龄,3—4岁是口吃的常见期。

幼儿的口吃现象,部分是由生理原因造成的。2—4岁儿童的言语调节机能还不完善,造成连续发音困难。随着年龄的增长,这种情况会有所缓解。口吃的心理原因之一是说话时过于急躁、激动和紧张。2岁婴儿开始说话时,语音一个接一个地发出,这里包含发音的连续动作,又要求发音之间有恰当的间断。2—3岁婴儿在急于表达自己的思想时,容易出现言语流节奏障碍,即在发音系统还没有完成说话的准备时,他已发出了发音的冲动,造成先发出的语音和后来应该发出的语音的脱节,也就是发音连续动作的不恰当的停顿和割裂。

导致这种现象可能有两种情况:一是幼儿头脑中已经储存了许多语言信息,说话时回忆语言模式的速度相对较快,而说出的语言速度相对较慢,二者的时间差造成了言语流的脱节;二是幼儿开始说话后,找不到应有的语词去继续表达。两种情况都使幼儿出现过度激动和紧张,这种状态使发音系统受到抑制,发音器官发生很细致的抽搐和痉挛,于是出现了发音的停滞和重复。多次的发音停滞和重复,使幼儿形成了条件反射,以后,每次遇到类似的说话情境或类似词语时,即发生同样的抑制现象,造成口吃。

幼儿的口吃还可能来自模仿。幼儿的口吃常有很大的"传染性",因为他们的好奇心强,爱模仿,班上某个孩子偶尔出现"口吃"会使他们觉得有趣、好玩而加以模仿,最后不自觉地形成习惯。据北京等地医院统计:参加口吃矫治的人中,有近2/3的人有幼年模仿口吃的经历。

矫正口吃的重要原则性方法是解除紧张。特别是4岁以后,幼儿对自己的言语活动已产生了自我意识,如果经常对他的口吃现象加以斥责,或要求其改正过急,则会加剧其紧张情绪,不仅不能纠正口吃现象,反而会加剧,甚至导致孩子不愿说话,或回避说出某些词。这种情况若任其发展下去,还将导致孤僻等不良性格特征的形成。

## 六、书面言语的发展

学前儿童书面言语的产生,如同口头言语一样,是从接受性的言语开始的,即先会认字,后会写字;先会阅读,后会写作。书面言语产生的初期,学前儿童只会认字和阅读。

儿童学识字的过程分为三个阶段:泛化阶段、识字阶段、再现阶段。

泛化阶段,学前儿童首先倾向于把字形作为整体形象来感知,服从于从笼统到分化的规律。比如很多婴幼儿从未见过"羊"字,但是他听过的故事里有羊,看的图画书里有羊的形象,"羊"字和图画中的形象多次结合,就可以建立起条件反射,于是认识了"羊"字。汉字是象形文字,有利于幼儿学认。比如教幼儿认识"山"字,山字的形象和图画中的山很接近;认"月"字,月字的形象和天上常出现的月牙儿的形象很接近,幼儿较容易认识。

识字阶段,儿童多次接触某个字或某些字时,就可以认识一些字。经过成人的精心教育和幼儿自己的继续学习,或者说,多次把字形与字音、字义结合,幼儿就可以认识那些字,即建立了有关的条件反射。幼儿识字与成人相比有两个特点:首先,幼儿常常容易混淆,对字形的细节还难以分化。例如,幼儿常常分不清"水""木""半"。其次,幼儿对字义认识的概括水平还很低,这与对词义的理解不够有关。因此,对幼儿来说,字还不是真正意义的文字符号。当然,幼儿识字也有其独特性。在如下情况时幼儿较容易认识汉字:第一,字大、清楚;第二,与响亮的语音同时出现;第三,有形象作为辨认的支柱;第四,字形结构简单;第五,多次重复;第六,与情绪和兴趣相联系。

识字是阅读的准备,学前儿童在进行阅读时需要一系列的准备活动。新生儿出生后几个月就可以进行阅读活动。最初的阅读活动是看书,而非真正的阅读。新生儿并非阅读文字,而是拿书看。开始时是亲子共读,家长拿书看,读给儿童听,边读边指书上的图画,儿童边听边看。1岁左右,儿童情绪好的时候,有时候也会自己拿着书看,他把书正拿或倒拿,毫不在乎,因为他的方位知觉还没有发展成熟。他嘴里念念有词,也不在乎那些词和书上的字是否有联系。3岁左右,幼儿可以培养起爱看书的习惯。幼儿期的阅读,基本上是以看图为主,水平高一些的孩子,能认识一些字,以图为辅。这个年龄阶段的阅读往往是依靠上下文来读,幼儿并不一定认识每一个字。真正的阅读活动是阅读文字的活动。儿童学会阅读需要的准备如下:第一,掌握有关词汇;第二,掌握语法,具有表达能力;第三,掌握基本阅读技能;第四,培养阅读兴趣。

阅读的下一阶段是书写,书写能力是幼儿识字的第三个阶段,即对字的再现(回忆)阶段,也就是听写和默写阶段。幼儿学习书写之前,也要有一定的准备:手的小肌肉协调性发展,对字形的空间知觉、方位知觉的发展,对笔顺的掌握,正确的执笔姿势等对幼儿书写能力的发展都有一定的影响。

幼儿期是书面言语发生的年龄,幼儿处于前阅读阶段和前书写阶段,言语发展的主要任务是发展口头语言。在发展口头言语的同时,为学前儿童书面言语的发展做好准备。因此,应当因地、因人制宜地让幼儿认识一些字,但要注意在生活中充分发挥幼儿对视觉形象的敏感性和形象记忆的年龄特点的优势,培养幼儿对学习书面言语的兴趣,而不是让幼儿用大量时间去专门学习认字和识字,以致挤占他的口语发展和其他方面素质发展的时间。如果强迫幼儿提前学习小学的功课,造成幼儿不愿意读书,则会伤害幼儿身心的持续发展,这是得不偿失的。

**知识拓展**

**亲子阅读**

松居直是日本著名的图画书阅读的推广者,他认为图画书不是让孩子自己读的书,而是大人读给孩子听的书。他在《幸福的种子》中写道:"孩子的人生经验还很有限,自己看图画书很难了解故事的内容,充其量只是跟着文字读而已。相反,大人拥有丰富的人生体验和读书经验,在阅读时能充分体会作者的心情和思想,并通过文字想象故事所描绘的世界,甚至对某些内容产生共鸣,深受感动。能这么深入了解图画书的人,如果满怀爱心地念书给孩子听,必定能将文字转化成生动、温暖的话语,并让这些话语传入孩子的耳中和心中,即读的人把自身的内涵与图画书结为一体,将书中的真谛和自己的感受传达给孩子。这种言语的体验和心灵的沟通,是幼儿自己看书时无法体验的。因此,由大人读图画书给孩子听,对孩子的心理和智能的成长非常重要……"

美国学者爱伦·汉德勒·斯皮茨也非常赞同亲子阅读,他在《走进图画书》中说:"出声地朗读图画书,不论是对于大人还是幼小的听者们来说,都是一种非常有益的行为……在亲密相偎一起阅读图画书的同时,大人和孩子一起迈入想象的空间,大人越过了自己与孩子相隔的岁月,越过了孩子与日常生活的界限,借助艺术的翅膀,给日常生活带来更多的现实感。"亲子阅读能为大人和孩子提供一段短暂而幸福的时光。

(资料来源:彭懿.世界图画书阅读与经典[M].南宁:接力出版社,2011.)

## 七、内部言语的发展

内部言语是指不出声的言语,它是言语的一种特殊形式。自言自语是内部言语发展的初级形态,是在外部言语的基础上,由外部言语向内部言语发展的过渡形态。

从形式上看,内部言语的特点是不发出声音。幼小的儿童还不能控制和调节自己的发音系统,如 3 岁左右的幼儿附在妈妈耳边说"悄悄话"时,旁人都听见了,这是因为他还不会小声地说话。幼儿最初的自言自语,是说出声音的,所以说,带有从外部言语到内部言语发展的过渡性质。从功能上看,内部言语的特点不作为交流思想的工具,是对自己的言语,因此内部言语又称为"自我中心言语"。内部言语更突出表现出言语的概括和调节功能。幼小儿童不会独自思考问题,而依靠外界条件,特别是与别人对话交谈。因此,他们还不能产生内部言语。

幼儿出声的自言自语,大约出现在 4 岁左右。它是一种说出声音的思维过程,起着指导自己行动的作用。幼儿的自言自语开始往往伴随活动进行,具有反映行动结果和行动中重要转折点的作用,以后则出现在行动的开端,具有计划和指引行动的性质。例如,幼儿在遇到困难时出现自言自语,就具有制订行动计划和调节自己活动的性质。幼儿出声的自言自语也包含对别人说话的性质。出声的自言自语出现最频繁的情况是他们有与别人说话的需求,但又缺乏言语交往的实际可能性的时候。所以,它既有外部言语说出声音的特点,又有内部言语对自己说话的特点。例如,在玩积木的游戏中,幼儿出声的自言自语内容,往往是向别人介绍自己搭的是什么。幼儿在单独完成某种任务的活动中,虽然他知道没有别人在场,有时也使用出声的自言自语。小敏是小班的幼儿,她经常独自抱着娃娃"喂饭",边喂边说:"快吃!快吃!不要把饭含在嘴里,要嚼一嚼,再咽下去!"喂完饭,她把娃娃放在小床上,盖上被子,说:"吃完饭,要睡觉,不要乱动。你呀,不要踢被子,要着凉的,生病要打针的……"这一案例反映了幼儿游戏言语具有自言自语的特点。

幼儿自言自语有两种形式:一种是所谓的"游戏言语",另一种是"问题言语"。

（一）游戏言语

游戏语言即一面做动作,一面嘀咕,用言语补充和丰富自己的动作。这种言语的特点是比较完整、详细,有丰富的情感和表现力。幼儿一边做各种游戏动作,一边说话,在绘画活动中常常有这种情况,即用语言来补充不能画出的情节。

（二）问题言语

问题言语是在碰到困难或问题时产生的自言自语,常常在遇到困难时出现,或表现困惑、怀疑、惊奇等,当幼儿找到解决问题的办法时,也会用这种言语表示所采取的办法。例如,在拼图过程中,儿童自言自语说:"把这个放哪里呢……不对,应该这样……这是什么……就应当把它放在这里……"4—5岁幼儿的问题言语最为丰富。

出声的自言自语是幼儿口语发展的一种形态,成人要正确加以对待,不要斥责、阻止或嫌孩子嘟囔,应该帮助和引导幼儿发展出真正的内部言语。6—7岁幼儿能够默默地用内部言语进行思考,只是遇到困难时,才用问题言语。

# 任务四　学前儿童言语的培养

学前儿童的言语主要是在社会环境与教育的影响下形成和发展起来的,与智力发展有着密切的联系。人们早期语言的发展亦直接影响到今后一生语言的发展。基于此,成人应重视学前儿童言语的发展和培养。

## 一、0—3岁婴儿言语能力的培养

0—3岁的婴儿言语能力的培养,主要是培养其倾听能力和口语能力,有了良好的基础,其他能力就能随着年龄增长而逐步发展了。从出生到3岁,是婴儿学习言语的最佳时期,也是关键期。过了这个阶段再学习言语,就困难多了。这一时期,成人应创设适合婴儿言语发展的自然真实的环境,使婴儿在没有任何外界压力的情况下,完全依据自身的认知能力和特点去认识外部世界,接受外界信息,并表达自己的想法。

(一) 倾听能力的培养

"听"是说的基础,不会"听"的婴儿必然不会"说"。"倾听"别人说话的能力,包括听的兴趣、听的态度、"听"与"看"的结合和"听音辨音"的能力。

(1) 和新生儿说话。婴儿一生下来就有听力,一周后能分辨出妈妈的声音。所以,婴儿一出生,爸爸妈妈就要经常跟新生儿说话。和新生儿说话时,要面对着他,言语要亲切,语调可夸张一些、柔和一些,但声音不要太响,让孩子感到父母的爱,引起愉快的情绪,从而越来越喜欢听。2—3周时,婴儿就会对大人的话发出"哦、哦"的声音来回应了。成人说得越多,婴儿的反应也越多,开始形成了对言语反应的习惯,这对以后的说话是大有好处的。从3个月起,还可以利用大小便时,让婴儿听懂"嗯嗯"(表示大便)、"嘘嘘"(表示小便)的含义,这是婴儿最早领会的词义和最早学会的本领。

(2) 模仿婴儿的发音。跟婴儿"对话"是4—8个月时促进婴儿发音器官发展的方法。婴儿发什么语音,成人也学他的声音,促使他更多地发音,逐渐就会发现婴儿发出的声音越来越多了。

(3) 让婴儿模仿发音。模仿是婴儿学说话的基本方法。从9个月开始一直到入学,婴儿基本上都是通过模仿学会言语的。从9个月开始,成人可以经常面对婴儿,同时让他们看着成人的脸,注意成人的嘴型,反复说一个音,如"妈""爸"等,让婴儿开始模仿,使婴儿逐步有意识地发出一个音节。婴儿理解词义后,就能用单词句来表达他的需要了。

(4) 把说话和情景(实物和动作)紧密结合起来,是使婴儿理解语音的主要方法。婴儿理解词义是和语音情景联系在一起的。所以,让婴儿学会词义,就必须使实物(包括玩具、图片、照片等)和语音同时出现在他们眼前,或者使动作和语音同时出现。

(5) 婴儿的倾听能力培养,要使婴儿从"喜欢听""有意识地听"到"集中听",逐渐发展起来。在新生儿阶段,主要是用悦耳的声音吸引他,让他感到"好听",培养他听话说话的兴趣。之后,就要让孩子感到听到某种言语后,他就可以得到他所希望的东西,如听见"抱",他就会被抱,听到"妈妈喂",他就能吃到奶,这样他就会"有意识地听",而且开始辨别他理解的词语。2岁以后,就要培养他"集中注意听"的能力。

(6) 2—3岁时,还要引导婴儿逐步养成倾听时的文明习惯。例如,注意听时要眼睛看着对方,不要随便插嘴,要随时用"点头"对对方说话做出反应,要回答别人的问话等。

(7) 多鼓励。发现婴儿听得认真时,要表扬他。婴儿不注意听时,可以稍微等一会儿,再用悦耳的声音吸引他,不要责怪与批评。

(二) 表达能力的培养

表达能力就是说话能力。婴儿的说话能力主要表现为对话和自言自语。0—1.5岁婴儿不会对话,一般只能用单词句、手势、表情等回应大人的话,或向成人表达自己的要求。应重点培养 1.5—3 岁婴儿的表达能力。

（1）教婴儿学说短句子。对婴儿说话时，要十分注意自己言语单位的完整性，不要一味模仿婴儿不规范的言语，而要用规范的言语去影响他。充分利用婴儿同自然接触（如逛公园、动物园）、与社会接触（如乘车、做客、接待亲友等）的机会，教会婴儿理解更多的词义。

（2）鼓励、逗引婴儿说话。这是帮助婴儿发展言语能力的一个基本方法。让婴儿喜欢说话，就必须让他感受到说话的乐趣，使他产生说话的愿望。例如，在吃饭前，引导婴儿说"宝宝吃饭""宝宝吃鱼"，当婴儿伸手指着桌上的布娃娃表示要的时候，先别忙着给他，而是对他说"宝宝说要娃娃，妈妈就拿给你。"让他学说了以后再把娃娃拿给他。以后随着年龄的增长，慢慢让他学会说更长的句子。

（3）在游戏中引导婴儿学说话。例如，当婴儿在玩积木时，家长可以问他"搭的是什么"等，让他用语言回答。

（4）讲故事、讲图片、念儿歌都是培养婴儿说话能力的好办法。对婴儿讲故事要生动有趣，还要反复讲。婴儿喜欢听他熟悉的故事，当他听过几遍以后，再讲时可以让婴儿补充故事中的某些词或句子，如"这时候小白兔说什么呀""大灰狼听了，就气得怎么样啦"等。到 3 岁时，可以进一步让婴儿讲一遍听过的故事，家长随时给予补充，引导婴儿通过讲故事学习说话。"看图说话"也是婴儿学说话的方法，先让孩子说出图中有什么就可以了，到了 3—4 岁再让儿童逐步根据图片讲一个故事片段。"念儿歌"是婴儿特别喜欢的形式，先由家长念，或用录音磁带等放给婴儿听，再一句一句地让婴儿学。1—2 岁时，婴儿只能学说儿歌中的某一个词，特别是每句最后一个字，以后就能跟着念完整的句子，甚至一首儿歌。

（5）鼓励婴儿提出问题。好奇好问是婴儿的天性，是婴儿求知欲的表现，同时也是锻炼婴儿说话能力的好机会。成人要不厌其烦地回答婴儿的问题，多表扬他、鼓励他。

（6）婴儿表达错误或提出可笑问题时不要批评责怪，也不要嘲笑，要给予适当的鼓励。因为这是训练他们说话的最好时机，否则就会伤害他们说话的积极性。

## 二、3—6 岁幼儿言语能力的培养

学前儿童的言语是在后天社会环境中，通过言语实践逐步发展起来的。言语交往实践对学前儿童言语的发展有很大作用，从小受到较多言语刺激的幼儿，其言语发展也较快。聋哑人的正常孩子，在正常儿童集体中生活，就能够有正常的言语发展。

根据幼儿言语发展的规律和特点，在培养幼儿口语发展中，应该注意以下几个方面：

（一）创造条件，激发幼儿言语交往的需要

幼儿本身言语交往的需要对其言语发展非常重要。在和成人及小朋友交往中，幼儿的交往需要就被激发起来。比如，住在大杂院里的孩子一般比住在独门独户、单元房里的孩子言语发展好些。

第一，亲子之间要十分注意和幼儿的言语交往。首先，在照料婴幼儿的过程中，及早对他们说话。其次，养成对幼儿言语的敏感性，在幼儿想说话时，要和他呼应，帮助他把话说出来。最后，善于倾听幼儿的谈话。和幼儿交谈时，要耐心地把幼儿的话听完，这样会使幼儿感到温馨且放松，增加言语表述的积极性。

第二，要创造条件，让幼儿积极地与同伴交往。在和同伴的游戏中，或合作完成某项任务中，幼儿会自然地用言语交往。幼儿之间用言语沟通和互相学习语言，比幼儿与成人进行言语交往和向成人学习语言更为容易。缺乏和同伴进行言语交往的幼儿，往往只会说"大人话"。

第三，重视幼儿的在园生活。教师要特别注意创造言语交往的条件，在日常相处中有意识地多和幼儿交谈。比如，在幼儿园的各个生活环节，如洗手、进餐前、外出散步时，都要有意识地抓住交谈的话题。

幼儿园里一个班上孩子较多，教师要有计划地创造条件，让每个幼儿都获得言语交往的机会；在教学活动中，要注意言语活动的双向交往；教师应鼓励幼儿双向交往；教师应鼓励幼儿使用语言，无拘束地说出自己的思想和体验；避免教师说得过多，幼儿言语实践过少，或者是教师提出简单问题多，幼儿应答式的简单问答多；也应避免因为怕孩子不守规则，或影响秩序而过多限制幼儿说话。教师要鼓励幼儿主动发起与教师的言语交往。比如，有时小班幼儿兴致勃勃地想说点儿什么，但是教师过多强调要举手才能发言，而举手之后，又要等待老师点名才能站起来说话，由于控制自己的能力发展不足，过多的限制和等待使幼儿忘记了自己的想法，或失去表述的兴趣，等到被允许说话时，已经表现茫然了。

（二）讲究教法，加强对学前儿童言语的训练

幼儿学习语言有两种途径：一是模仿，二是强化。在学习语音、掌握词汇和语法以及运用语言等方面，幼儿往往都是通过模仿而习得的。成人常常奇怪，孩子怎么会说这样的话？其实这都是模仿的结果，只不过有些是即时模仿，有些是延迟模仿而已。也就是说，孩子对成人言语的模仿，并不一定是立即说出来的，有时会在很长时间之后才说出来，而延迟模仿往往没有被成人察觉。

强化在幼儿学习语言中也是很重要的。幼儿在正确说出自己的需要时，得到满意的反馈，他就获得正强化。由此，幼儿逐渐掌握有关的语词和语言表达方式。在教孩子说话的过程中，强化原则常用于指导孩子学说话、练习说话和纠正不良的说话习惯。

良好的教法就是使幼儿获得正确使用言语示范和有正确指导的练习。练习是幼儿在学习过程中得到强化的过程。但是模仿和练习都不应是机械地重复，或"鹦鹉学舌"，应该帮助幼儿在理解的基础上创造性地学习语言。为使幼儿能够理解语言，应做到口述与直观材料相结合，否则，会产生误解。

（三）鼓励幼儿言语创造性地发展

幼儿在学习和使用语言中的创造性是不可低估的。在幼儿言语活动中，模仿性和创造性往往相结合。幼儿对自己不懂的词句，有模仿倾向；对于根本不知道的词句，幼儿一般不去模仿，他们会根据自己的经验去创造。比如，幼儿说"一双裤子"是从"一双

筷子"创造出来的,因为两条裤腿总是连在一起的,幼儿就"创造了"这个量词的用法。又如,有个幼儿不好好吃饭,妈妈为了让他多吃一点儿,总是用"帮小猴吃一口""帮大象吃一口"等哄他吃。一次,他在外面玩滑梯,妈妈让他回家,他不肯,他对妈妈说"让我帮小猴玩一次",滑完后,又要"帮大象玩一次"。在这里,幼儿把妈妈多次对他说的话,创造性地运用于新的场合。

### (四) 培养"前读写"兴趣

幼儿期主要是学习口头语言的时期,在书面语言方面,知识处于准备时期。因此,幼儿期最重要的是培养读写兴趣,而不要在入学前已使孩子产生对学习读写的厌烦心理。既然以培养读写兴趣为重点,对幼儿读写的要求就不要过于严格,而要多鼓励幼儿的学习积极性,肯定他的学习态度。

## 岗位实践训练

### 9.1 词语接龙

适合年龄:4—6岁。

活动目标:通过词语接龙提升幼儿语言表达能力,丰富词汇量。

活动准备:无需物质准备。

活动时间:20分钟。

活动过程:

(1) 教师和幼儿约定好游戏规则,教师随机说出一个词语。

(2) 幼儿根据教师所说词语的最后一个字,说出一个新的词语。

(3) 全体幼儿以接龙的方式一个一个往下说,提醒幼儿不能说重复的词语。

活动建议:考虑到幼儿还没认识汉字,在玩词语接龙时,允许幼儿使用同音字组词。

岗位实践训练
9.2、9.3、9.4

## 一、单项选择题

1. 幼儿难以理解反话的含义,因为幼儿理解事物具有( )。(2014年上国考题)

　　A. 双关性表　　B. 表面性　　C. 形象性　　D. 绝对性

2. 一名从未见过飞机的幼儿,看到蓝天上飞过的一架飞机说:"看,一只很大的鸟!"从幼儿语言发展的角度来看,这一现象反映的特点是( )。(2015年下国考题)

　　A. 过度规范化　　B. 扩展不足　　C. 过度泛化　　D. 电报式言语

3. 一般情况下,哪个年龄段的幼儿能结合情境理解一些表示因果、假设等关系的

相对复杂的句子?(　　)(2017年下国考题)

　　A. 托班　　　　B. 小班　　　　C. 中班　　　　D. 大班

4. 阳阳一边用积木搭火车,一边小声地说:"我要快点搭,小动物们马上就来坐火车了",这说明幼儿自言自语具有的作用是(　　)。(2019年上国考题)

　　A. 情感表达　　B. 自我反思　　C. 自我调节　　D. 信息交流

5. 下列关于幼儿言语的发展顺序,正确的表述是(　　)。(2021年上国考题)

　　A. 言语理解先于言语表达　　　　B. 言语表达先于言语理解
　　C. 言语理解与言语表达平行发展　　D. 言语理解与言语表达独立发展

## 二、填空题

1. 言语的种类包括_____和_____。

2. 言语的功能有符号固着功能、_____和_____。

3. 幼儿在语法的掌握方面是从简单句发展到_____,从_____发展到多种形式的句子,从_____发展到修饰句。

4. 幼儿口头表达能力的发展是从_____向_____发展。

5. 幼儿词汇发展包括词汇的_____、_____、_____三方面。

课后自测

# 模块十 学前儿童的情绪与情感

1. 掌握学前儿童情感发展的基本理论。
2. 掌握学前儿童情绪情感发展的趋势和特点。
3. 能够运用情绪情感发展的基本理论,分析学前儿童情绪情感发展的实际情况及采取积极有效的措施促进学前儿童情绪情感发展。

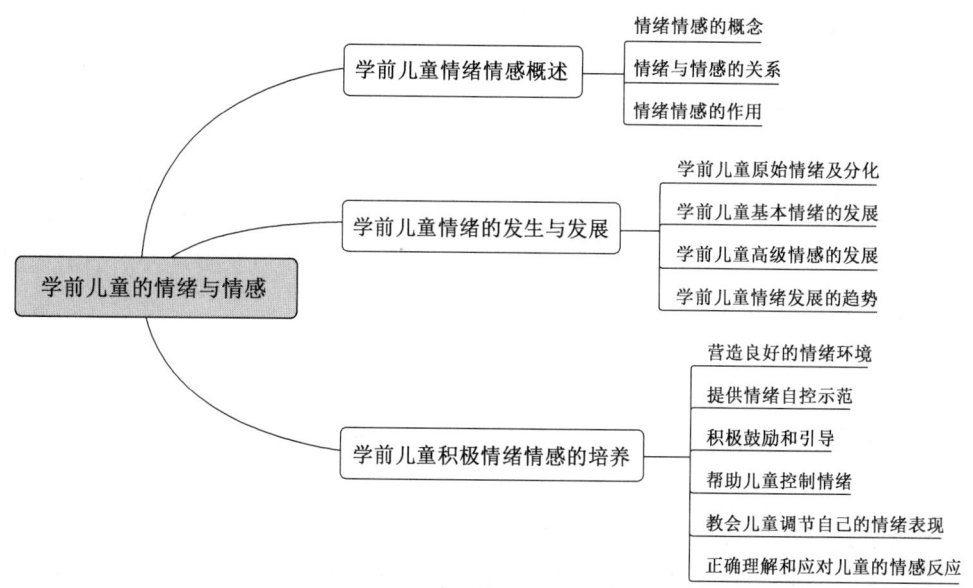

每年9月是新小班的入园季,从家庭走向幼儿园,孩子进入了新的人生旅程,开启了幼儿园生活。形形,女,3岁半。入园前,家长介绍孩子的情况:孩子从小由妈妈带大,在家活泼开朗,但也很自由,想干啥就干啥,同时怕见陌生人,在外面非常胆怯。孩子第一天走进幼儿园大门就开始哭闹,紧紧地抱着妈妈,不让老师接近,直吵着:"回家!回家!不上幼儿园!"妈妈离开时更是哭得撕心裂肺,老师怎么说都不管用,只重复地说一句"我要找妈妈",一天下来,饭也不吃,情绪特别的大。接下来的几天,早上妈妈送形形上幼儿园,她依然一进入幼儿园的大门就哭得惊天动地,而妈妈虽然又是骗又是哄的,想让形形入园上学,但看到孩子哭得这么伤心,不忍心把她交给老师,最后还是带着形形回家了。

在面对幼儿的焦虑状况时,哪些策略可舒缓孩子的情绪呢?有哪些方法能有效地缓解幼儿焦虑感呢?

# 任务一 学前儿童情绪情感概述

情绪是人的心理状态的晴雨表,它反映着个人内在的心理状态。情绪情感在学前儿童心理发展中起着非常重要的作用,对儿童心理、行为有着重大影响。儿童年龄越小,这种影响就越大。

## 一、情绪情感的概念

广义的情绪包括情感,是人对客观事物与自身需要之间关系的态度体验,是人脑对客观现实的主观反映形式,是由某种外部的刺激或内在的身体状况作用而引起的体验。

情绪是客观事物与个人需要之间的关系的反映。当客观现实满足人们的需要时,就会引起积极、肯定的情绪情感;当客观现实不能满足人们的需要时,就会产生消极、否定的情绪情感。

情绪的构成包括三种层面:在认知层面上的主观体验,在生理层面上的生理唤醒,在表达层面上的外部行为。当情绪产生时,这三种层面共同活动,构成一个完整的情绪体验过程。

### (一)主观体验

情绪作为一种主观感受,也是对现实的反映。它所反映的不是客观事物本身,而是具有一定需要的主体的人和客体之间的关系。在主客体关系中,不是任何事物都能引起人的情感体验。情绪的主观体验是人的一种自我觉察,即大脑的一种感受状态。例如,车声、铃声在一般情况下,不会引起我们的情绪体验,但当我们在聚精会神地思考某些问题时,这些声音就会使我们觉得很讨厌;当你急切地盼望下课时,或在车站伫立等候来车时,铃声和车声又会使你感到愉快、高兴。凡是能满足人的需要或符合人的愿望、观点的客观事物,就使人产生愉快、喜爱等肯定的情绪体验;凡是不符合人的需要或违背人的愿望、观点的事物,就使人产生烦闷、厌恶等否定的情绪体验。

（二）生理唤醒

人在情绪反应时,常常会伴随着一定的生理唤醒,如高兴时手舞足蹈,激动时血压升高,愤怒时浑身发抖,紧张时心跳加快,害羞时满脸通红等。脉搏加快、肌肉紧张、血压升高及血流加快等生理指标,是一种内部的生理反应过程,常常是伴随不同情绪产生的。

（三）外部行为

在情绪产生时,人们还会出现一些外部反应过程,这一过程也是情绪的表达过程。情绪所伴随出现的这些相应的身体表情和面部表情,就是情绪的外部行为。它经常成为人们判断和推测情绪的外部指标。但由于人类心理的复杂性,有时人们的外部行为会出现与主观体验不一致的现象。

主观体验、生理唤醒和外部行为作为情绪的三个组成部分,在评定情绪时缺一不可,只有三者同时活动,同时存在,才能构成一个完整的情绪体验过程。例如,当一个人佯装愤怒时,他只有愤怒的外在行为,却没有真正的内在主观体验和生理唤醒,因而也就称不上有真正的情绪过程。因此,情绪必须是上述三方面同时存在,并且有一一对应的关系,一旦出现不对应,便无法确定真正的情绪是什么。这也正是情绪研究的复杂性,以及对情绪下定义的困难所在。

## 二、情绪与情感的关系

在现实生活中,情绪与情感是紧密联系在一起的,但二者存在着一些差异。

情绪和情感是与人的特定的主观愿望或需要相联系的,历史上曾统称为感情。人们的感情非常复杂,既包括感情发生的过程,也包括由此产生的种种体验,因此用单一的感情概念难以全面表达这种心理现象的全部特征。心理学家分别采用情绪和情感来更确切地表达感情的不同方面。

情绪主要是指感情过程,即个体需要与情境互相作用的过程,如高兴时眉开眼笑、手舞足蹈,悲伤时垂头丧气、愁眉不展。情绪具有情境性、激动性和暂时性,往往随着情境的改变和需要的满足而减弱或消失。而情感具有较大的稳定性、深刻性和持久性,常用来描述那些具有稳定的、深刻的社会意义的感情,如对美的欣赏、对丑的厌恶等。

（一）从需要看差异

情绪一般与人的较低级的需求即生理性需要相联系,而情感往往与人的高级需求即社会性需要相联系。如婴儿饥渴或身体不舒适时就会有"哭"的情绪体验,吃过奶会做出"笑"的情绪体验。随着年龄的增长和社会化的进展,幼儿会产生对父母、对祖国爱的情感,并形成理智感、道德感和美感等高级情感体验。

## （二）从发生早晚看差异

情绪发生得早，而情感产生得晚，两者有着先后之分。人出生时会有情绪反应，但没有情感。人刚生下来时，并没有道德感、成就感和美感，这些情感反应是随着儿童的社会化过程逐渐形成的。

## （三）从外部表现看差异

情绪常常带有冲动性和明显的外部表现，如面部表情、姿态和语调等。而情感的表达更加深刻和含蓄，通过个体的行为、价值观和态度等方式体现。

## 三、情绪情感的作用

学前儿童的情绪情感对其心理发展具有非常重要的意义。情绪情感影响儿童心理诸多方面的发展，儿童年龄越小，这种影响就越大。

### （一）情绪的动机作用

情绪是儿童认知和行为的唤起者与组织者，对婴幼儿心理活动和行为具有非常明显的动机和激发作用。情绪直接指导、调控儿童的行为，驱动、促使着儿童去做出这样或那样的行为，或不去做某种行为。例如，让儿童学会早上来园时跟老师说"早上好"，下午离园时说"再见"，结果许多儿童先学会说"再见"，而学会说"早上好"的则较晚。其重要原因是由于儿童早上不愿意和父母分离，缺乏向老师问好的良好情绪和动机，下午则愿意立即随父母回家，所以赶快说"再见"。虽然同样是学说话，在不同情绪影响下，学习效果并不相同。

### （二）情绪对儿童认知发展的作用

情绪与认知之间关系密切，一方面，情绪是随着认知的发展而分化和发展的；另一方面，情绪对儿童的认知活动及发展或起着激发、促进作用，或起着抑制、延缓作用。

幼儿的认知活动带有明显的无意性特点。其中一个突出的表现就在于受情绪的影响、制约非常大。如幼儿喜欢猴子，也就喜欢注意、观察猴子，不喜欢河马，所以河马也不容易吸引他们的注意。与幼儿愉快情绪相联系的人和物，比如，非常喜欢的玩具、非常爱吃的东西以及与这些玩具、食物相联系的人或事，幼儿就容易记住，而且记忆时间很久，也不容易混淆。在日常生活中，还经常出现情绪干扰幼儿计算、判断、推理等思维过程的现象，比如问孩子："有两个香蕉，哥哥吃了两个，还有几个呀？"有的孩子不去回答这个问题，竟直接大哭起来："哥哥都吃完了，我吃什么呀？"

总之，不同性质和不同强度水平的情绪对认知活动起着不同程度的促进或抑制作用，直接影响着智力活动的效果。

### （三）情绪在儿童人际交往中的作用

每一种情绪都有其外部表现，即表情。表情是人与人之间进行信息交流的重要工具之一，它在婴幼儿与人的交往中占有特殊的、重要的地位。

新生儿几乎完全借助他的面部表情、动作、姿态及不同的声音等，与成人进行信息交流,引起与成人的交往,或者维持、调整交往。儿童在掌握语言之前,主要是以表情作为交际的工具,在婴幼儿初步掌握语言之后,表情仍是婴幼儿重要的交流工具,它和语言一起共同实现着儿童与成人、儿童与同伴间的社会性交往。生活中,具有积极情绪状态的孩子,很容易获得良好的人际关系。在幼儿园中经常看到,一个情绪开朗、热情主动的孩子,能很快地适应周围的环境,受到老师和同学们的欢迎。

（四）情绪对儿童个性形成的作用

婴幼儿是个性形成的奠基时期,儿童情绪情感对其具有重要影响。儿童在与不同的人、事物的接触中,逐渐形成了对不同人、不同事物的不同的情绪态度。儿童经常、反复受到特定环境刺激的影响,反复体验同一情绪状态,这种状态就会逐渐稳固下来,形成稳定的情绪特征。例如,有些成人经常对幼儿抚爱,总是使幼儿的精神需要得到满足,因而引起了良好的情绪反应。某些成人对幼儿过多地严厉斥责,总是不能满足幼儿的精神需要,于是引起不愉快的情绪反应。这样,经过日久的重复,幼儿便对不同的人形成不同的情绪态度。同样,由于成人长期潜移默化地感染和影响,幼儿形成了对事物的比较稳定的情感。

（五）情绪对儿童身心健康的影响

情绪与人的身心健康互相制约、互相影响。身体健康主要指机体无疾病,而心理健康主要指人的情绪健康。很多儿童不同程度地存在焦虑情绪,长期的焦虑状态会直接影响到儿童的健康成长。

综上所述,可以看到学前儿童的情绪情感对其心理发展具有非常重要而广泛的意义,影响儿童心理诸多方面的发展。

## 任务二　学前儿童情绪的发生与发展

### 一、学前儿童原始情绪及分化

（一）学前儿童情绪的发生

1. 本能的情绪反应

观察和研究普遍表明,儿童出生后就有情绪。初生的儿童即具有情绪反应,如新生儿或哭,或安静,或四肢舞动等,这些可以被称为原始的情绪反应。

经过多年的研究,现在人们普遍认为,原始的、基本的情绪是进化来的,是不学就会的、天生的。儿童先天就有情绪反应,这种情绪反应与生理需要是否得到满足有直接关系。

2. 原始情绪的种类

行为主义的创始人华生（1919）根据对医院500多名婴儿的观察提出:新生儿有三种主要情绪,即怕、怒和爱。华生还详细描述了这些情绪产生的原因和表现。

其一,怕。华生认为新生婴儿的怕是由于大声和失持引起的。一是怕大声,当婴儿安静地躺着时,在其头部附近敲击钢条,会立即引起他的惊跳,肌肉猛缩,继之以哭;二是失持,当身体突然失去支持,或身体下面的毯子被人突然抽走时,婴儿会发抖、大哭、呼吸急促、双手乱抓。

其二,怒。怒是由于限制儿童运动引起的。如用毯子把孩子紧紧地裹住,不准他活动,婴儿会发怒,他会把身体挺直,或手脚乱蹬。

其三,爱。爱是由抚摸、轻拍或触及身体敏感区域产生的。如抚摸孩子的皮肤,或柔和地轻拍他,会使婴儿安静,产生一种广泛的松弛反应,或是展开手指、脚趾。

(二) 学前儿童情绪的分化

婴儿情绪的发展表现为情绪的逐渐分化,初生婴儿的情绪是笼统的、不分化的,1岁后逐渐分化,2岁左右已出现各种情绪。

1. 布里奇斯的情绪分化理论

加拿大心理学家布里奇斯的情绪分化理论是早期比较著名的理论。布里奇斯于1932年提出一个新的观点:新生儿的情绪只是一种弥散性的兴奋或激动,是一种杂乱无章的未分化的反应,主要由一些强烈的刺激引起,包括内脏和肌肉的不协调的反应。在以后学习和成熟的作用下,各种不同的情绪才逐渐分化出来。

布里奇斯曾在医院中观察了100多个婴儿的情绪反应。她认为,初生婴儿只有未分化的一般性的激动,表现为皱眉和哭的反应;3个月时分化为快乐、痛苦两种情绪;6个月时,痛苦又进一步分化为愤怒、厌恶、害怕三种情绪;12个月时,快乐情绪又分化出高兴和喜爱;18个月时,分化出喜悦与妒忌。在20世纪80年代伊扎德等人提出其理论前,布里奇斯的理论一直为较多的人所接受。但这一理论由于缺乏有效判断情绪反应的客观指标,难以根据婴儿情绪反应本身来判别婴儿情绪,因而也受到不少批评。

2. 林传鼎的情绪发展理论

我国的心理学家林传鼎于1947—1948年亲自观察了500多个出生1—10天的新生儿的动作变化,根据其观察提出了自己的观点。他认为,新生儿已具有两种完全可以分清的情绪反应。一种是愉快情绪反应,代表生理需要的满足(如吃饱、温暖和舒适等)。愉快的反应是一种积极生动的反应,它表现为某些自然动作,尤其是四肢末端的自由动作的增加,且不僵硬。另一种是不愉快的情绪反应,代表生理需要的未满足(饥饿、寒冷、疼痛等),其表现是连续哭叫、脚蹬手刨等自然动作的简单增加。

该理论认为儿童情绪分化的过程可以分为三个阶段:

一是泛化阶段(0—1岁)。这一阶段儿童的情绪反应比较笼统,而且往往是生理需要引起的情绪占优势。0.5—3个月,出现了六种情绪:欲求、喜悦、厌恶、忿急、烦闷、惊骇。但这些情绪不是高度分化的,只是在愉快与不愉快的基础上增加了一些面部表情。4—6个月,开始出现由社会性需要引起的喜欢、忿急。

二是分化阶段(1—5岁)。这一阶段儿童情绪开始多样化,从3岁开始,陆续产生了同情、尊重、爱等20多种情感,同时一些高级情感开始萌芽,如道德感、美感。

三是系统化阶段(5岁以后)。这一阶段的基本特征是情绪升华的高度社会化。这个时期道德感、美感、理智感等多种高级情绪达到一定的水平。

林传鼎的情绪发展理论对我国情绪发展理论及其研究产生过很大的影响。直到今日,他的不少观点,始终为人们所接受,并不断被今天的研究证实。

3. 伊扎德的"情绪动机分化理论"

伊扎德是当代美国著名的情绪发展研究专家。他关于婴儿情绪发展的研究及据此提出的情绪分化理论,在当代情绪研究中有很大的影响。

伊扎德运用录像技术以及两套面部肌肉运动和表情模式测查系统,对新生婴儿的面部表情做了全面、详细的录像,并进行了精细、深入的分析,提出了人类婴儿在其出生时,就展示出了各种不同的面部表情和情绪。

伊扎德认为婴儿出生时具有五大情绪:惊奇、痛苦、厌恶、最初的微笑和兴趣;4—6周时,出现社会性微笑;3—4个月时,出现愤怒、悲伤;5—7个月时,出现惧怕;6—8个月时,出现害羞;0.5—1岁,出现依恋、分离伤心、陌生人恐惧;1岁半左右,出现羞愧、自豪、骄傲、操作焦虑、内疚和同情等。

伊扎德的特殊贡献在于编制了面部肌肉运动和表情模式测查系统,给表情识别提供了一个客观依据。他把面部分为三个区域:额眉—鼻根区,眼—鼻—颊区,口唇—下巴区,共列出 29 种肌肉活动单位,并将它们编辑成号,表情是由面孔这三个区域的肌肉运动组合而成的。例如,NO.25 为额眉区—双眉下压、聚拢;NO.33 为眼鼻区—双眼变窄、微眯;NO.54 为口唇区—口张大呈矩形,三个组合起来,辨别为愤怒的表情。

伊扎德的研究较前人的研究,无论在科学性和可测性上都大大提高了一步,每一种新出现的情绪反应都有一定的具体、客观指标,易于鉴别、判断。

## 二、学前儿童基本情绪的发展

从学前儿童情绪情感的发生和发展看,最初更多出现的是情绪表现,随着儿童年龄的增长和整个心理活动的发展,情感越来越占主导地位。

(一) 哭

儿童出生后,最明显的情绪表现就是哭。哭代表不愉快的情绪。哭最初是生理性的,以后逐渐带有社会性。

新生儿啼哭的原因主要是由于饿、冷、痛和想睡觉等,也有由其他刺激引起的,例如,环境变了要哭。新生儿还有一种周期性的哭,许多新生儿每天晚上都要哭一阵子,这种哭是新生儿在表达内在的需要,也可以说是他的一种放松。另外,刺激太多也容易引起新生儿啼哭。

婴儿啼哭的表情和动作所反映出来的情绪日益分化。随着孩子年龄的增长,啼哭的诱因会有所增加。但是,儿童的啼哭会减少,一方面是由于婴儿对外界环境和成人的适应能力逐渐增强,周围成人对婴儿的适应性也逐渐提高,从而减少了婴儿的不愉快情绪;另一方面,儿童逐渐学会了用动作和语言来表示自己不愉快的情绪和需求,取代了哭的表情。

## （二）笑

笑是愉快情绪的表现，儿童的笑比哭发生得晚。笑主要有以下类型：

**1. 自发性的笑**

婴儿最初的笑是自发性的，或称内源性的笑，这是一种生理表现，而不是交往的表情手段。内源性的笑主要发生在婴儿的睡眠中，困倦时也可能出现。这种微笑通常是突然出现的，是低强度的笑。其表现是卷口角，即嘴周围的肌肉活动，不包括眼周围的肌肉活动。这种早期的笑在3个月后逐渐减少。出生后一个星期左右，新生儿在清醒时间内，当吃饱了或听到柔和的声音时，也会本能地嫣然一笑，这种微笑最初也是生理性的，是反射性的。

**2. 诱发性的笑**

诱发性的笑和自发性的笑不同，它是由外界刺激引起的。它可以分为两大类：

一类是反射性的诱发笑。婴儿最初的诱发笑发生于睡眠时间。比如，在婴儿睡着时，温柔地碰碰婴儿的脸颊，或者是抚摸婴儿的肚子，都可能使其出现微笑。新生儿在第三周时，开始出现清醒时间的诱发笑。例如，轻轻触摸或吹其皮肤敏感区4—5秒，这时儿童出现的诱发性微笑都是反射性的，而不是社会性的。

另一类是社会性的诱发笑。研究发现，从第五周开始，婴儿对社会性物体和非社会性物体的反应不同，人的出现，包括人脸、人声，最容易引起婴儿的笑，即婴儿开始出现"社会性微笑"。婴儿3—4个月前的社会性诱发笑是无差别的，这种微笑往往不分对象，对所有人的笑都是一样的。研究发现，3个月婴儿甚至对正面的人脸，无论人脸的表情是生气还是笑，都报以微笑。但如果把正面人的脸变成侧面人脸，或者把脸的大小变了，婴儿就停止微笑。4个月左右，婴儿开始出现有差别的微笑。婴儿只对亲近的人笑，他们对熟悉的人脸比对不熟悉的人脸笑得更多。有差别的微笑出现是婴儿最初的有选择的社会性微笑发生的标志。

## （三）恐惧

恐惧是一种有害的具有压抑作用的情绪。引起恐惧的原因很多，可能是先天的，也可能是后天习得的。凡是强度过大或变异过大的事件都可能引起恐惧，如巨响、跌落、疼痛、孤独、无援、处境不明都是危险和可能受到伤害的信号，都是引发恐惧的天然线索。这些线索在儿童身上还派生出具体的恐惧对象，如怕黑暗、怕动物、怕陌生人、怕陌生环境等。学前儿童的恐惧随着年龄的增长与经验的丰富而有所变化，主要经历了以下几个阶段：

**1. 本能的恐惧**

恐惧是婴儿出生就有的情绪反应，甚至可以说是本能的反应。最初的恐惧不是由视觉刺激引起的，而是由听觉、肤觉、肌体觉刺激引起的，如刺耳的高声等。

**2. 与知觉和经验相联系的恐惧**

4个月左右，婴儿开始出现与知觉发展相联系的恐惧，引起过不愉快经验的刺激会激起恐惧情绪。也是从这个时候开始，婴儿视觉对恐惧的产生逐渐起主要作用，如高处恐惧。

3. 怕生

所谓怕生,可以说是对陌生刺激物的恐惧反应。怕生与依恋情绪同时产生,一般在6个月左右出现。伴随婴儿对母亲依恋的形成,怕生情绪也逐渐明显、强烈。研究表明,婴儿在母亲膝上时,怕生情绪较弱;离开母亲,则怕生情绪较强烈。可见,恐惧与缺乏安全感相联系。人际距离的拉近或疏远,会影响到儿童安全感。

4. 预测性的恐惧

2岁左右的婴儿,随着想象的发展出现了预测性恐惧,如怕黑、怕坏人等。这些都是和想象相联系的恐惧情绪,往往是由环境的不良影响而形成的。与此同时,由于语言在儿童心理发展中作用的增加,也可以通过成人讲解及其肯定、鼓励等来帮助儿童克服这种恐惧。

一般来说,正常发育过程中出现的害怕和恐惧为时短暂,一种惧怕很少持续1年以上,多数在3个月内消失,很少会对儿童的行为产生严重的影响。

（四）愤怒

愤怒是指幼儿由于某种需要不能得到满足所产生的情绪,是一种激活水平很高的爆发式负面情绪。愤怒的原发形式常与攻击行为相联系。愤怒的原型在婴幼儿中仍然很明显,表达形式为额眉内皱、目光凝视、鼻翼扩张,并在愤怒的大哭中表现得最为明显。表现出哭闹、爱发脾气、粗暴地对待别人、骂人、顿足打滚等动作。从婴儿期开始,愤怒情绪已出现。例如,坐着的妞妞（6个月）拿不到放在她面前的玩具,她就朝着妈妈看,妈妈没有帮她时,她趴下往前够,还是够不着,反而离玩具越来越远,最后她使劲地蹬着腿,冲着妈妈"啊——啊——"大叫。

有研究认为,学前儿童产生愤怒的原因主要有三种:一是生理习惯的问题,如不愿意上厕所、吃饭、洗脸和上床睡觉等。例如,男男（3岁1个月）的妈妈说,最近让她头疼的是男男每天早上不让洗脸,一说洗脸就跑掉,强行给他洗脸就会又哭又叫的,让他自己洗他也不会好好洗。二是与权威的矛盾问题,如被惩罚、不被允许参加某项活动等。例如,军军（4岁）在幼儿园门口哭着打滚,因为爸爸不同意他去超市买冰激凌,而妈妈已经答应给他买了。三是与人的关系问题,如不被注意、不被了解、不愿和别人分享东西等。例如,笑笑（5岁1个月）在幼儿园门口哭着和爷爷争执："为什么你不让我去阳阳家？阳阳妈妈和阳阳都邀请我去了。"研究发现,2岁以下儿童愤怒的原因属于第一种情况最多,而3—4岁儿童属于第二种情况的约占45%,4岁以上属于第三种情况的更多。

儿童情绪的发展与他们的生理发展有着密切关系,有其共同的发展规律。但是,情绪的发展又存在着个体差异。面对同样的情境,不同的孩子有不同程度的情绪反应。有的孩子情绪反应激烈,有的孩子情绪反应相对温和。针对孩子不同的情绪反应,成人需要冷静看待,机智处理,不可过度强化。

（五）痛苦与悲伤

痛苦是由于持续的、超水平的不良刺激所引起的,它是最普遍的一种负面情绪,痛苦的表情因为较少显露而不易被察觉。婴幼儿的痛苦常常伴随哭泣,从而显示出鲜明的外显形式。痛苦的第一个表现形式是啼哭,啼哭是新生儿与外界接触与沟通的第一种方式。在新生儿时期,伴随生理和身体的不适,痛苦表现为先天的生理和心理反应。引起痛苦的原因是多种多样的,包括物理、社会、心理和生理等多方面因素。

对于婴幼儿来说,身体和心理的分离是引起痛苦的重要原因。情感剥夺、精神虐待,在团体中受到排斥以及不为集体所接纳等,也都会引起痛苦。婴幼儿时期由分离所造成的痛苦可视为对失去安全感的适应性反应。此外,幼儿学习的失败也是引起痛苦的原因之一。

悲伤一般与痛苦同步发生,它与痛苦是同一种情绪的两种表现形式。悲伤可以看作痛苦的发展和延伸,若忍耐不住强烈的痛苦会痛哭失声,从而得到部分释放或转化为悲伤。早期幼儿由于饥饿、疼痛等引起的哭闹一般称为痛苦;当1岁幼儿因母亲的离去而哭泣时,人们通常把它称之为悲伤。悲伤经常通过哭泣而表现出来,因此,悲伤比痛苦显示出更鲜明的情绪色彩;悲伤的哭泣会使幼儿感到失去力量和希望,从而处于无助和孤单之中。

### 三、学前儿童高级情感的发展

随着幼儿活动的不断增加和认识能力的不断提高,幼儿的高级情感也在不断地发展。幼儿的高级情感是与幼儿的社会需要紧密联系的,它的内容揭示了幼儿对现实的重要态度。幼儿的高级情感包括道德感、美感和理智感。这些高级情感的形成和发展对幼儿个性的形成和发展具有重要的意义。

(一)道德感

道德感是由自己或别人的举止行为是否符合社会道德标准而引起的情感。儿童形成道德感是一个比较复杂的过程。

3岁前儿童只有某些道德感的萌芽。如孩子在2岁左右,开始评价自己"乖不乖"。3岁后,特别是在幼儿园的集体生活中,随着儿童对各种行为规范的掌握,儿童的道德感逐渐发展起来。小班幼儿的道德感主要是指向个别行为,往往是由成人的评价而引起的。中班幼儿比较明显地掌握了一些概括化的道德标准,他们可以因为自己在行动中遵守老师的要求而产生快感。中班幼儿不但关心自己的行为是否符合道德标准,而且开始关心别人的行为是否符合道德标准,由此产生相应的情感,如他们看见小朋友违反规则,会产生极大的不满。中班幼儿常常"告状",就是由道德感激发起来的一种行为,是幼儿对别人行为方面的评价,它是基于一定的道德标准而产生的。幼儿在对他人的不道德行为表示出愤怒或谴责的同时,还对弱者表现出同情,并表现出相应的安慰行为。到了大班,幼儿的道德感进一步发展和复杂化,他们对善与恶、好人与坏人,有鲜明的不同的感情,如看小人书时,往往把大灰狼和坏人的眼睛挖掉。在这个年龄阶段,爱小朋友、爱集体等情感,已经有了一定的稳定性。

随着自我意识和人际关系意识的发展,学前儿童的自豪感、羞愧感、委屈感、友谊感、同情感以及妒忌的情感等,也都发展起来。例如,库尔奇茨卡娅(1986)用实验对学前儿童的羞愧感进行了研究,结果表明,3岁前儿童具有接近于羞愧感的比较原始的情绪反应,出现在和陌生成人接近的场合。这种情感主要是窘迫和难为情,是接近于害怕的反应。3岁前儿童只是在成人直接指出其行为可羞时,才出现羞愧。幼儿期则能对自己的行为感到羞愧。这时的羞愧已经不包含恐惧的成分。随着年龄的增长,羞愧感的表现越来越多地依赖于和别人的交往。

总的说来,幼儿期的道德感是不深刻的,大都是模仿成人,执行成人的口头要求,在集体活动中和在成人的道德评价的影响下逐渐发展起来的。

### (二) 美感

美感是人对事物审美的体验,它是根据一定的美的评价而产生的。儿童的美的体验,也有一个社会化过程。幼儿对色彩鲜艳的艺术作品或物品容易产生喜爱之情。有的研究表明,新生儿已经倾向于注视端正的人脸,而不喜欢五官零乱颠倒的人脸,他们喜欢有图案的纸板多于纯灰色的纸板。幼儿初期的儿童仍然主要是对颜色鲜明的东西、新的衣服鞋袜等产生美感。他们自发地喜欢相貌漂亮的小朋友,而不喜欢任何形状丑恶的事物。在教育的影响下,幼儿逐渐形成审美的标准。幼儿中期的儿童能够从音乐、舞蹈等艺术作品和活动中体验到美,而且对美的评价标准也日渐提高,从而促进了美感的发展。比如,对于拖着长鼻涕的样子感到厌恶,对于衣物、玩具摆放整齐产生快感。幼儿晚期的儿童开始不满足于颜色鲜艳,还要求颜色搭配协调。幼儿园儿童往往根据外表来评价老师,幼儿喜欢外貌、穿戴漂亮的老师。

### (三) 理智感

理智感是由于是否满足认识的需要而产生的体验,是人类所特有的高级情感。

儿童理智感的发生,在很大程度上取决于环境的影响和成人的培养。适时地向婴幼儿提供恰当的知识,发展他们的智力,鼓励和引导他们提问等教育手段,有利于促进儿童理智感的发展。幼儿期是儿童理智感开始发展的时期。如小班幼儿在成人的指导下,用积木搭出一个房子时会高兴地拍起手来。大班的幼儿会长时间迷恋于一些创造性活动,如用积木搭出宇宙飞船、航空母舰;用泥沙堆成公路、山坡等。5岁左右的幼儿很喜欢提问题,并由于提问和得到满意的回答而感到愉快。6岁孩子理智感的发展还表现在喜欢进行各种智力游戏,如下棋、猜谜等。这些活动不仅使幼儿产生由活动带来的满足、愉快、自豪等积极情感,而且还会成为促进幼儿进一步去完成新的更为复杂的认识活动的强化物。这些活动既能满足他们的求知欲和好奇心,又有助于促进他们理智感的发展。

幼儿的理智感有一种特殊的表现形式,即好奇好问。在这方面,其他任何年龄的儿童表现都不会如此明显。幼儿初期的孩子往往由问"这是什么",逐渐发展到问"为什么""怎么样"等。如果问题得到解决,幼儿就会感到极大满足,否则就会不高兴。

幼儿理智感的另一种表现形式是与动作相联系的"破坏"行为。崭新的玩具刚买回家,转眼工夫,就被孩子拆得四分五裂。日常生活中,有许多在成人看起来是十分平常的现象,在幼儿看来却感到新奇,所以他们要问、要猜,这完全是幼儿理智感发展的表现。家长和教师要珍惜幼儿的这种探究热情,满足他们的好奇心。

但是,我们必须清醒地看到,学龄初期儿童情感上的进步是相对的,由于他们的认知水平还处于具体运算时期,整个认识水平还不够高,因此,对他们的情感发展水平不能估计过高。

## 四、学前儿童情绪发展的趋势

学前儿童情绪的发展趋势主要有三个方面:社会化、丰富化和深刻化、自我调节化。

### (一)情绪情感的社会化

幼儿最初出现的情绪是与生理需要相联系的,随着年龄的增长,幼儿情绪逐渐与社会性需要和社会性适应相联系。社会化成为儿童情绪情感发展的一个主要趋势。

1. 情绪中社会性交往的成分不断增加

在学前儿童的情绪活动中,涉及社会性交往的内容随着年龄的增长而增加。美国心理学家爱姆斯研究发现,学前儿童交往中的微笑可以分为三类:第一类,儿童自己玩得高兴时的微笑;第二类,儿童对教师的微笑;第三类,儿童对小朋友的笑。这三类中,第一类不是社会性情感的表现,后两类则是社会性的。该研究得到的 1.5 岁和 3 岁儿童三类微笑的次数比较见表 10-1。

表 10-1  1.5 岁和 3 岁儿童三类微笑的比较

| 年龄 | 自己笑 | | 对教师笑 | | 对小朋友笑 | |
|---|---|---|---|---|---|---|
| | 次数 | 占比 | 次数 | 占比 | 次数 | 占比 |
| 1 岁半 | 67 | 55.3% | 47 | 38.84% | 7 | 5.79% |
| 3 岁 | 117 | 15.62% | 334 | 44.59% | 298 | 39.79% |

从表 10-1 中可以看到,从 1.5 岁到 3 岁,儿童非社会性微笑的比例下降,社会性微笑的比例则不断增长。

2. 引起情绪反应的社会性动因不断增加

引起儿童情绪反应的原因,称为情绪动因。婴儿的情绪反应,主要是和他的基本生活需要是否得到满足相联系。例如,温暖的环境、吃饱、喝足、尿布干净等,常常是引起愉快情绪的动因。1—3 岁的儿童情绪反应的动因,除了包括与满足生理需要有关的事物外,还有大量与社会性需要有关的事物。但总的来说,在 3 岁前儿童情绪反应的动因中,生理需要是否满足是主要动因。

3—4 岁幼儿的情绪动因处于从主要为满足生理需要向主要为满足社会性需要的过渡阶段。在中大班幼儿中,社会性需要的作用越来越大。幼儿非常希望被人注意、重视、关爱,要求与别人交往。与人交往的社会性需要是否得到满足,以及人际关系状况如何,直接影响着幼儿情绪的产生和性质。成人对幼儿不理睬,之所以可以成为一种惩罚手段,原因即在于此。

不仅与成人的交往需要及状况是制约幼儿情绪产生的重要社会性动因,而且同伴交往的状况也日益成为影响幼儿情绪的重要原因。由此可见,幼儿的情绪情感与社会性交往、社会性需要的满足密切联系,幼儿的情绪情感正日益摆脱同生理需要的联系而逐渐社会化。他们与成人(包括教师、家长)和同伴的交往密切联系。社会性交往、人际关系对儿童情绪影响很大,是左右其情绪情感产生的最主要动因。

3. 表情日益社会化

表情是情绪的外部表现。儿童在成长过程中,逐渐掌握周围人们的表情,表情日益社会化。儿童表情社会化的发展主要包括两个方面:

一是理解(辨别)面部表情的能力。表情所提供的信息,对儿童与成人交往的发展与社会性行为的发展起着特别重要的作用。近1岁的乳儿已经能够笼统地辨别成人的表情,如对他微笑,他会笑,如果接着立即对他拉长脸,做出严厉的表情,他会马上哭起来。有研究表明,小班的幼儿已经能够辨认别人高兴的表情。儿童对愤怒表情的识别,则大约从幼儿园中班开始。

二是运用社会化表情手段的能力。富切尔(J. S. Fulcher)对5—20岁先天盲人和正常人面部表情后天习得性的研究发现,将最年幼的盲童与正常儿童相比,无论是面部表情动作的数量,还是表达表情的适当程度,都没有明显的差别,但是正常儿童的表情动作数量和表达表情的逼真性,都随着年龄增长有所进步,而盲童则相反。这说明,先天的表情能力只能保持一定水平,如果缺乏后天的学习,先天的表情能力会下降。盲童由于缺乏对表情的人际知觉条件,其表情的社会化受到了阻碍。研究表明,随着年龄的增长,儿童解释面部表情和运用表情手段的能力都有所提高。一般而言,辨别表情的能力高于制造表情的能力。

(二) 情绪情感的丰富化和深刻化

从情绪所指向的事物来看,其发展趋势是越来越丰富和深刻。

情绪的丰富化包括两种含义。一是情绪过程越来越分化。这一点在前面的情绪分化中已经涉及,刚出生的婴儿只有少数的几种情绪,随着年龄的增长不断分化、增加。二是情绪所指向的事物不断增加。有些以前不引起儿童情感体验的事物,随着年龄的增长,渐渐引起了情感体验。例如,2—3岁年幼的儿童,不太在意小朋友是否和他一起玩耍,而对3岁以上的孩子,小朋友的孤立、不和他玩,以及成人的不理会,特别是误会、不公正对待、批评等,会使幼儿非常伤心。

情感的深刻化是指向事物性质的变化,从指向事物的表面到指向事物更内在的特点。例如,年幼儿童对父母的依恋,主要由于父母是满足其基本生活需要的来源,而年长儿童则是由于对父母的尊重和爱戴。

学前儿童情感的深刻化,与其认知发展水平有关。根据与认知过程的联系,情绪情感的发展可以分为以下几种水平:

1. 与感知觉相联系的情绪情感

与生理性刺激联系的情绪多属此类。例如,婴儿听到刺耳的声音或身体突然失持,会产生痛苦和恐惧。

2. 与记忆相联系的情绪情感

陌生人表示友好的面孔,可以引起3—4个月婴儿的微笑,但对于7—8个月的婴儿,则可能引起惊奇或恐惧。这是因为前者的情绪尚未和记忆相联系,而后者则因已有记忆而产生认生。没有被狗咬过的婴儿,对狗不产生害怕情绪,而被狗咬过的儿童,则会产生害怕情绪。儿童的许多情绪都是条件反射性质的,也就是和记忆相关联的情绪。

3. 与想象相联系的情绪情感

2—3岁以后的儿童,常常由于被告知蛇会咬人、黑夜有鬼等,而产生怕蛇、怕黑等情绪,这些都是和想象相联系的情绪体验。同情这种情感也和记忆与想象有关。

4. 与思维相联系的情绪情感

5—6岁的幼儿理解到病菌能使人生病,从而害怕病菌;理解苍蝇能带病菌,于是讨厌苍蝇。这些惧怕、厌恶的情绪,是与思维相联系的情绪。幽默感也是一种与思维发展相联系的情绪体验。2岁左右儿童看到鼻子很长的人、眼睛在头后面的娃娃都报之以微笑。这是儿童理解到"滑稽"状态,即不正常状态而产生的情绪表现。幼儿会开玩笑,即出现幽默感的萌芽,是和他开始能够分辨真假相联系的。

5. 与自我意识相联系的情绪情感

受到别人嘲笑而感到不愉快,对活动的成败感到自豪、焦虑,对别人的怀疑和妒忌等,都属于与自我意识相联系的情感体验。这种情感的发生,更多地取决于主观认知因素,而不是取决于事物的客观性质。

(三) 情绪情感的自我调节化

从情绪的进行过程看,其发展趋势是越来越受自我意识的支配。随着年龄的增长,婴幼儿对情绪过程的自我调节越来越强。这种发展趋势主要表现在三个方面:

1. 情绪的冲动性逐渐减少

幼小儿童常常处于激动的情绪状态。在日常生活中,婴幼儿往往由于某种外来刺激的出现而非常兴奋,情绪冲动强烈。儿童的情绪冲动性还常常表现在他用过激的动作和行为表现自己的情绪。比如,幼儿看到故事中"坏人"的图片,常常会把它抠掉或涂黑。

随着脑的发育及语言的发展,幼儿情绪的冲动性逐渐减少。幼儿对自己情绪的控制,起初是被动的,即在成人要求下,由于服从成人的指示而控制自己的情绪。到幼儿晚期,对情绪的自我调节能力才逐渐发展。成人经常性的教育和要求,以及幼儿所参加的集体活动和集体生活的要求,都有利于儿童逐渐养成控制自己情绪的能力,减少冲动性。

2. 情绪的稳定性逐渐提高

婴幼儿的情绪是非常不稳定的、短暂的。随着年龄的增长,情绪的稳定性逐渐提高,但是,总的来说,幼儿的情绪仍然是不稳定的、易变化的。首先,婴幼儿的情绪不稳定,与其情绪情感具有情境性有关。婴幼儿的情绪常常被外界情境所支配,某种情绪往往随着某种情境的出现而产生,又随着情境的变化而消失。例如,新入园的幼儿,看着妈妈离去时,会伤心地哭,但妈妈的身影消失后,经老师引导,很快就愉快地玩起来。如果妈妈从窗口再次出现,又会引起幼儿的不愉快情绪。其次,婴幼儿情绪的不稳定还与情绪的受感染性有关。新入托儿所的一个孩子哭泣着找妈妈,会使其他早已习惯了托儿所生活的孩子都哭起来。

幼儿晚期,幼儿的情绪比较稳定,情境性和受感染性逐渐减少,这一时期幼儿的情绪较少受一般人感染,但仍然容易受亲近的人,如家长和教师的感染。因此,父母和教师在幼儿面前必须注意控制自己的不良情绪。

3. 情绪情感从外显到内隐

婴儿期和幼儿初期的儿童,不能意识到自己情绪的外部表现。他们的情绪完全表露于外,丝毫不加控制和掩饰。随着言语和幼儿心理活动有意性的发展,幼儿逐渐能够调节自己的情绪及其外部表现。儿童调节情绪的外部表现能力的发展比调节情绪本身的能力发展得早。往往存在这种情况:幼儿开始产生某种情绪体验时,自己还没有意识到,直到情绪过程正在进行时,才意识到它。这时幼儿才记起对情绪及其表现应有的要求,才去控制自己。幼儿晚期,幼儿能较多地调节自己情绪的外部表现,但其控制自己的情绪表现还常常受周围情境左右。

婴幼儿情绪外显的特点有利于成人及时了解孩子的情绪,给予正确的引导和帮助。但是,控制调节自己的情绪表现以至情绪本身,是社会交往的需要,主要依赖于正确的培养。同时,由于幼儿晚期情绪已经开始具有内隐性,这就要求成人细心观察和了解幼儿内心的情绪体验。

# 任务三 学前儿童积极情绪情感的培养

成人经常对正处于消极情绪中大哭大闹的孩子束手无策,最常见的情况就是从一开始的耐心哄劝到最后的雷霆震怒。如何培养幼儿的积极情绪呢?根据幼儿情绪情感发展规律,可以从以下几个方面入手:

## 一、营造良好的情绪环境

幼儿的情绪不稳定,很容易受到周围环境的影响,其情绪发展主要依靠周围情绪氛围的熏陶。在幼儿园教育中应注意保持和谐的气氛,创造有利于幼儿情绪放松的环境。同时需要建立良好的师幼关系,教师应给予幼儿较多的关注和关爱,应努力理解和尊重幼儿,创设一个和谐、宽松、平等的环境氛围,促进幼儿情绪的发展。

## 二、提供情绪自控示范

成人的情绪示范对幼儿情绪的发展十分重要。成人愉悦的情绪能感染幼儿,让幼儿开心快乐,但需要注意的是,成人不良的情绪同样会让幼儿体验到紧张和焦虑。因此,成人要善于控制自己的情绪,如果教师喜怒无常,幼儿会觉得无所适从,情绪也不稳定。优秀的幼儿教师应将自己的消极情绪留在教室外,调整好自己的情绪状态,以积极饱满的情绪与幼儿互动,才能使幼儿保持良好的情绪状态。

## 三、积极鼓励和引导

### （一）正面肯定和鼓励

正面积极的鼓励和肯定，将极大地增强幼儿的自信心和能力感，使他们愿意做得更好。但如果成人经常采用批评和惩罚的方法处理孩子的问题行为，孩子就会情绪消极，无行动热情，久而久之可能产生习得性无助感。

### （二）耐心倾听幼儿说话

一些家长经常抱怨孩子不喜欢和自己聊天。其实，幼儿最初总是愿意将自己的见闻向亲人和老师述说，但成人往往由于太忙，没时间听幼儿说话，或者有时觉得幼儿说的话幼稚可笑，不屑一听。这些消极的应对使幼儿感受到挫败、压抑和孤独，继而产生消极低落甚至愤怒的情绪。当这些负面情绪累积到一定程度时，幼儿可能会通过故意犯错以表达他们的不满，引起成人的注意。因此，要允许孩子向你诉说他的感受，不要对他妄加评论，也不要急于帮他解决问题，要学会耐心倾听。

### （三）正确运用暗示和强化

幼儿的情绪在很大程度上受成人暗示。如果家长在外人面前总是对自己孩子加以肯定，说："他很勇敢，打针从来不哭。"这个孩子很容易在这种暗示下控制自己的情绪。如果家长总是对别人说："我家的孩子很胆小，爱哭。"这种暗示很容易造成孩子的消极情绪。

## 四、帮助儿童控制情绪

幼儿的情绪犹如过山车，时而高涨，时而低落，当幼儿情绪不佳时，成人可采用以下几种方法帮助儿童控制自己的情绪。

### （一）转移法

转移法是指有意识地转移话题或做点别的事情来分散儿童的注意力，使不良情绪得到适度的控制的一种方法。例如，儿童哭时对他说，"看这里有这么多的珠子掉下来，我们赶紧拿个盘子接住，数数看有多少颗！"儿童可能会被这种幽默的话语逗笑，从而停止哭泣。

### （二）冷却法

冷却法是指当儿童情绪十分激动时，可以采取暂时置之不理的办法，儿童自己会慢慢地停止哭闹的一种方法。所谓"没有观众看戏，演员也没劲儿了"。当学前儿童处于激动状态时，成人切忌激动，不要出现吼叫、斥责，甚至打骂孩子的现象。

### （三）消退法

消退法是指当儿童情绪强烈时，不去关注或刻意控制，而是让其自然而然地减弱以至消退的一种方法。例如，有个孩子总喜欢边看电视边吃饭，吃饭时如果不被允许看电视就会哭闹，父母为了让孩子开口吃饭，只好打开电视。为了纠正孩子不良的饮食习惯,父母商量后,决定采用消退法。第一天吃饭时,父母没打开电视,孩子一直哭闹很久,哭得又累又饿后才勉强吃了饭。第二天他哭的时间缩短了,以后哭闹的时间逐渐减少,最后吃饭时再也没有看过电视,逐步养成了吃饭专心的好习惯。

### 五、教会儿童调节自己的情绪表现

学前儿童在自己的需求不能得到满足时,常常出现发脾气、地上打滚、扔东西,甚至打人的现象,这些都是不正确的情绪表现方式。为了帮助学前儿童学会自我调节情绪,成人可以教给孩子以下方法。

#### (一)反思法

反思法是让儿童想一想自己的情绪表现是否合适的一种方法。例如,和小朋友发生争执时,想一想自己是不是有做得不对的地方,面对冲突应该如何解决问题。

#### (二)想象法

想象法是指让儿童在生活中或游戏中,把自己想象成某个角色,利用角色特点来约束自己的一种方法。例如,当儿童遇到困难或挫折而伤心时,教他想象自己是"大哥哥""大姐姐""男子汉"或某个英雄人物等。

#### (三)自我说服法

自我说服法是指让儿童通过说服自己来学会控制自己的情绪,缓解不良情绪带来的过度行为的一种方法。例如,儿童初入幼儿园由于要找妈妈而伤心地哭泣时,可以教他大声说:"乖宝宝不哭。"孩子起先是边说边抽泣,以后渐渐地不哭了。

### 六、正确理解和应对儿童的情感反应

#### (一)对儿童表现出的所有情绪都保持敏感

儿童会表露出多种情绪,有些是极端的,有些是适度的,有些是积极的,有些是消极的,所有的这些情绪对幼儿都具有重要意义。但如果成人仅仅是在特定时间注意到某种剧烈的情绪,儿童将很快意识到要表达哪种情绪才能引起注意,可能会经常表露出某些情绪而刻意压抑另一些情绪。只有当成人关注幼儿的所有情绪时,才能真正理解儿童。

#### (二)对儿童正在体验的情绪做出非判断性评价

要避免对儿童表现出的情绪状态匆忙下结论。例如,当你看到一个儿童哭着跑进班级,他可能很伤心,也可能很生气,但他为什么表现得如此难过,我们却无法直接发现。尽管你可能推测他想妈妈了,或者被其他小朋友欺负了,但我们仍不能确定是什么事情困扰了他。因此,适当的情感反应可以这样说:"你看上去很难过"而非"你很难过,因为你想妈妈了"。

案例分析

## 岗位实践训练

### 10.1 照镜子

适合年龄：3岁。

活动目标：通过照镜子等游戏认知各种情绪，感受不同的情绪，进而达到在现实生活中识别情绪的能力。

活动准备：

| 镜子 | |
|---|---|
| "情绪变变变"操作卡 | |
| 情绪配对卡 | |

活动时间：约15分钟。

活动过程：

1. 孩子通过"照镜子"的方式可以将一些情绪具象化，更容易认识自己的情绪，并用语言表述，学会分辨哭、笑、生气、伤心、高兴等情绪。

2. 游戏——情绪变变变

结合粘贴五官游戏的材料，将哭、笑、生气、伤心、高兴等情绪的五官随意粘贴到卡片"娃娃"脸上，引导孩子动手制作情绪。提醒道："开心的、生气的情绪分别是什么样的眼睛、什么样的嘴巴？"让孩子在认识情绪的同时还能锻炼手部的精细动作。

3. 亲子游戏——情绪配对

规则：幼儿做出表情，家长找出相应"情绪卡"进行配对。比如：幼儿做出哭的表情，家长举起"哭"的情绪卡；当孩子看到喜欢的玩具时，可以向家长举起"兴奋"的卡片；同时，孩子冷了、热了、生病了都可以展示出情绪卡片，这样，孩子能够更加明白自己此时的情绪状态。

活动建议：

1. "照镜子"游戏还可以转换为亲子游戏：猜猜是什么情绪？（家长演幼儿猜）

2. 阅读与情绪有关的绘本故事。

岗位实践训练
10.2、10.3

## 一、单项选择题

1. 小班幼儿打针感到疼时,便大声哭喊;而到了大班时,打针虽然感到疼,但由于认识到要学习解放军叔叔的勇敢精神,能够含着眼泪表现出笑容。这说明了学前儿童情绪发展的一种趋势是情绪的(    )。

　　A. 自我调节化　　B. 丰富化　　C. 社会化　　D. 深刻化

2. 当幼儿情绪十分激动时,给孩子独处的隐私角,等幼儿安静了以后,情绪平稳了之后再出来,这属于情绪控制的(    )。(2020年国赛试题)

　　A. 冷却法　　B. 转移法　　C. 消退法　　D. 反思法

3. 小班的张老师经常组织幼儿玩各种游戏,东东参加这些游戏后,由入园时的焦虑不安、乱发脾气,到现在每天都能开开心心,说明游戏可以促进幼儿(    )。(2020年国赛试题)

　　A. 情感的发展　　B. 语言的发展　　C. 认知的发展　　D. 社会性的发展

4. 幼儿对自己消极情绪的掩饰,说明其情绪的发展已经开始(    )。(2022年上国考题)

　　A. 深刻化　　　　　　　　B. 丰富化
　　C. 内隐化　　　　　　　　D. 精细化

5. 小军在打针时对自己说,我不怕,我不怕,我是男子汉,这说明小军具有了(    )。(2023年上国考题)

　　A. 情绪理解能力　　　　　B. 情绪表达能力
　　C. 情绪识别能力　　　　　D. 情绪自我调节能力

6. 一般来说,在儿童出生后的两年中,不容易观察到的情绪是(    )。(2023年下国考题)

　　A. 惊喜　　B. 害羞　　C. 内疚　　D. 焦虑

## 二、填空题

1. 行为主义创始人华生通过对出生后婴儿的观察指出,婴儿天生的情绪反应有怕、怒和_____三种。

2. 儿童最初出现的情绪反应是与_____需要相联系的。

3. 学前儿童情绪发展的一般趋势主要有三个方面:社会化、丰富化和深刻化以及_____。

4. 婴儿诱发性的笑是由_____引起的。

5. 成人教会孩子调节自己的情绪表现的主要方法或技术有反思法、_____和想象法。

课后自测

# 模块十一 学前儿童的意志

1. 了解意志与认识、情绪的关系。
2. 掌握动机冲突的类型和优良的意志品质。
3. 了解学前儿童意志的特点。
4. 能够根据实际情况分析学前儿童意志的发展,并能采取适当的教育措施促进学前儿童意志的发展。

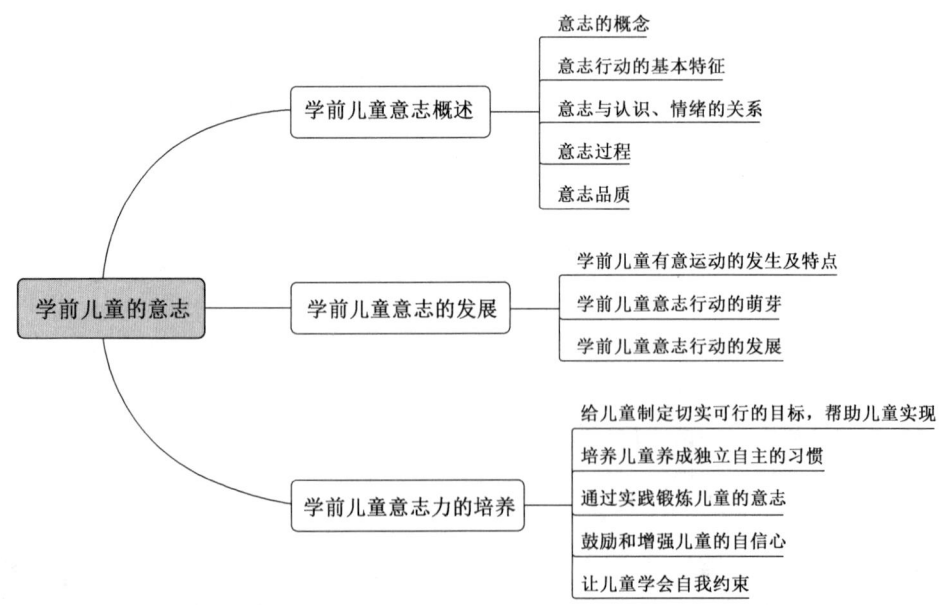

案例导学

在一次美术活动中,张老师请幼儿画两种颜色间隔的马赛克鱼,只见菡菡小朋友很快画好了鱼的外轮廓线和鱼身上的格子图案,可是到涂两种颜色时她有些坐不住了,就开始东张西望,玩起手中的蜡笔。于是张老师就引导她说:"老师发明了一种快速涂色的方法,先用一种颜色,间隔着涂空格,然后再涂另外一种颜色,不要两种颜色不停地换,这样可以画得快。"张老师请她试一试这个方法,结果,由于格子太小画起来要很仔细,她又有些不耐烦了。张老师就鼓励她说:"你画了这么好的一条鱼,等你涂上鲜艳的花纹就更漂亮了。"她终于坚持下来,画出了一条美丽的马赛克鱼,很高兴地拿给同伴们看,张老师也表扬她本领学得好,而且能不怕困难坚持到底。

案例中的菡菡遇到一点困难就放弃了涂色,表现了幼儿的坚持性较差。但在老师适当的教育和引导下,她也能坚持活动。

# 任务一 学前儿童意志概述

## 一、意志的概念

意志是自觉地确定目的,并根据目的来支配调节自己的行为,通过克服困难实现预定目的的心理过程。意志具有引发行为的动机作用,但比一般动机更具选择性和坚持性,所以可以将其看成是人类所特有的高层次动机。

人的行动主要是有意识、有目的的行动。在从事各种实践活动时,通常总是根据目的选择方法、组织行动,对客观现实施加影响,最后达到目的。意志对行动的支配和调节体现在两个方面:一是表现为推动人去产生和维持达到一定目的所必需的行动;二是表现为克制和阻止与预定目的相违背的愿望与行动。但意志调节功能的这两个方面在实际活动中不是互相抵触和排斥的,而是一个问题的两个方面,是一个统一的过程。例如,一位幼儿为了达到老师不浪费食物的要求,努力把自己的饭菜吃得干干净净。意志正是通过发动和抑制这两种作用实现着对人的活动的支配和调节,保证了活动目的的顺利实现。

但是,并不是所有自觉的有目的的行动都有内心意志努力的性质。例如,平时我们随便吃几块饼干,这是有意识行动,但不一定有内心意志努力成分。然而,在抗美援朝的上甘岭战役中,我们的战士几天几夜喝不上水,吃几块饼充饥,就会遇到相当大的困难(严重缺水,口干舌燥难以下咽等),这时就要做出巨大的意志努力。所以,意志活动总是与克服困难相联系的。

意志是人的能动性的集中表现,是人类特有的心理现象。人在作用于客观世界的过程中,往往总是根据对客观事物的认识,先在头脑中确定行为的目的,然后再根据确定了的目的来组织、调节自己的行为,并克服困难,力求达到目的。这个过程集中体现了人的能动性,而意志在其中起着重要作用。人有了意志,就能够积极地改造世界,改造自身,从而成为世界的主人。动物没有意志,它们不能意识到自己行为的目的和结果,它们的行为以直观反应为中介,仍然是盲目的。因此,它们不可能对周围环境产生有意识的影响。人从动物中分化出来,发展了语言和意识。人的意识是在劳动的基础上发展起来的。由于工具的进步、生产的发展和劳动分工的精细化,人类在行为中的目的性不断增强。他们需要计划自己的行为,使自己的行为服从于预定的目的。同时,随着人类社会交往的增加,产生了语言,这又为进行交往和计划行为提供了重要的工具。这样,人类不仅产生了调节行为的必要性,而且有了调节行为的可能性。

## 二、意志行动的基本特征

意志过程是内部意识向外部行为的转化。因为意志过程总是要伴随着行动,并指向外部的特定目标。我们把意志过程中所表现出来的行动称为意志行动。人的意志行动具有以下三个特征:

### (一)明确的目的性

明确的目的性是指人在行动之前就已对行动的方向、结果以及如何到达这一方向和结果有充分的认识。比如,由人的一些无条件反射控制的本能活动,以及一些下意识的动作,都是不受意识控制、没有明确目的性的行动,就不属于意志行动。只有当一个人对于行动的目的有了明确的认识,由于目的的激励和抑制作用,意志才能实现对人行动的支配和调节,如果离开了目的,意志就失去了存在的前提,也失去了对行动进行支配和调节的依据,因而就谈不上什么意志。比如,幼儿为了得到活动最后的小礼物而坚持跳完舞蹈等。同时,意志行动的水平也是以自觉提出目的的水平为衡量标准的。行动目的越恰当、越明确,目的的社会价值越大,意志行动的水平就越高。盲目的行动不是意志行动。

### (二)以随意运动为基础

随意运动是受意识调节和支配的,具有一定的目的和方向性的运动,是人在生活中逐渐学会了的动作。如画家持笔画画、运动员用脚踢球、学生举手发言等都属于随意运动。不随意运动是指一般不受意识支配的运动,如心脏跳动、瞳孔反射运动等。

随意运动是构成意志行动最基本的条件。任何一种有目的的行动的完成,都需要一系列相应的随意运动来保证,而且,对随意运动掌握的程度越高,意志行动就越容易实现,没有随意运动做基础,意志就难以发挥有效的作用,人的一切打算、愿望和目的都将无法实现。

### (三)与克服困难相联系

意志行动是有目的的活动,但并不是所有有目的的活动都是意志行动。只有在目的确立和实现的过程中遇到种种困难,个体为了克服困难而付出主观努力时的行动才是意志行动。例如,幼儿患严重感冒仍坚持上舞蹈课,就属于意志行为。因此,克服困难是意志行动的核心。一个人的意志水平往往以困难的性质和克服困难的努力程度来衡量。

意志行动中所遇到的困难通常有两种:内部困难和外部困难。内部困难是指内存于头脑中的某些不利因素。比如,信念的动摇、情绪的冲动、能力的缺乏、性格上的胆怯与自卑等。外部困难是指由于客观条件而造成的某些不利因素。比如,环境条件恶劣、健康欠佳等。一个人在实现预定目的的过程中,有可能遇到内部和外部困难,而正是在克服困难的过程中才表现出一个人的意志力。

以上三个基本特征相互联系,共存于人的意志行动之中。明确的目的是意志行动的前提,克服困难是意志行动的核心,随意运动是意志行动的基础和手段。

### 三、意志与认识、情绪的关系

#### (一)意志与认识过程

意志和认识过程有着密切的联系。首先,意志的产生是以认识过程为前提的。意志的一个特征是具有自觉的目的性。人的行动目的来自对客观现实的认识,但目的的提出并非随意为之。尽管人的目的是很抽象、很主观的,但它源于客观现实,是人过去或现在对客观现实的认识活动的产物,必须受现实条件和客观规律的制约。人只有在充分认识了客观世界的规律,了解自身的需要和客观现实的关系之后,才能提出和确定合理的目的,这些目的才有可能最终得以实现。但在为了实现目的的意志过程中,人往往会遇到种种困难。如何及时调整自己的心理(如情绪、态度等)和行为去克服这些困难,以创造更有利的实现目的的条件就需要个体学会审时度势,分析主观条件,回顾过去的经验,设想将来结果,拟订方案,编制计划,并对这一切进行反复的权衡和斟酌,所有这些都必须通过感知、记忆、思维、想象等认识过程才能实现。可见,意志行动离不开认识过程,意志是在认识活动的基础上产生的。

其次,意志对认识过程也有很大的影响。人在进行各种认识活动时,总会遇到一定的困难。要克服这些困难,就需要做出意志努力。例如,"学奕"的故事中,两个学下棋的人,一个为了学到真本领专心致志,自觉地排除外界一切干扰埋头钻研棋的精髓,另一个却三心二意,一边学奕一边想着会不会突然有天鹅从头顶飞过,好拿弓箭去射它们。没有意志努力去克服困难,认识过程就难以深入和持久,就难以取得一定的成效。在认识过程中缺乏意志的人往往知难而退,半途而废,很难达到目的。

#### (二)意志与情绪

意志和情绪也有密切的联系。情绪既可以成为意志行动的动力,也可以成为意志行动的阻力。积极的情绪情感对人的活动起推动或支持作用,这种情绪情感就会成为意志行动的动力。例如,强烈的爱国热情和主人翁责任感激励着人们辛勤地劳动,刻苦地学习。消极的情绪情感对人的活动起阻碍或削弱作用,这种情绪情感就会成为意志行动的阻力。如果对所要达到的目标抱漠然的态度、畏难情绪、不切实际的骄傲情绪以及高度的焦虑情绪等,都会妨碍意志行动的贯彻,以至动摇、削弱人的意志。

反过来,意志可以控制情绪,丰富和升华情感。人可以通过意志调节和控制情绪,意志坚强的人往往能够战胜不良情绪,他们会主动采取有效的办法调节和控制不良情绪,并产生良好的、积极的情绪,使意志行动顺利进行,他们往往会成为自己情绪的主人。例如,爱国英雄林则徐脾气急躁,遇事容易冲动发怒,为了避免怒火影响正确的判断,从而导致对大局的不利,他在自己房间里写上"制怒"二字,每当要发火,看见这两个字迫使自己冷静下来。由此可见,意志也可以控制情绪,使情绪服从于理智。

总之,认识、情绪和意志是密切联系的。意志过程包含认识和情感的成分,认识和情感过程也包含意志的成分。只是由于研究上的需要,我们才对统一的心理活动,从不同的侧面进行分析。当我们从认识、情绪、意志等方面对统一的心理活动进行分析时,切莫忘记了它们彼此之间的密切联系。

### 四、意志过程

意志行动有其发生、发展和完成的过程。这一过程大致可以分为两个阶段:采取决定阶段和执行决定阶段。前者是意志行动的开始阶段,它决定意志行动的方向,是意志行动的动因;后者是意志行动的完成阶段,它使内心世界的期望、计划付诸实施,以达到某种目的。

(一)采取决定阶段

采取决定阶段是意志行动的开始阶段,它决定着意志行动的方向及意志行动的动因。一般包含确定目的或目标、制订计划、应对心理冲突、做出决策等许多环节。

1. 动机冲突

在采取决定的过程中,有时候很容易做出决定;有时候,可供选择的目标有好几个,在确定目的时会产生各种动机冲突,只有妥善解决动机冲突之后,才能确定目的,做出决定。动机冲突可分为以下四种:

一是双趋冲突,指一个人以同样强度追求同时并存的两个目的,但又不能兼得时产生的内心冲突。例如,鱼和熊掌不可兼得,就产生了双趋冲突。解决的办法很可能是选择一个,放弃另一个。

二是双避冲突,指一个人同时遇到两个具有威胁性而都想躲避的目的,但又必须接受其一才能避免其二时所产生的内心冲突。

三是趋避冲突,指一个人对同一目的同时产生两种动机。一方面好而趋之,另一方面又恶而避之,这样产生的内心冲突就是趋避冲突。

四是多重趋避冲突,一个人面对两个或两个以上的目的,而每一个目的又分别具有趋避两个方面的作用,这就产生了多重趋避冲突。

2. 确定目的

目的在意志行动中起着极其重要的作用。目的越深刻(社会意义越大)、越具体,则由目的所引起的毅力也越大。目标越远大,它对行动的动力作用也越大。但在远大的目标下,应再确立一些近期的具体的目标;否则,遥远的目标反而易使人懈怠。

目的的确定,有时很容易就能完成,有时候要审度客观形势,探索事物的规律,分析主客观条件,设想将来的结果,探讨目的的意义、价值及各种方案,同时收集各种情报,从中选出一个最可行和最有前途的目的,这一过程需要用较大的意志努力去认真斟酌。

3. 选择方法和策略,制订计划

方法与策略的选择、计划的制订,对行动目的的顺利实现关系极大。切实可行的方法、策略、计划会使行动事半功倍,否则事倍功半,甚至导致行动的失败。在通常的情况下,需要较大的意志努力去了解情况,摸清规律,比较各种方法、策略和方案,以及可能导致的结果。这时也可能产生动机冲突,内心犹豫不决,难以下决心。这一阶段也体现一个人的意志水平。

(二)执行决定阶段

执行决定阶段是意志行动的完成阶段,在这个阶段,人的主观目的转化为客观结果,观念的东西转化为实际行为,实现对客观世界的改造。

确定目的以后,就要解决如何实现目的的问题,即解决怎样做的问题。在决策的执行阶段,必须建立一套信息反馈系统,以便有效地修正行动,顺利达到目的。一般要经历两个环节:

1. 选择行动方法和策略

选择方法、确定策略和拟订计划,要满足两方面的要求:第一,选择的行为设计符合客观事物规律,要合理;第二,选择的方式方法要符合社会准则的要求,要合法。在选择中,体现个人意志努力的方面有调查研究、分析判断各种方式方法的优缺点和可能造成的结果。

2. 克服困难实现所做出的决定

执行决定的过程要求个体付出更大的意志努力来克服妨碍行动执行的几个因素:第一,要求付出很大的智力和体力;第二,要求克服个性中的消极品质;第三,还可能重新出现与既定目的不符的各种动机;第四,会出现意料之外的新情况、新问题;第五,新的动机、目的和手段在心理上与既定目的竞争,干扰行动进程。

## 五、意志品质

构成意志力的稳定因素称为意志品质,人们的意志品质存在着巨大的个体差异。主要的意志品质有独立性、坚定性、果断性和自制力。

(一)独立性

独立性表现为一个人自己有能力做出重要的决定并执行这些决定,有责任并愿意对自己的行为所产生的结果负责,深信这样的行为是切实可行的。独立性不同于武断。武断表现为置他人的意见于不顾,不考虑具体情境而一意孤行,而独立性则是与理智分析和吸取他人的合理意见相联系的。

与独立性相反的意志品质是受暗示性。受暗示性表现为盲从,没有主见,很容易受他人的影响。易受暗示性的人,其行为动机不是从自己已形成的观点和信念中产生的,而是受他人影响的结果。

(二)坚定性

坚定性表现为长时间地相信自己的决定的合理性,并坚持不懈地克服困难,为执行决定而努力。具有高度坚定性的人,有顽强的毅力,充满必胜的信念,不怕困难,不怕挫折,善于总结经验教训,既不为无效的愿望所驱使,也不被预想的方法所束缚。为了达到目的,坚毅有恒,百折不回。所谓"富贵不能淫,贫贱不能移,威武不能屈",就是意志坚定的表现。

与坚定性相反的意志品质是动摇性和顽固执拗。动摇性是遇到困难便怀疑预定的目的，不加分析便放弃对预定目的的追求。这种人不善于迫使自己去达到预定的目的，偶遇挫折便望而却步，做事见异思迁，虎头蛇尾。顽固执拗是对自己的行为不做理智的评价，总是独行其是。这种人不能客观地认识形势，尽管事实证明他的行为是错的，但仍一成不变，自以为是。动摇性和顽固执拗表面上不同，实质上都是对待困难的错误态度，属于消极的意志品质。

（三）果断性

果断性表现为善于迅速地辨明是非，能及时地、坚决地采取决定和执行决定。果断的人对自己的行为目的、方法以及可能的后果，都有深刻的认识和清醒的估计，所以当事态发展到最紧急关头的时候，能当机立断，及时行动，毫不动摇，毫不退缩。

与果断性相反的意志品质是优柔寡断和草率决定。优柔寡断者的显著特点是无休止的动机冲突。在采取决定时，他迟疑不决，三心二意，做出决定后又反悔，甚至开始行动之后，还怀疑自己决定的正确性。这是缺乏勇气、缺乏主见、意志薄弱的表现。草率决定的人往往不考虑主观和客观的条件，也不考虑行动的后果，仓促做出决定，冒险行事，结果往往以盲动开始，以后悔告终。

（四）自制力

自制力是一个人善于控制自我的能力，如善于控制自己的行为和情绪反应的能力等。在意志行动中，与目标不相一致的欲望的诱惑、消极的情绪（如厌倦、懒惰、恐惧）等都会干扰人做出决定和执行决定。有自制力的人，能控制自我，克制与实现目标不一致的思想情绪，排除外界诱因的干扰，迫使自己执行已经采取的、具有充分根据的决定。有高度自制力的人，为了崇高的目的，不仅能够忍受各种痛苦和灾难，而且在必要时还能视死如归。自制力是意志的抑制功能。

任性和懦弱是缺乏自制力的表现。任性的人不能约束自己，随兴所致。懦弱的人胆小怕事，一遇到困难就惊慌失措，畏缩不前。

必须注意，每种意志品质都有它的具体内容，不能离开具体内容，抽象地加以评价。对于意志品质，我们应当联系其具体内容，从社会和道德的角度来加以评价。上述各种意志品质都是互相联系的，如果缺少其中任何一种品质，就必然会在性格上带来某种缺陷。

# 任务二　学前儿童意志的发展

学前儿童的意志过程，往往表现为直接外露的意志行动，意志的内化程度很低。它是在动作的基础上发展起来的意志行动，只是意志的萌芽。

### 一、学前儿童有意运动的发生及特点

根据有无目的性和努力的程度,运动分为无意运动和有意运动。

无意运动是没有意识到的被动运动,是天生的无条件反射,如"吸吮""吞咽"。有意运动是为了达到某种目的而主动去支配自己的肌肉运动,是后天学会的,是自觉意识到的主动的运动。

初生的儿童除了一些本能的动作以外,如嘴唇或面颊碰到乳头,就会做出吃奶的动作,其他动作是混乱的,手眼不协调,手是胡乱挥舞摆动的。

两三个月时,会用手去抚摸和拍物体,但还不会抓握物体;也会用一只手玩另一只手,但多是无意的触摸动作。

三四个月时,仍然是以偶然和无意的动作为主。会被动地抓握到手的东西;手无意地挥动,带动了手里的玩具;手眼还是不协调,大脑还不能支配手,不能用手去抓眼睛看到的东西。四个月左右主要有以下三个特点:动作的重复循环不再是动作本身的反馈和强化,而是有了自己最初的目的;动作超出了身体的界限,指向外在环境,开始对外部世界进行最初的探索;初步预见到自己动作所造成的影响,重复动作是一种使有趣的事情发生的行动。

四五个月时,出现了手眼协调的动作。动作有了一定的目的性,能够主动地用手准确有意地抓握眼前的物体。

手眼协调动作的发生,是儿童有意动作发生的主要标志,是婴儿用手的动作有目的地认识世界和摆弄物体的萌芽,也是儿童的手成为认识器官和劳动器官的开端。

### 二、学前儿童意志行动的萌芽

意志行动是一种特殊的有意识行动,其特点不仅在于自觉地意识到行动的目的和行动过程,而且在于努力克服前进的困难。婴儿因为生理和心理发育水平的限制,其意志行动往往缺乏明确的目的,行动带有很大的冲动性或盲目性,一般多是从兴趣出发,不假思索就开始行动。当他们在行动过程中遇到困难或者外界的引诱时,很容易改变原来的行动,不能坚持到底,更谈不上行动的自觉性了。整个学前期,儿童的意志行动处于比较低级的阶段。

8个月左右,婴儿有意动作的发展出现了较大的变化,可以说是意志行动的萌芽。这主要是指婴儿能够坚持指向一个目标,并且用一定努力去排除障碍。例如,儿童看见了一件物体,因隔着一个坐垫拿不到手,这时,他会用一定的努力去挪开那个坐垫,把东西拿到手。这种动作明显是作为方法或手段而出现的,动作的目的和方法不仅有明确的区分,而且有一定的协调。但是,所用的动作方法仍然只是已有的习惯动作。

1岁以后,在婴儿的动作中,意志行动的特征更为明显。这时,婴儿能够设法探索各种新方法,通过"尝试错误"去排除向预定目的前进中所遇到的障碍。例如,"拉单取物",当物体在毯子上离儿童较远处,儿童拿不到,他试图直接取得而又失败后,偶然抓住了毯子的一角,于是似乎发现了毯子的运动同物体运动之间的关系,逐渐开始拖动毯

子,使物体移近自己,然后拿到手。这就是说,婴儿能够用行动引起一些事物的变化,并用各种方法去摆弄物体,以便发现新方法。在重复的摸索中,抛弃无效的方法,只把有效的方法保留下来。

1岁半到2岁,婴儿在行动时,不但有了较明确的目的,而且有了明确的根据目的而决定的行动方法。婴儿在力图达到预定目的而去克服困难时,不再采用"尝试错误"达到目的的方法。例如,某个1岁半的女孩推着一辆小娃娃车向前走,穿过房间,直到撞着对面的墙壁时,才拉着车向后退着走。当她发现这样不容易走时,就停下来,走到小车的另一头,改为原来的推车动作,推着车向前走。

言语的发生对幼儿意志的发生有重要意义。1岁半至2岁,正是幼儿言语逐渐发生、真正形成的时期。这时,成人的言语和幼儿自己的言语在幼儿最初的意志行动中起着调节作用。1岁半的孩子常常模仿大人的言语,用来控制自己的行动。例如,面对被禁止去拿的东西,自己大声说"不要动,不要动";摔倒以后,自己爬起来,拍拍身上的尘土,说"勇敢,不哭"。

婴儿的意志行动,就是在出生后头两年的成长过程中,以大脑皮层的相关部位的成熟为基础,在儿童本身有意运动实践的前提下,随着言语和认识过程的发展,经过成人的教育指导而逐渐形成的。

### 三、学前儿童意志行动的发展

在生理发育的基础上,随着表征过程以及各种心理过程的发展,言语系统调节机能的增强,幼儿期意志行动也进入了一个新的发展阶段。但是,由于生理水平和整个心理活动发展水平的限制,幼儿的意志活动仍处于发展的低级阶段,意志内化水平仍然不高,意志过程往往表现为直接外露的意志行动。因此,当我们论及幼儿意志的发展时,常常称之为"意志行动"。我们可以从以下三个方面来看幼儿意志行动的发展。

（一）行动目的和动机的发展

从心理学意义上说,目的是指自觉地预想到的结果。前面说过,行动目的和行动动机有密切联系。动机决定行动目的和行动方法。幼儿意志行动的目的和动机发展的趋势和特点是:

1. 自觉的行动目的开始形成

两三岁幼儿的行动往往缺乏明确的目的,其行动带有很大的冲动性。由于行动之前他们不能预先提出行动目的,其行动往往是由外界的影响和当前感知到的情景所决定的,随兴之所至,随兴之所止,所以他们常常不假思索就开始行动,其行动往往是缺乏条理的。

幼儿初期,成人外加的目的在儿童的行动中仍然起着相当重要的作用。在这个时期,往往是由成人提出行动要求,用具体示范和语言指示,为幼儿确定行动目的,指导幼儿按照目的去行动,并且使幼儿在活动中反复实践,从而得到强化。

幼儿中期,幼儿自觉的行动目的逐渐形成。幼儿逐渐学会提出行动目的,开始尝试着在某些活动中独立地预想行动的结果,确定行动任务,但有赖于成人的帮助。

到了幼儿末期,幼儿已经能够提出比较明确的行动目的。在熟悉的活动中,甚至善于确定行动任务和行动计划。

在培养幼儿自己确定行动目的时,还必须注意引导其意志行动目的,使之具有正确的方向。要用机智的技巧和方法避免幼儿选择不合理的行动目的,使他从意志萌芽时开始,养成良好的习惯,在确定行动目的时考虑到行动结果的合理性和道德要求。换句话说,从意志行动开始发展的时候,就使幼儿把意志能力和良好意志品质结合起来,防止任性等不良意志品质产生。

2. 动机和目的的关系出现间接化

幼儿行动的动机和目的往往是一致的。幼儿的主要活动是游戏,在游戏活动中,动机和目的的关系,就是直接一致的关系。幼儿进行游戏活动,其动机是为了游戏,他要求达到的目的就是游戏过程本身。比如,幼儿玩"开汽车"游戏,其动机是反映开汽车的过程,其目的也只是反映这个过程。

但在幼儿的行动中,动机和目的有时也是不一致的。学习和劳动活动就属于这种情况,幼儿参加学习或劳动活动的动机,常常不是为了学习知识或获得劳动成果,而是为了得到成人的称赞,或者为了避免受人责备,有时也是想要获得学习或劳动的用品。

根据动机和目的关系不同,可以把动机分为直接动机和间接动机。幼儿行动动机和目的关系所发生的变化,是从以直接动机为主向以间接动机为主的方向变化。幼儿期是动机和目的的关系开始出现间接化的时期。

3. 各种动机之间的主从关系逐渐形成

人的行动总是由多种动机驱动的,意志行动的特点是动机之间形成主从关系。婴儿的各种行动动机之间常常不发生主从关系,正因为如此,婴儿的行动极不稳定,看见别人做什么,他立刻去做什么,一会儿玩这个,一会儿又玩那个。在婴儿的行动中,各种动机往往是互不相干的,婴儿行动动机的主从关系,常常需要在成人的言语或行动指导下才能形成。婴儿的行动动机不易形成主从关系,是因为行动动机主要以感知为表现形式,受当前感知的情境左右。

幼儿初期,行动动机开始过渡到以表象为主要的表现形式。也就是说,由指向直接感知的物体或情境的动机,过渡到指向表象中的物体或情境的动机。由于这种表现形式,幼儿的动机之间可以形成主从关系。在年龄稍大的幼儿的行动中,动机的主从关系逐渐趋向稳定。

4. 优势动机的性质逐渐变化

幼儿意志行动的发展与动机体系的形成有关,动机体系形成的程度又与动机之间主从关系的稳定性有关,而动机主从关系的稳定性则与优势动机的性质和特点有关。

幼儿优势动机变化的趋势是:从被动地受外来影响而产生,向主动地自觉形成的方向变化;从直接的、具体的、狭隘的动机,向间接的、较长远的、较广阔的动机变化。而且,随着年龄的增长,幼儿自觉形成的动机和有社会意义的动机逐渐占优势。

(二) 行动过程中坚持性的发展

行动过程中坚持性的发展是儿童意志发展的主要标志。从幼儿的坚持性中,可以看到行动目的和动机的发展水平及其作用，也可以看到幼儿克服困难时的能力和状况。

幼儿的坚持性随着年龄的增长而提高。随着自觉行动目的的形成和动机水平的提高，幼儿克服困难的能力增强，其坚持性有了较明显的发展。观察发现，婴儿坚持摆弄某种玩具的时间可达3—9分钟。这证明在婴儿期，就已经出现坚持性的萌芽，但此时婴儿的坚持性很低。马努依连柯研究了各年龄幼儿在控制自己动作方面的坚持性，"找星星"和"走迷津"实验证明，幼儿期的儿童的坚持性随年龄增长而有所提高。

4—5岁是幼儿坚持性发展的关键年龄。3岁儿童坚持性发展水平比较低，坚持时间很短，遇到比较单调枯燥的困难或任务时，一般会失去完成任务的愿望和行动。马努依连柯在"哨兵站岗"实验中，发现五种条件下，幼儿有意保持特定姿势的时间都随年龄的增长而增加。3—4岁幼儿平均保持时间仅18秒，4—5岁儿童则提高到2分15秒。由于游戏中的角色本身包含行为准则，儿童为了游戏，实现角色职责，能抗拒诱惑，控制自己的行为。但幼儿的活动多由兴趣引起，当兴趣转移或遇到困难时常常半途而废，不能坚持到底。

（三）自制力的发展

自制力是意志行动的重要成分之一，自制贯穿在意志行动的整个过程中。随着年龄的增长，幼儿大脑皮质抑制机能逐渐完善，兴奋抑制渐趋平衡，这是自制力发展的前提。幼儿在成人的教育指导下，通过与外界环境的不断交往，从接受外部的言语指导及诱因，逐渐发展到根据自身要求和内部诱因控制自己的行为，从不自觉的行动逐渐发展为自觉的行动，逐渐克服冲动性，从而使其自制力得到发展。

意志主要有两种表现形式：

1. 抗拒诱惑

它表现为无论在有人或没有人在场的情况下，都拒绝具有诱惑力但被禁止的愿望和行动。博顿（Buston，1961）的研究考察了70名4岁幼儿抗拒诱惑的能力，结果表明，幼儿的这种能力受到父母训练方式的影响。其中一种用心理训练的方式，如说理、取消抚爱、父母对痛苦的描述、隔离等，另一种则用肉体训练的方式，如打屁股、打耳光、推搡、责骂等。在抗拒诱惑的实验中，用肉体训练方式的幼儿更能抗拒诱惑。看来，4岁幼儿由于年龄小，还不能理解父母的说理或父母态度上的细微变化。因此，肉体训练即体罚较为见效。

但是，随着年龄的增长和认识能力的发展，心理训练即教育的方式效果更好。切恩（Cheyne，1969）的实验证明了这个论点。事实也证明，不依赖体罚，也完全可以引导幼儿遵守行为规则，抗拒诱惑。许多研究都揭示，幼儿可以学会一些自我控制的方法。

2. 延迟满足

延迟满足是为了长远利益而自愿延缓目前的享受。幼儿为了更好的结果或得到更大的满足，而去选择并忍受当前的挫折或不安，这种能力的形成，是自制力发展的一种表现。对幼儿园幼儿实际等待行为的观察表明，小班幼儿已经具有为等待长远目标而抑制即时满足的能力。

总体来说，幼儿意志行动的发展水平是不高的。他们的意志行动受各种主客观条件干扰,主要包括:① 分心因素,即意志行动过程中出现的新异刺激或其他如视觉刺激等,对意志行动有严重影响;② 活动的特点、性质对幼儿完成任务的情况有显著影响;③ 同伴间的比较对幼儿的意志行动起干扰或促进作用;④ 成人的强化、成人的态度对幼儿完成坚持性任务有明显影响;⑤ 幼儿自身的态度、幼儿对完成意志行动的强化物所持的态度及对强化物的价值观也影响幼儿的意志行动。

此外,幼儿对意志行动的理解,以及对自我控制方法和其他意志行动方法的认识也有助于提高意志行动的水平,如学习如何转移注意,如何保持自己的注意力,把唱歌、活动手脚、打瞌睡或把厌恶的刺激变为愉快的东西、回忆有趣的事情等,对排除内心障碍都是有益的。

幼儿在有兴趣的活动中,更容易控制自己的行动。规则的学习、榜样、奖惩对幼儿意志的发展有重要影响,因此,教师和家长应通过游戏、作业、劳动等活动,为幼儿意志的发展创设锻炼的机会,并及时给予详细、明确、具体的言语指导。有计划地培养幼儿优良的意志品质,不仅有利于幼儿良好个性的形成,而且为幼儿进入小学学习准备了条件。

棉花糖实验

## 延迟满足实验

20世纪70年代,在沃尔特·米歇尔的策划组织下,美国斯坦福大学附属幼儿园基地内进行了著名的"延迟满足"实验。实验人员给每个4岁的孩子一颗好吃的软糖,并告诉孩子可以吃糖。但是如果马上吃掉的话,那么只能吃一颗软糖;如果等20分钟后再吃的话,就能吃到两颗。然后,实验人员离开,留下孩子和极具诱惑的软糖。实验人员通过单面镜对实验室中的幼儿进行观察,发现:有些孩子只等了一会儿就不耐烦了,迫不及待地吃掉了软糖,是"不等者";有些孩子很有耐心,还想出各种办法拖延时间,比如闭上眼睛不看糖,或头枕双臂,或自言自语,或唱歌、讲故事……成功地转移了自己的注意力,顺利等待了20分钟后再吃软糖,是"延迟者"。后来,当这些参加实验的孩子到了青少年时期,研究人员对他们的家长及教师进行了调查,发现:"不等者"在个性方面,更多地显示出孤僻、易固执、易受挫、优柔寡断的倾向;"延迟者"较多地成为适应性强、具有冒险精神、受人欢迎、自信、独立的少年。两者学业能力的测试结果也显示,"延迟者"比"不等者"在数学和语文成绩上平均高出20分。延迟满足(Delay of Gratification)是个体有效地自我调节和成功适应社会行为发展的重要特征,是指一种为了更有价值的长远结果而主动放弃即时满足的抉择取向,属于人格中自我控制的一个部分,是心理成熟的表现。

实验说明,那些能够延迟满足的孩子自我控制能力更强,他们能够在没有外界监督的情况下适当地控制、调节自己的行为,抑制冲动,抵制诱惑,坚持不懈地保证目标的实现。因此,延迟满足是一个人走向成功的重要心理素质之一。

## 任务三　学前儿童意志力的培养

学前期是意志力开始萌芽和初步发展的时期,从小培养儿童良好的意志品质将对其一生的发展产生重大的积极影响。

### 一、给儿童制定切实可行的目标,帮助儿童实现

成功是最好的奖赏。成人应该指导和帮助孩子制定短暂和长远的目标,使孩子明确努力方向,并帮助其实现。幼儿心中有了目标,他就会为实现目标而去努力,表现出坚毅、顽强和勇气。但目标一定要恰当,应该使孩子明白这个目标不经过努力是达不到的,但太难或太易达到的目标都不能使孩子的意志得到锻炼。另外,目标如果是合理的,那就应当要求孩子坚决执行,直到实现为止,不可迁就,更不能半途而废。

### 二、培养儿童养成独立自主的习惯

首先,成人应鼓励幼儿自己的事情自己做,自己力所能及的事情尽量不找人代办,并一贯坚持下去。像洗脸、吃饭、刷牙、整理床铺、收拾玩具等事情,虽然看起来都是微不足道的小事,却给他们提供了充分锻炼双手和大脑的机会,能够培养幼儿独立完成自己事情的能力和习惯,也增强了他们行为的坚持性。其次,应鼓励幼儿帮助教师做一些他们力所能及的事情,如教师在擦桌椅的时候请幼儿帮着用小盆端接水、收拾桌面用具等,大部分孩子很愿意做这些小事。最后,教师应该巧妙引导幼儿做他们不愿做的事。例如,户外活动结束后,孩子回到班里把鞋子随意扔在门口就进屋里玩,教师可以跟孩子一起玩"给鞋子宝宝找家"的游戏,在游戏活动中让幼儿明白乱扔鞋子是一种不良的行为习惯,不仅破坏了老师的劳动成果,影响了班级的环境卫生,而且下次需要再穿的时候难以找到,应该试着去改变这种行为。

### 三、通过实践锻炼儿童的意志

实践活动可以锻炼孩子的意志品质。成人在利用自然情境进行教育的同时,还要注意有意识地创设一些情境和机会,让幼儿得到各方面的锻炼。在游戏时可设置一些人为的障碍,让幼儿自己解决,比如,让幼儿到暗房子里去取东西,让幼儿思考和小朋友闹矛盾怎么办,户外游戏时引导幼儿走"独木桥"、爬障碍物等。在角色游戏中还可以安排幼儿分别扮演人际关系冲突中排斥和被排斥的角色,让他们体会不同的心理感受,引导他们分析产生冲突的原因并寻找解决问题的途径和方法。在日常生活中,也可创设

一些挫折情境,如把幼儿喜爱的玩具藏起来,鼓励他们自己去寻找。

### 四、鼓励和增强儿童的自信心

成人的态度对婴幼儿动作和意志行动的发展至关重要。赞扬、鼓励可以使他们鼓舞勇气,提高信心,有利于意志的锻炼。对幼儿在活动中表现出来的意志努力和取得的点滴进步,成人要适时、适度地给予肯定和赞许。比如,在日常生活中,常常会遇到幼儿摔伤、擦伤等情况,这时,教师应尽可能平静地对幼儿说"没关系,老师和你一起到保健室包一下,下次注意一点儿就行了"或者说"没关系,很快就会好的"。老师这样的行为能够给幼儿很好的暗示,使幼儿自然而然地学会怎样坦然地对待困难,怎样勇敢地面对未来。当孩子完不成计划时,成人要进行具体分析,切不可说"我就知道你完不成任务""我早就说你没长性"等泄气话。否则,只能使孩子一次次增加挫折感,从而最终失去自信心。

### 五、让儿童学会自我约束

幼儿的意志品质是在成人严格要求下养成的,也是他们在日常生活中经常自我控制的结果。家长可以通过讲故事、看电影和亲子阅读的方式,引导孩子学习典型人物的坚强意志力培养的故事,启发孩子加强自我控制、自我鼓励、自我禁止、自我命令以及自我暗示。让孩子学会自己给自己提要求,进行自我锻炼。比如,当孩子感到很难开始行动时,可让他给自己下命令:"大胆些!""不要怕!""再坚持一下!"

总之,加强儿童意志力的培养,是儿童健康成长的需要。意志行动对儿童来说,有一定难度,意志品质的发展要经历一个比较长的时间,需要教师和家长有目的、有计划、持之以恒地教育和培养。

岗位实践训练
11.2、11.3

#### 11.1 用筷子

适合年龄:3岁左右。

活动目标:培养幼儿的精细动作和自理能力,锻炼其意志力。

活动准备:筷子、碗。

活动时间:15—20分钟。

活动过程:

(1)教会幼儿正确握筷子。

(2)鼓励幼儿自己用筷子吃饭。2岁的幼儿会用勺子自己吃饭后,应开始学用筷子。右手拿筷的幼儿语言中枢在左脑,当右手做精细工作时,指导手的神经从左脑发出信息,从而使左脑的语言中枢也同时得到锻炼。

活动建议:能正确握筷子的幼儿才能进食自如。有许多幼儿用筷子还不熟练,但千万不要剥夺幼儿自己吃饭的权利,只要耐心教导,幼儿一定能学会用筷子独立吃饭。

## 一、单项选择题

1. 儿童动作发生的主要标志是（　　）。
   A. 无意抚摸的发生　　　　　　　B. 手眼不协调的抓握的发生
   C. 手眼协调动作的发生　　　　　D. 无意抓握动作的发生

2. 意志行动的第一个基本特征是（　　）。
   A. 克服困难　　　　　　　　　　B. 以不随意运动为基础
   C. 意识调节运动　　　　　　　　D. 具有明确的目的

3. 学前儿童意志发展的主要标志是（　　）。
   A. 自觉性　　　B. 果断性　　　C. 坚持性　　　D. 自制性

4. 在商场，4—5岁幼儿看到自己喜爱的玩具时，已不像2—3岁时那样吵着要买，他能听从成人的要求并用语言安慰自己："家里有许多玩具了，我不买了。"对这一现象最合理的解释是（　　）。（2016年上国考真题）
   A. 4—5岁的幼儿形成了节约的概念
   B. 4—5岁幼儿的情绪控制能力进一步发展
   C. 4—5岁幼儿能够理解玩其他玩具同样快乐
   D. 4—5岁幼儿自我安慰的手段有了进一步发展

5. 研究儿童自我控制能力和行为的实验是（　　）。
   A. 陌生情境实验　　B. 点红实验　　C. 延迟满足实验　　D. 三山实验

## 二、填空题

1. 儿童动作发展的规律有：（1）_____；（2）首尾规律；（3）近远规律；（4）_____；（5）无有规律。

2. _____动作的发生，是儿童有意动作发生的主要标志，这种动作一般是在儿童生后_____个月左右出现。

3. _____个月左右，儿童的行为出现了最初的有意性和目的性。_____个月左右，儿童动作的有意性发展出现了较大质变，可以说是意志行动的萌芽。

4. 幼儿行动动机和目的关系所发生的变化，是从_____动机为主向_____动机为主的方向发展。当儿童正式入学后，动机和目的的关系是_____。

5. _____岁是幼儿坚持性发展最快的年龄。也正是在这个年龄，_____对幼儿坚持性影响最大。

课后自测

# 模块十二 学前儿童的个性

## 学习目标

1. 了解个性的内涵及个性的基本特征。
2. 掌握学前儿童自我意识发展的主要特征及表现。
3. 掌握学前儿童的气质、性格、能力的主要特征及表现。
4. 能够根据实际情况分析学前儿童的个性,并能根据学前儿童个性发展的特点对其因材施教。

## 思维导图

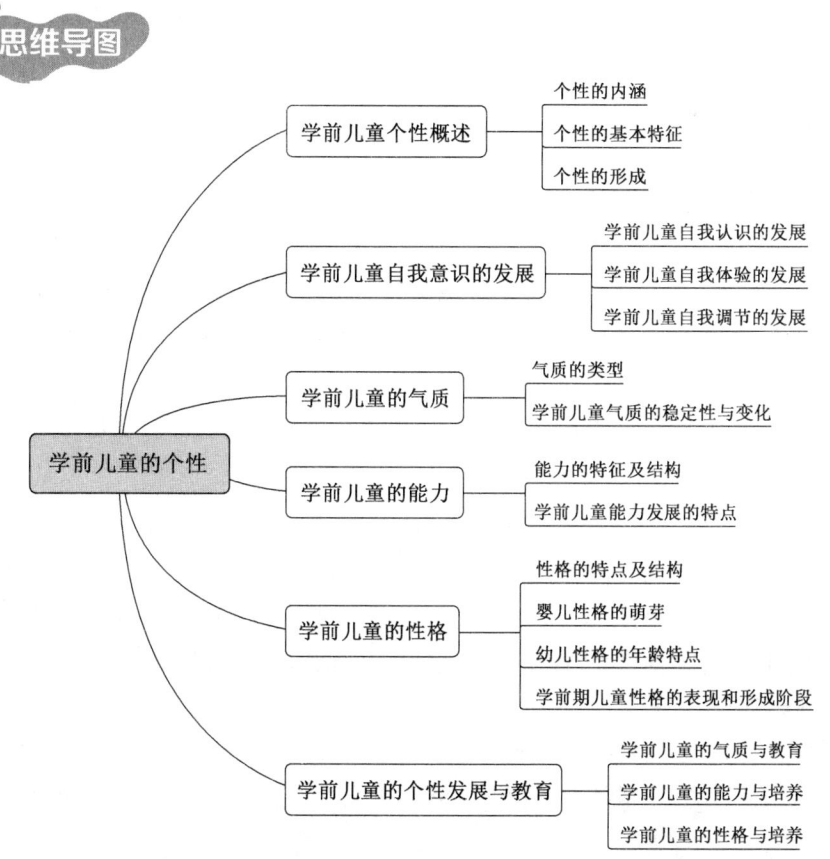

琪琪性子很急,每次拿小人书,都是拿一大沓,翻得很快,即使是新书,也会很快看完。他喜欢活动量大的活动,每次玩创造性游戏,总是玩打仗。他是全班扔沙包扔得最远的一个。琪琪还爱逞能。有一次全班小朋友正在排队,他突然跑出队伍,用力拉住正在转动的转椅。他上课时坐不住,随便站起来,或在椅子上乱动,常常发出叫声。即使老师对他有所示意,他仍然克制不住,而且对老师的提问常常没有听清楚就急着回答,因此常常答非所问。

为什么琪琪会有这样的行为呢?在进行学前教育时应采取哪些对策、方法才能有效地引导学前儿童的这些行为呢?

琪琪的行为反映了幼儿个性的特点。性子急便是其显著的个性心理特征。每个儿童都有自己的个性,而学前阶段是儿童个性形成的重要时期,成人应尊重幼儿的个体差异,重视儿童良好个性的培养和塑造,做到因材施教。

# 任务一 学前儿童个性概述

## 一、个性的内涵

### (一) 个性的概念

心理学所说的"个性",又称"人格"。其概念与日常生活中所说的"个性"和"人格"的含义不同。所谓个性是指一个人比较稳定的、具有一定倾向性的各种心理特点或品质的独特组合。人与人之间个性的差异主要体现在每个人待人接物的态度和言行举止中。一个人的行为表现能很好地反映他真实的个性。比如,一个正直、善良、无私的人和一个自私自利、心胸狭窄的人,在对待别人和处理问题时都会不自觉地带有个人的性格特点。

### (二) 个性的结构

个性是一个人全部心理活动的总和,是比较稳定的、具有一定倾向性的各种心理特点、品质的独特结合。个性是一个复杂的、多侧面、多层次的系统,包括三个彼此紧密相连的子系统,即个性倾向性系统、个性心理特征系统和自我意识系统。

1. 个性倾向性系统

个性倾向性系统包括需要、动机、兴趣、理想、信念、世界观等,表明人对周围环境的态度,是个性心理结构中最活跃的成分。它是推动个性发展的动力因素,决定着一个人的活动倾向性、积极性,集中地体现了个性的社会实质。个性倾向性系统是构成个性的核心。

需要是个体对身心不平衡状态的体验以及追求新的平衡的动力。它直接导致情绪的产生,也推动认识和交往的发展。当需要达到一定的强度并出现满足需要的条件时,就会引起动机。兴趣在人的认识和交往活动中起着重要作用。志向是个人发展的意图和决心的表现。世界观是指对自然、社会和人类思维的观点体系,是个性倾向性的最高层次,决定了个性的连贯性,世界观的科学性决定了个性的深刻性。

2. 个性心理特征系统

个性心理特征系统是个性的独特性的集中表现,包括气质、性格、能力等,这些特征突出表现在人的心理的个体差异。其中性格是个性最核心的特征,反映一个人对现实的稳定性态度和习惯化的行为方式。

3. 自我意识系统

自我意识系统是一系列自我完善的能动结构,它充分地反映着个性对社会生活的反作用,是人的心理能动性的体现。自我意识包括自我认识、自我评价、自我调节,是个性心理结构中的控制系统。① 自我认识的对象包括自己的身体、自己的动作和行动、自己的内心活动。② 自我评价是个体对自己的能力、道德品质、行为以及社会行为方面的社会价值的认识和评价,是自我意识在认知方面的表现。③ 自我调节是个体对自身心理和行为的主动掌握,它是人所特有的心理现象,是自我意识在意志方面的表现。自我调节水平与一个人的心理发展的整体水平,尤其是与个性品质(包括品德)及自身修养不可分割。

## 二、个性的基本特征

个性作为个体区别于他人的心理品质,在于它具有整体性、独特性、稳定性、社会性。

### (一)个性的整体性

个性的整体性是指个性是一个统一的整体结构,是由各个密切联系的成分所构成的多层次、多水平的统一体。在这个整体中各个成分相互影响、相互依存,使每个人的行为的各方面都体现出统一的特征。首先,个性的整体性表现为个性的内在统一。一个人的内心、动机和行为之间,之所以呈现出和谐一致的状态,在于其有合理的自我意识,这就是内在统一。一旦失去内在统一或者内在统一水平很低,个体的行为就会在相互抵触、相互矛盾的支配下出现混乱,如"人格分裂""双重人格"和"多重人格"。其次,只有从整体的视角去认识,并和其他个性特征联系起来,才能认识个体特征并使其具有确定的意义。例如,关于"孤独",不同的人有不同的表现:张三可能是怕羞、退缩,是懦弱的表现;李四可能是不愿意暴露真实的自己,是虚伪的表现。个性制约着一个人的认知风格,同样也制约着一个人的行为倾向、交往风格、情感色彩、意志品质等。

### (二)个性的稳定性

个性是在心理发展到一定水平之后才形成的。心理的成熟水平,保证了个性的稳定性。个性系统乃至整个系统中的各要素都具有稳定性,表现为一个人心理活动的一致性和行为的连贯性。个性的稳定性实质上反映着个性在发展过程中具有一定的自我调节能力,这种自我调节能力表现在对外和对内两个方面。个人的偶然行为不能代表他真正的个性,只有比较稳定的、在行为中经常表现出来的心理倾向和心理特征才能代表一个人的个性。

个性是相对稳定的,但并不是一成不变的,因为现实生活是非常复杂的,现实生活的多样性和多变性带来了个性的可变性。对于一个处于成长发育期的孩子来说,即使是已经形成了一些比较稳定的个性特点,在一定的外界条件作用下,也会发生不同程度的改变。所以说,个性是稳定性和可变性的统一。

### (三) 个性的独特性

个性的独特性是指人与人之间没有完全相同的个性,人的个性是千差万别的。个性是一个人整体的精神面貌,每一个人的个性都是他的心理发展的必然结果。世上没有完全一样的两片树叶,即使是同卵双生子,他们具有极其相似的遗传基础和品质,但在后天环境中诸多因素的影响下,同样会表现出各自的独特性,只要仔细观察,仍然能把两者区别开来。当然,个性的独特性并不排除人与人之间的共同性。虽然每个人的个性是不同于他人的,但对于同一民族、同一性别、同一年龄的人来说,个性往往存在着一定的共性。同一个国家、民族的人的心理都有一些比较普遍的特点,如中国人的性格都或多或少地带有儒家思想的烙印。而同一年龄段的人身上更是存在一些共同特点,如幼儿期的儿童有一些明显的共同特征(好动、好奇心强等)。从这个意义上说,个性是独特性与共同性的统一。

## 三、个性的形成

### (一) 先天气质差异(0—1岁)

孩子一出生就显现出比较明显的个人差异,如反应的灵活性、敏感性和速度不同,具有天生的气质差异。同时,这种气质差异又影响着父母的抚养方式,并在与父母的日常交往中,越来越转化为孩子的个性。

### (二) 个性特征萌芽(1—3岁)

一个人的个性是在生理基础上,在社会环境的作用下逐渐形成和发展起来的,是一个比较漫长的过程。2岁左右,幼儿的各种心理过程都已出现,并已开始表现出初步的个人特点,这就是个性的萌芽。所谓个性开始萌芽,是指心理结构的各成分开始组织起来,并有某种倾向性的表现,但是还没有形成稳定倾向性的个性系统。

### (三) 个性初步形成(3—6岁)

幼儿期是儿童个性开始形成的时期,是因为这一时期个性的各种心理结构成分开始发展。主要表现为以下几个方面:① 各种心理现象开始表现齐全。儿童心理的各个方面已经形成比较完整的系统,开始形成一个完整的主观世界。3岁左右,幼儿的个性开始形成,出现了比较稳定的个性特征。特别是性格、能力等个性心理特征和自我意识已经初步发展起来。② 心理活动的独特性开始形成。儿童间的个别差异日益明显,并渐趋稳定,各种心理活动不仅已经结合成为整体,而且表现出明显的、稳定的倾向性,形成个人的独特性。③ 心理活动的主观能动性开始形成。每个儿童在各个不同场合、情境,对不同的事件,都倾向于以一种自身独有的方式去反应,表现出自己所特有的态度和行为方式。

在幼儿期,儿童个性只能是形成的开始,或是个性初具雏形。直到成熟年龄(18岁左右),个性才基本定型,而且在个性定型以后,还可能发生变化。

# 任务二　学前儿童自我意识的发展

自我意识指个体对自己所作所为的看法和态度(包括对自己的存在以及自己与周围的人或物的关系的意识),是人对自己以及自己与客观世界关系的一种意识。自我意识是意识的最高形式和本质特征,是个性形成和发展的前提,是个性发展和成熟的重要标志,它在个体社会性发展中处于中心地位。

从自我意识的形成过程来看,自我意识可分为自我认识、自我体验和自我调节,即自我意识的三个层次——知、情、意。

## 一、学前儿童自我认识的发展

自我认识的对象包括自己的身体、自己的动作和行动、自己的内心活动。

阿姆斯特丹:点红实验

### (一) 对自己身体的认识

1. 不能意识到自己的存在

学前儿童认识自己,需要经过一个比认识外界事物更为复杂、更为长久的过程。儿童最初不能意识到自己,不能把自己作为主体去同周围的客体区分开来。几个月的乳儿甚至不能意识到自己身体的存在,不知道自己身体的各个部分是属于自己的。比如,有时六七个月的孩子咬自己的手指、脚趾会把自己弄哭。

2. 认识自己身体的各部分

随着认识能力的发展和成人的教育,1 岁左右,婴儿逐渐开始认识自己身体的各个部分。但是,1 岁婴儿还不能明确区分自己身体的各种器官和别人身体的器官。比如,当妈妈抱着孩子问他的耳朵在哪里时,孩子用手摸摸自己的耳朵,又立即去摸妈妈的耳朵。

3. 认识自己的整体形象

婴儿对自己的面貌和整个形象的认识,也要经过一个较长的过程。最初婴儿在镜子里发现自己时,总是把镜中形象作为别的孩子来认识。至于对自己的影子,儿童认识得更晚。有报告指出,2 岁半到 3 岁,儿童还难以理解自己的影子,常常指着自己的影子叫"小孩儿",追着影子试图用脚去踩。对自己身体的认识,既是儿童认识自我存在的开始,也是儿童认识物我关系(即物体和自己的关系)的开始。儿童意识到自己对物的"所有权",似乎是从这里开始的。

4. 意识到身体的内部状态

对于自己身体内部状态的意识,是到2岁左右才开始发生的。比如,孩子会说"肚肚饿"或"肚肚饱"是最初的表现。

5. 不能把名字与身体相联系

婴儿很长时间不能把自己的名字和自己的身体相联系。八九个月时,当成人用他的名字问"宝宝在哪儿呢"时,孩子能用微笑或动作做出正确的回答。但直到3岁左右,儿童还倾向于用名字称呼自己,不用代名词"我",似乎是把自己和自己以外的人或物同等对待。

(二) 对自己动作和行动的意识

动作的发展是儿童产生对自己行动的意识的前提条件。1岁左右,婴儿通过偶然性的动作逐渐能够把自己的动作和动作的对象区分开来,并且体会到自己的动作和物体的关系。比如,婴儿(1岁3个月)不经意间推动了自己平时坐的小车,她感受到了自己的存在和力量,以后,她经常推动小车,用手去拍打东西,嘴里还叨念着:"宝宝打打。"

儿童在无意中学会了自动化动作,但是自己并不能清楚地意识到。皮亚杰曾用实验研究幼儿对自己爬行动作的意识,他发现4岁儿童虽然会爬行,但意识不到自己是怎样运动的,5—6岁儿童能意识到自己的行动,7—8岁儿童对自己的爬行行动有明确的掌握和认知。实验证明,让幼儿慢爬,边爬边察看自己的动作;按口头描述行动,爬行中令其中断动作,并对当时的动作进行描述等,这些方法有助于培养儿童对自己动作的意识。

培养儿童对自己动作和行动的意识,是发展其自我调节和监督能力的基础。

(三) 对自己心理活动的意识

对自己内心活动的意识,比对自己的身体和动作的意识更为困难。因为自己的身体是看得见、摸得着的,自己的行动也是具体可见的,而内心活动则是看不见的。对内心活动的意识要求更高一些的思维发展水平。

儿童从3岁左右开始,出现对自己内心活动的意识。比如,儿童开始意识到"愿意"和"应该"的区别;开始懂得什么是"应该的","愿意"要服从"应该",这也是自觉动机从属关系的萌芽。

4岁以后,儿童开始比较清楚地意识到自己的认识活动、语言、情感和行为。他们开始知道怎样去注意、观察、记忆和思维。比如,老师说"注意啦",孩子们就会用眼睛看着老师,双手停止活动。

但是,学前儿童往往只停留在意识心理活动的结果,而意识不到心理活动的过程。他能做出判断,却不知道判断是如何做出的,因此往往知其然而不知其所以然。许多思维实验都反映了这种情况。比如他们能区别有生命和无生命的东西,但是说不出自己为什么这样判断。

掌握"我"字是自我意识形成的主要标志。婴儿从知道自己的名字发展到知道"我",意味着他们从在行动中实际地成为主体,发展到能够意识自己是各种行为和心理活动的主体。

## 二、学前儿童自我体验的发展

自我体验是自我意识在情感上的表现,主要有自尊感与自信感、成功感与失败感、自豪感与羞耻感等。

自我体验的发展始于幼儿期。自我情绪体验3岁前不明显,3岁幼儿往往不会用语言来表达内心的感受,自我体验的转折期在4岁,表现为此阶段幼儿开始能够尝试用语言表达内心感受,如"我不高兴""我生气"等,而5—6岁幼儿开始会使用"太""很""非常"等字眼来描述自己强烈的内心体验。幼儿自我体验表现出以下特点:

1. 从与生理相关的体验向社会性体验发展

幼儿生理性的自我体验主要表现为愉快和愤怒,这是一种比较低级的自我体验;而委屈、自尊、羞愧感则是一种较高级的社会性自我体验。前者发展较早,后者发展则较晚。这表明幼儿的各种自我体验随着年龄的增长而发展,水平不断深化。例如,关于"愤怒"的情绪体验,3—6岁的幼儿会表现出不同程度的自我体验,一般呈"会哭""真不高兴""会生气",到"很恨他"的深刻性不断发展的过程。

2. 表现出易受暗示性的特点

成人的暗示对幼儿自我体验的产生起着重要作用,年龄越小,表现越明显。关于羞愧感的体验中,教师问幼儿:"如果在做捂眼睛贴鼻子的游戏时,被老师看到你私自拉下毛巾,你会觉得怎样?"3岁年龄段的幼儿中,只有3.33%的幼儿有自我体验,而在有暗示时(你做错了,觉得难为情吗?),有26.67%的幼儿有自我体验。到5岁和6岁年龄段时,幼儿的这种差异便不是很显著了。因此,教师和家长要利用合适的时机,采用积极的暗示,促进幼儿良好社会情感体验的发展,并避免消极暗示对幼儿的不良影响。

3. 随年龄增长而丰富,并有一定的顺序性

随着年龄的增长,幼儿的自我体验范围不断扩大,深度不断增加,从低级向高级发展,从与生理相关的体验向社会性体验发展,并有一定的顺序性,如愉快和愤怒的体验较早,而自尊、委屈和内疚感则较晚,大约在4岁以后明显发展。随着社会性需求的不断发展,幼儿开始能够更深刻地理解和表达自己的情感和需求,例如,中大班的幼儿往往比小班幼儿更在意他人对自己的评价,更希望得到别人的关注和赞许。

## 三、学前儿童自我调节的发展

个性发展的核心问题是自觉掌握自己的心理活动行为,自我意识的发展体现在自我调节或监督上。

儿童自我调节能力是逐渐产生和发展的。开始时,儿童完全不能自觉调控自己的心理与行为,心理活动在很大程度上受外界刺激与情境特点的直接制约。以后随着生

理的发育成熟,在环境、教育的作用下,幼儿逐渐能够按照成人的指示、要求调节自己的行为。一般在幼儿晚期,儿童能够自觉地调整自己的心理和行为。科普(Kopp)认为,在儿童早期,儿童自我控制和自我调节能力的发展要经历五个重要的发展阶段(见表12-1)。

表 12-1　儿童自我调节的早期形式

| 发展形式 | 特征 | 出现的年龄 | 中介变量 |
| --- | --- | --- | --- |
| 控制与系统组织 | 唤醒状态、早期活动的激活调节 | 从母亲怀孕晚期到儿童3个月 | 神经生理的成熟、父母间的交往、儿童的生活常规 |
| 依从 | 对成人警告性信号的反应 | 9—12个月出现 | 对社会行为的偏向、母子交往的质量 |
| 冲动控制 | 自我的发生、行为与言语间的平衡 | 2岁时出现 | 成熟因素(如言语的发生)、照看者对儿童需要与情感的敏感性、降低压力的措施的采用 |
| 自我控制 | 社会品质的内化、动作抑制 | 2岁时儿童对成人的要求进行反应,3—4岁时利用外部言语进行自动调节,6岁时转换为内部言语的调节 | 社会互动与交流、言语的发展及其指导作用 |
| 自我调节 | 采用偶然性规则来引导行为而不顾及环境的压力 | 3岁时出现 | 认知过程、社会背景因素 |

研究表明,幼儿自我调节能力的发展主要表现在坚持性和自制力两个方面。总的来看,幼儿的自我调控能力非常低,3—4岁幼儿的坚持性和自制力都很差,到5—6岁才有一定的发展。

(一) 幼儿自我调节能力差,主要受他人控制

3岁左右,幼儿的自我调节水平非常低,主要受成人的监督,一旦成人离开,在遇到外部诱惑时,很难控制自己,会出现违反规则的行为。例如,在延迟满足的实验里,发给每个幼儿一个包有礼物的盒子,并告知老师要离开一会,等10分钟后老师回来才能打开礼盒。结果,3—4岁的幼儿多数会很快打开盒子,而5—6岁的幼儿坚持的时间较长,并有更多幼儿坚持到教师回来。

(二) 从缺乏自我调节策略到逐渐使用自我调节策略

控制策略是影响幼儿自我调节能力的一个重要因素。3—4岁的幼儿还不会使用有效的控制策略,但随着年龄的增长,幼儿可逐渐学会使用较为简单的策略进行自我调节。例如,在关于延迟满足的实验里,4—5岁的幼儿有少数能运用一些分心的策略(如唱歌、手藏起来、脚踢踏地板、闭上眼睛等),而不去触碰装有礼物的盒子。5—6岁的幼儿中,运用分心策略的现象更多,并已经懂得将礼品盒盖起来。

# 任务三  学前儿童的气质

气质是人的三大个性心理特征之一。它是指一个人所特有的、主要是由生物性决定的、相对稳定的心理活动的动力特征。气质使人的整个心理活动带上个人独特的色彩，制约着心理活动的进行。

我们知道，对于心理现象来说，气质本身是中性的。气质决定着儿童各种正常行为的表达方式，无所谓好与坏。与其他个性心理特征相比，气质和人的解剖生理特点具有最直接的联系，具有较突出的生物性，儿童生来就具有个人最初的气质特点。同时，气质与其他个性特征相比，具有更大的稳定性。

## 一、气质的类型

### （一）传统的气质类型

传统的四种气质类型的划分对学前儿童同样适用。由于其外部表现典型，容易区分，因此，从教育角度来说，这种划分具有较强的实际应用价值。

巴甫洛夫通过实验研究，发现神经系统具有强度、平衡性和灵活性三个基本特点。它们在条件反射形成或改变时得以表现。由于它们在个体身上有各种不同组合，所以产生了各种神经活动类型。其中最典型的有四种：

1. 强而不平衡型

兴奋占优势，条件反射形成比消退来得更快，易兴奋、易怒而难以抑制，又叫兴奋型。

2. 强、平衡而且灵活型

条件反射形成或改变均迅速，且动作灵敏，又叫活泼型。

3. 强、平衡而不灵活型

条件反射容易形成而难以改变，庄重、迟缓而有惰性，又叫安静型。

4. 弱型

兴奋与抑制都很弱，感受性高，难以承受强刺激，胆小而显神经质，又叫抑郁型。

根据神经类型活动的强度、平衡性及灵活性的不同，在日常生活中，一般将人的气质划分为四种类型：胆汁质、多血质、黏液质和抑郁质（见表12-2）。

表 12-2 传统气质类型的划分

| 高级神经活动类型 | | | | 气质 | |
|---|---|---|---|---|---|
| 强度 | 平衡性 | 灵活性 | 类型 | 气质类型 | 主要心理特征 |
| 强 | 不平衡型（兴奋） | | 兴奋型 | 胆汁质 | 容易兴奋，难以抑制，不易约束 |
| 强 | 平衡 | 灵活 | 活泼型 | 多血质 | 反应敏捷，活泼好动，情绪外显 |
| 强 | 平衡 | 不灵活 | 安静型 | 黏液质 | 安静沉稳，反应迟缓，情感含蓄 |
| 弱 | 不平衡型（抑制） | | 抑郁型 | 抑郁质 | 对事敏感，体验深刻，孤僻畏缩 |

由于气质与神经系统的先天或遗传特征有关，通常认为气质类型是相对稳定的，不容易改变。其实，在现实生活中，只有非常少数的人具有单一的、典型的气质类型，大多数人都是混合型的，只是某一种类型的表现更突出一些。

(二) 托马斯、切斯的气质类型

托马斯、切斯根据 9 个维度（见表 12-3）对从出生到 3 岁前儿童的气质类型进行划分，共分为三种类型。

表 12-3 气质的主要维度

| 名称 | 表现 |
|---|---|
| 活动水平 | 在睡眠、饮食、玩耍、穿衣等方面身体活动的数量 |
| 规律性 | 机体的功能性，在睡眠、饮食、排便等方面 |
| 常规变化适应性 | 以社会要求的方式调整最初反应的难易性 |
| 对新情境的反应 | 对新刺激、食物、地点、人、玩具或玩法的最初反应 |
| 感觉阈限水平 | 产生一个反应需要的外部刺激量 |
| 反应强度 | 反应的能量内容，不考虑反应质量 |
| 积极或消极情境 | 高兴或不高兴行为的数量 |
| 注意分散度 | 外部刺激（声音、玩具）干扰正在进行活动的有效性 |
| 坚持性和注意广度 | 在有或没有外部障碍的条件下，某种具体活动的保持时间 |

1. 容易抚育型

许多婴儿都属于这一类，约占托马斯、切斯全体研究对象的 40%。这类婴儿吃、喝、睡、大小便等生理机能活动有规律，节奏明显，容易适应新环境，也容易接受新事物和不熟悉的人。情绪比较积极、稳定、友好、愉快，喜悦的情绪占主导；求知欲强，在活动中比较专注，不易分心；爱游戏，且对成人的抚养活动提供大量的积极反馈（强化），因而容易受到成人最大的关怀和喜爱。

2. 困难抚育型

这类婴儿的人数较少,约占托马斯、切斯全体研究被试的10%。他们时常大声哭闹、烦躁易怒、爱发脾气、不易安抚。在饮食、睡眠等生理机能活动方面缺乏规律性,对新食物、新事物、新环境接受很慢,需要很长的时间去适应新的安排和活动,对环境的改变难以适应。他们的情绪总是不好,在游戏中也不愉快。成人需要费很大力气才能使他们接受抚爱,很难得到他们的正面反馈,如果家长照料态度不当,他们容易发生心理问题,易形成不安全依恋。进入学校后,大多数这类气质的幼儿会发生更多的适应问题,因而在哺育过程中需要成人极大的耐心和宽容,否则易使亲子关系疏远,孩子缺乏抚爱、教养。

3. 启动迟缓型

约有15%的被试属于这一类型。他们的活动水平很低,行为反应强度很弱,情绪总是消极而不太愉快,但也不像困难型婴儿那样总是大声哭闹,而是常常安静地退缩、畏缩,情绪低落,逃避新刺激、新事物,对外界环境、新事物、生活变化适应缓慢。在没有压力的情况下,他们会对新刺激缓慢地发生兴趣,在新情境中逐渐活跃起来。这类儿童随着年龄的增长,成人抚爱和教育情况的不同而发生分化。

托马斯、切斯认为,以上三种类型只涵盖了65%的研究被试,另有35%的婴儿不能简单地划归到上述任何一种气质类型中去。他们往往具有上述两种或三种气质类型混合的特点,情绪、行为倾向性和个人特点不明显,属于上述类型中的中间型或过渡型。

## 二、学前儿童气质的稳定性与变化

在人的各种个性心理特征中,气质是最早出现的,也是变化最缓慢的。因为气质和儿童的生理特点关系最直接。儿童出生时就已经具备一定的气质特点,在整个儿童期内常会保持相对稳定。

儿童的气质类型具有相对稳定的特点,但并不是一成不变的,其后天的生活环境与教育可以对原来的气质类型产生影响。

有时,儿童的气质类型并没有发生变化,但因受环境、教育的影响而没有充分表露,或改变了其表现形式,这在心理学上称为气质的掩蔽。气质的"掩蔽现象"也就是指一个人气质类型没有改变,但是形成了一种新的行为模式,表现出一种不同于原来类型的气质外貌。

气质无所谓好坏,但由于它影响到儿童的全部心理活动和行为,影响父母对儿童的态度,如果不给予重视,将会成为形成不良个性的因素。因此,在早期的教养和教育中,根据儿童的气质类型,制定相应策略,增加亲子和师幼间的适应性,是十分必要的。

# 任务四 学前儿童的能力

能力是指人们成功地完成某种活动所必须具备的个性心理特征。比如,我们评价一个人,经常说某人具有较强的言语表达能力、敏锐的观察力或交往能力等,而这些能力都是通过人的活动体现出来的。反过来,这些能力又是人成功地完成某种活动的必备条件。

## 一、能力的特征及结构

### (一)能力的特征

1. 能力和活动密切联系

一方面,能力在人的活动中形成和发展,并在活动中表现出来;另一方面,能力是活动的前提,缺乏能力不仅影响活动效率,而且使人不能顺利完成任务,所以二者有着相辅相成的关系。

2. 能力直接影响活动效率

作为个性特征,气质和性格虽然也表现在活动中,并对活动有直接影响,但不直接影响活动效率,不直接决定活动的完成,而能力则直接影响活动的效率。

3. 完成一种活动需要多种能力的结合

为了顺利完成某种活动,多种能力的独特结合,称之为才能,如美术才能、音乐才能、教学才能等。例如,教师的教学才能主要包括言语表达能力、逻辑分析能力、对教材的把握和组织能力、对教学过程的组织能力及教育机智等。

### (二)能力的结构

1. 一般能力和特殊能力

一般能力是指大多数活动共同需要的能力,包括一般的运动能力、操作能力和智力,以抽象概括能力为核心。特殊能力是指从事某项专门活动所必需的能力,又称专门能力。它只在特殊领域内发挥作用,是完成有关活动不可缺少的能力,如音乐能力、绘画能力、数学能力等。一般能力和特殊能力一起发挥作用,完成一种活动通常都需要二者的共同参与。

2. 模仿能力和创造能力

模仿能力是指仿效他人的举止行为而引起与之相类似活动的能力。例如,儿童模仿父母的说话、表情;人们学画画、练书法时的临摹等都需要模仿能力。创造能力是指产生新思想,发现和创造新事物的能力,如文学创作、学术研究、科学发明等。创造想象和创造思维对创造能力起着十分重要的作用。模仿能力和创造能力是互相联系的,创造能力是在模仿能力的基础上发展起来的。但就其独特性而言,模仿是学习的基础,创造则是人成功地完成任务及适应不断变化的新环境的必备条件。

3. 认知能力、操作能力和社交能力

认知能力就是学习、研究、理解、概括和分析的能力。心理学认为,知觉、记忆、思维和想象的能力都是认知能力。它是人们掌握知识、完成各种活动所必需的最基本、最重要的心理条件。操作能力指操纵、制作和运动的能力,它是在操作技能的基础上发展起来的,又是顺利掌握操作技能的重要条件。例如,劳动能力、体育能力、实验操作能力等。社交能力即人们在社会交往活动中所表现出来的能力,如组织管理能力、言语感染能力等。

## 二、学前儿童能力发展的特点

（一）多种能力显现与发展

（1）操作能力最早表现,并逐步发展。从1岁开始,幼儿操作物体的能力逐步发展起来,开始进行各种游戏活动。同时,孩子走、跑、跳等能力逐渐完善。幼儿的各种游戏在幼儿一日生活中逐渐占据主要地位,幼儿的操作能力在活动中逐渐发展、表现。

（2）言语能力在婴儿期发展迅速,幼儿期是口语发展的关键期。儿童的言语能力是在婴儿时期开始发展起来的。从1岁左右开始,在短短的两三年时间里,儿童的语言经历了非常迅速的发展变化,开始具有称谓、概括及调节的功能。进入幼儿期后,幼儿的言语表达能力逐渐增强,特别是言语的连贯性、完整性和逻辑性迅速发展,为幼儿的学习和交往创造了良好的条件。

（3）模仿能力发展迅速,这是幼儿学习的基础。儿童模仿能力的发展是随着延迟模仿一起发展起来的,延迟模仿发生在18—24个月。儿童的延迟模仿既可以发生在言语方面,也可以发生在动作方面。模仿能力的发展对学前儿童心理的发展具有重要的意义。

（4）认识能力迅速发展,这是幼儿学习的前提。从儿童出生到幼儿末期,我们可以看到个体的认识能力发生、发展的过程。孩子出生时只具备基本的感知能力,随着年龄的增长,各种认知能力逐渐发生、发展。到了幼儿期,儿童的各种认识能力都迅速发展起来,逐渐向比较高级的心理水平发展,认识活动的有意性也开始发展起来,为儿童的学习、个性发展提供了必要的前提。

（5）特殊能力有所表现。在幼儿期,有些特殊才能已经开始有所表现,如音乐、绘画、体育、数学、语言等。据统计,音乐的才能在学前期出现的概率比以后年龄出现的概率更大。

（6）创造能力萌芽。儿童的创造能力发展较晚,但到了幼儿晚期,已经出现了创造力的萌芽。这种创造能力明显地表现在儿童的绘画作品中。

（二）智力结构随着年龄增长而变化

儿童智力结构是随着年龄的增长而变化发展的,其发展趋势是越来越复杂化、复合化和抽象化。不同的智力因素有各自迅速发展的年龄。这就提醒我们,根据儿童心理的年龄特点,对不同阶段儿童的智力培养的内容要有所侧重。总的来说,幼儿期应该特别重视儿童的观察力、注意力及创造力的培养。美国心理学家贝利(Bayley)具体地列出了各年龄的主要能力:10 个月以前,在婴儿智力中比重最大的是视觉跟踪、社会性反应能力、感觉的探求、手的灵活性。10—30 个月,比重最大的变为知觉的探索(这种早期的能力将继续保持下去)、语言发声交际能力、对物体的有意义接触、知觉辨别力。30—50 个月,最重要的是与物体的关系、形状记忆、语言知识。50—70个月,最重要的是形状记忆、语言知识。70—90 个月,语言知识、复合空间关系和词汇占重要地位,而形状记忆的重要性减退。

贝利(1969)还用贝利婴儿量表、斯坦福-比纳智力量表和韦氏成人智力量表等,对同一群被试从其出生开始进行了长达 36 年的追踪测量,把测得的分数转化为可以互相比较的"心理能力分数",绘制成了智力发展曲线(见图 12-1)。从图中可以看到,智力在 11—12 岁以前是快速发展的,其后发展放缓,到 20 岁前后达到了顶峰,随后即保持一个相当稳定的水平状态直至 30 多岁,之后开始出现衰退迹象。另有研究者(Schaie & Strother, 1968)根据 5 种主要能力对成人进行测量,发现一般人的智力在 35 岁左右发展到顶峰,以后缓慢下降,到 60 岁左右迅速衰退(见图 12-2)。此外,研究显示,智力优异者不仅智力发展速度快,而且智力延续发展的时间也长,而智力落后者不仅发展缓慢,而且有提前停止发展的倾向。不过,以上所述只是智力发展的一般趋势,实际上个体在智力表现的早晚及智力结构等方面的差异都是很显著的。

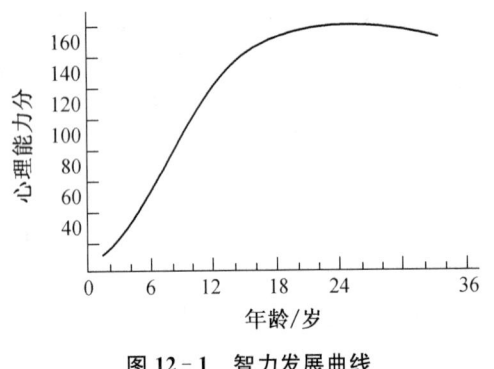

图 12-1 智力发展曲线　　图 12-2 智力的年龄变化

(三) 主导能力萌芽,开始出现比较明显的类型差异

主导能力也称优势能力,学前期儿童已经出现了主导能力的差异。在幼儿园的教育工作中应该特别注意分析不同幼儿的能力特点,发挥其主导能力,加强对较薄弱的能力的培养。

(四) 智力发展迅速

本杰明·布鲁姆搜集了 20 世纪前半期多种关于儿童智力发展的纵向追踪材料和系统测验的数据,并对它们进行了分析和总结,发现儿童智力发展有一定的规律。

布鲁姆以 17 岁为发展的最高点,假定其智力为 100%,得出了各年龄儿童智力发展的百分比:1岁时为20%,4岁时为50%,8岁时为80%,13岁时为92%,17岁时为100%。这些数字说明,出生后头四年儿童的智力发展最快,已经发展到50%,获得了成熟的一半;4—8岁,即出生后的第二个4年,发展30%,其速度比头四年显然缓慢,以后速度更慢。

布鲁姆提出的只是一个理论的假设,只能做参考。但关于学前期是儿童智力发展的关键时期的观点已经被许多心理学家所认可。7岁前儿童脑发育的研究也证明了学前期是儿童智力发展的关键时期。

## 多元智能理论

多元智能理论是由美国著名发展心理学家、哈佛大学教授霍华德·加德纳博士(Howard Gardner)提出的。加德纳研究脑部受创伤的病人,发现他们在学习能力上的差异,从而提出这一理论。在1983年出版的《智力的结构》一书中,他首次提出并着重论述了他的多元智能理论的基本结构,并认为支撑多元理论的是个体身上相对独立存在着的、与特定的认知领域或知识范畴相联系的八种智力,这为多元智能理论奠定了理论基础。

1. 理论含义

多元智能理论认为,智能是在某种社会或文化环境的价值标准下,个体用以解决自己遇到的真正难题,生产及创造出有效产品所需要的能力。具体包含如下内涵:

(1) 每一个体的智能各具特点。根据加德纳的多元智能理论,作为个体,我们每个人都同时拥有相对独立的八种智能,但每个人身上的八种相对独立的智能在现实生活中并不是绝对孤立、毫不相干的,而是以不同方式、不同程度有机地组合在一起。正是这八种智能在每个人身上以不同方式、不同程度组合,使得每一个人的智能各具特点。

(2) 个体智能的发展方向和程度受环境和教育的影响和制约。多元智能理论认为,个体智能的发展受到环境包括社会环境、自然环境和教育条件的极大影响与制约,其发展方向和程度因环境和教育条件不同而表现出差异。尽管各种环境和教育条件下的人们身上都存在着八种智能,但不同环境和教育条件下人们智能的发展方向和程度有着明显的区别。

(3) 智能强调的是个体解决实际问题的能力和生产及创造出社会需要的有效产品的能力。多元智能理论认为,智能应该强调两个方面的能力,一是解决实际问题的能力,二是生产及创造出社会需要的有效产品的能力。根据加德纳的分析,传统的智能理论产生于重视言语—语言智能和逻辑—数理智能的现代工业社会,智能被解释为一种以语言能力和数理逻辑能力为核心的整合的能力。

(4) 多元智能理论重视的是多维地看待智能问题的视角。在加德纳看来,承认智能是由同样重要的多种能力而不是由一两种核心能力构成,承认各种智能是多维度地、相对独立地表现出来而不是以整合的方式表现出来,应该是多元智能理论的本质之所在。

2. 理论结构

加德纳认为,支撑多元智能理论的是个体身上相对独立存在着的、与特定的认知领域和知识领域相联系的八种智能:语言智能、节奏智能、数理智能、空间智能、动觉智能、自省智能、交流智能和自然观察智能。

(1) 语言智能(Verbal-linguistic intelligence)指听、说、读和写的能力,表现为个人能够顺利而高效地利用语言描述事件、表达思想并与人交流的能力。包括口头语言运用及文字书写的能力,把句法、音韵学、语义学、语言实用学结合并运用自如。这类人在学习时是用语言及文字来思考,喜欢文字游戏、阅读、讨论和写作。

(2) 音乐智能(Musical-rhythmic intelligence)指感受、辨别、记忆、改变和表达音乐的能力,表现为个人对音乐包括节奏、音调、音色和旋律的敏感以及通过作曲、演奏和歌唱等表达音乐的能力。音乐智能强的人能察觉、辨别、改变和表达音乐,对节奏、音调、旋律或音色较具敏感性。在学习时是透过节奏旋律来思考的。

(3) 数学逻辑智能(Logical-mathematical intelligence)指运算和推理的能力,表现为对事物间各种关系如类比、对比、因果和逻辑等关系的敏感以及通过数理运算和逻辑推理等进行思维的能力。从事与数字有关工作的人特别需要这种有效运用数字和推理的智能。他们学习时靠推理来进行思考,喜欢提出问题并执行实验以寻求答案,寻找事物的规律及逻辑顺序,对科学的新发展有兴趣。他人的言谈及行为也能成为他们寻找逻辑缺陷的好地方,他们对可被测量、归类、分析的事物比较容易接受。

(4) 空间智能(Visual-spatial intelligence)指感受、辨别、记忆和改变物体的空间关系并借此表达思想和感情的能力,表现为对线条、形状、结构、色彩和空间关系的敏感以及通过平面图形和立体造型将它们表现出来的能力。空间智能强的人对色彩、线条、形状、形式、空间及它们之间关系的敏感性很高,能准确地感觉视觉空间,并把所知觉到的表现出来。这类人在学习时是用意象及图像来思考的。空间智能可以划分为形象的空间智能和抽象的空间智能两种能力。形象的空间智能为画家的特长。抽象的空间智能为几何学家的特长。建筑学家则形象和抽象的空间智能都擅长。

(5) 身体运动智能(Bodily-kinesthetic intelligence)指运用四肢和躯干的能力,表现为能够较好地控制自己的身体、对事件能够做出恰当的身体反应以及善于利用身体语言来表达自己的思想和情感的能力。动觉智能强的人善于运用整个身体来表达想法和感觉,以及运用双手灵巧地生产或改造事物的能力。这类人很难长时间坐着不动,喜欢动手建造东西,喜欢户外活动,与人谈话时常用手势或其他肢体语言。他们学习时是透过身体感觉来思考。

(6) 自我认知智能(内省智能)(Intrapersonal intelligence)指认识、洞察和反省自身的能力,表现为能够正确地意识和评价自身的情绪、动机、欲望、个性、意志,并在正确的自我意识和自我评价的基础上形成自尊、自律和自制的能力。自省智能强的人能自我了解,意识到自己内在的情绪、意向、动机、脾气和欲求,具有自律、自知和自尊的能力。他们会从各种回馈管道中了解自己的优劣,常静思以规划自己的人生目标,爱独处,以深入自我的方式来思考。内省智能可以划分两个长层次:事件层次和价值层次。事件层次的内省指向对于事件成败的总结。价值层次的内省将事件的成败和价值观联系起来自审。

(7) 人际智能(Interpersonal intelligence)指与人相处和交往的能力,表现为觉察、体验他人情绪、情感和意图并据此做出适宜反应的能力。这类人对人的脸部表情、声音和动作较具敏感性,能察觉并区分他人的情绪、意向、动机及感觉。他们比较喜欢参与团体性质的活动,较愿意找别人帮忙或教人如何做事,在人群中才感到舒服自在。他们通常是团体中的领导者,靠他人的回馈来思考。

(8) 自然认知智能(自然探索智能)(Naturalist intelligence)指个体辨别环境(不仅是自然环境,还包括人造环境)的特征并加以分类和利用的能力。这类人具有能认识植物、动物和其他自然环境(如云和石头)的能力。自然智能强的人,在打猎、耕作、生物科学上的表现较为突出。自然探索智能应当进一步归结为探索智能,包括对于社会的探索和对于自然的探索两个方面。

# 任务五 学前儿童的性格

性格是表现在人对现实的态度和惯常的行为方式中的比较稳定的心理特征。

## 一、性格的特点及结构

(一) 性格的特点

1. 对现实稳定的态度

对现实稳定的态度,就是"做什么",表明一个人追求什么,拒绝什么,反映人对现实的态度。在日常生活中,人们对待周围的人与事的态度是各式各样的。如有的人待人热情,善于关心别人;有的人冷漠;有的人私心很重,只顾自己;有的人勤劳;有的人懒惰等,这种一个人经常表现的对人、对己及对事的态度方面的差异是人的性格的一个主要方面。

2. 惯常的行为方式

所谓惯常的行为方式就是区别于一时的、偶然的行为方式,即"怎么做",表明一个人如何去追求他所要得到的东西,反映人的行为方式。如某人勇敢、坚强,只是在一个偶然的场合表现出胆怯的行为,不能据此就说他有怯懦的性格特征。

稳定的态度和惯常的行为方式是统一的。人对现实的态度决定其行为方式,而惯常的行为方式又体现着人对现实的态度。

（二）性格的结构

人的性格非常复杂，它是由各种各样的特征有机结合而成的一个完整而有序的统一体。具体包括性格的态度特征、性格的意志特征、性格的情绪特征和性格的理智特征。

1. 性格的态度特征

包括个体对社会、集体和他人的态度，对工作与学习的态度，对自己的态度。如谦虚或自负（态度）、勤奋或懒惰、热情或冷漠、利他或利己、粗心或细心、创造或墨守成规等。性格的态度特征在性格结构中具有核心意义。

2. 性格的意志特征

指个体自觉地确定目标，调节支配行为，从而达到目标的性格特征。包括对行为目的的明确程度、对行为的自觉控制水平、在长期工作中表现出来的特征、在紧急或困难情况下表现出来的特征，如顽强拼搏、当机立断、屡败屡战。

3. 性格的情绪特征

指个体稳定而独特的情绪活动方式。包括情绪的强度、情绪的稳定性、情绪的持久性、主动心境。

4. 性格的理智特征

指个体在感知、记忆、想象、思维等认知过程中表现出来的认知特点和风格。如主动感知或被动感知、习惯于看到细节还是看到轮廓等。

## 二、婴儿性格的萌芽

儿童的性格是在先天气质类型的基础上，在与父母相互作用中逐渐形成的。儿童性格的最初表现是在婴儿期。3岁左右，儿童出现了最初的性格方面的差异，主要表现在以下几个方面：

（一）合群性

在儿童与伙伴的关系方面，我们可以看出个体之间明显的差异。如在幼儿园里，有些幼儿能够与小朋友们很好地合作共同完成活动任务、分享玩具、富有同情心、帮助有困难的小朋友等；而也有一些幼儿则表现出明显的攻击行为，如争抢小朋友的玩具、踢打物品、掐咬小朋友等。

（二）独立性

独立性是婴儿期发展较快的一种性格特征，独立性的表现在2—3岁变得明显。独立性强的孩子可以独立做很多事情，如自己吃饭、洗手等；而独立性差的孩子离不开妈妈，表现出很强的依赖性。

（三）自制力

到了3岁左右，在正确的教育引导下，有些儿童已经掌握了初步的行为规范，并学会了自我控制，如不随便要东西、不抢别人的玩具等；而有些孩子则不能控制自我，当要求得不到满足时,就以哭闹为手段要挟父母。

（四）活动性

有的儿童活泼好动,手脚动个不停,对任何事物都表现出很强的兴趣,且精力充沛；有的儿童则好静,喜欢做安静的游戏,常一个人看书或看电视等。

婴儿期性格的差异还表现在坚持性、好奇心及情绪等方面。

### 三、幼儿性格的年龄特点

在原有性格差异的基础上,随着年龄的增长,幼儿性格差异会更加明显,并越来越趋于稳定。但总的来说,幼儿的性格发展相对于小学和中学的孩子更具有明显的受情境制约的特点。家庭教育、幼儿园教育对孩子的性格发展有着至关重要的影响。同时,幼儿的性格具有很大的可塑性,行为容易得到改造。

在儿童性格差异日益明显的同时,幼儿性格的年龄特征也越来越明显,具体表现在以下几个方面：

（一）活泼好动

活泼好动是幼儿的天性,也是幼儿期儿童性格最明显的特征之一,不论是何种类型的幼儿都有此共性。即使那些非常内向、羞怯的幼儿,在家里或者与非常熟悉的小伙伴玩耍时,也会自然而然地表现出活泼好动的天性。

幼儿的活泼好动可以达到让成人无法理解的程度,似乎玩对他们来说是永远不会厌倦的。幼儿并不会因为自己的不断活动而感到疲倦,而往往由于活动过于单调和枯燥而感到厌倦。活动对形成幼儿良好、愉快的情绪状态具有积极的意义。

（二）喜欢交往

儿童进入幼儿期后,在行为方面最明显的特征之一就是喜欢和同龄或年龄相近的小伙伴交往。对于大多数孩子来说,不需要他人特别介绍,孩子之间就会很快自然而然地熟悉起来,并一起做游戏。

（三）好奇好问

幼儿有着强烈的好奇心和求知欲,主要表现在探索行为和好奇好问。幼儿对未见过的、新鲜的事物非常感兴趣,什么都想看看、摸摸。好问,是幼儿好奇心的一种突出表现。幼儿经常问许多个"是什么"和"为什么",甚至连续追问。

（四）模仿性强

模仿性强是幼儿期的典型特点,小班幼儿表现尤为突出。幼儿模仿的对象可以是成人,也可以是儿童。对成人模仿更多的是对教师或父母行为的模仿,这是由于这些人是幼儿心目中的"偶像",他们希望通过对成人的模仿而尽快长大,进入成人的世界。儿童之间的相互模仿更多。幼儿模仿的内容多是社会性行为,在学习知识时也会模仿。幼儿的模仿方式可以是即时模仿（马上照着做）,也可以是延迟模仿（过一段时间后的模仿）。

### （五）好冲动

幼儿性格在情绪方面的表现就是情绪不稳定，好冲动。婴儿期和幼儿初期的儿童，不能意识到自己情绪的外部表现，他们的情绪完全表露于外，丝毫不加以控制和掩饰。随着言语和幼儿心理活动有意性的发展，幼儿逐渐能够调节自己的情绪及其外部表现，情绪的冲动性逐渐减少。

### 四、学前期儿童性格的表现和形成阶段

性格的发展是具有连续性的，后期的发展离不开早期发展的影响，这是人们的普遍共识。学前期是儿童性格的初步形成期，在此时期形成的性格特点对孩子日后的性格发展具有奠基作用。同时，也不能否认，在外界环境和教育的影响下，儿童的性格可能发生变化。

#### （一）学前儿童的性格表现

（1）儿童已经表现出明显的个别差异，这种差异表现在儿童行为的各方面，使孩子在不同的场合、不同方面的行为都显示出较强的一致性。如通过对幼儿日常行为的观察就可以发现每个孩子的典型特点。

（2）性格是一个多侧面的结构，儿童性格的初步形成是针对那些较低级的性格因素而言，而对人的性格有决定性影响或成为性格的主要特征的高层次的因素还远未形成。

（3）儿童性格的发展具有明显受情境制约的特点，儿童的行为直接反映外界的环境影响。

#### （二）性格的形成阶段

第一阶段是学前期，此时儿童的性格受情境制约，儿童的行为直接依从于具体的生活情境，直接反映外界影响。儿童尚未形成稳定的态度，行为较容易改变。

第二阶段是学龄初期和中期阶段，此时期儿童稳定的行为习惯已经形成，性格已较难改变。

第三阶段是从学龄晚期开始，行为受内心制约，且习惯已形成，这个阶段性格的改造更加困难。

## 任务六　学前儿童的个性发展与教育

每个幼儿成长与发展的速度、需要、兴趣、学习形式具有不同的特点，每个幼儿具有不同的气质类型、性格特征，每个幼儿来自不同的家庭，受到不同的家庭影响，每个幼儿已有的知识经验、行为习惯、价值观念亦不同。因此，在教育过程中必须考虑到每个幼儿的个体差异，并进行因材施教，不能把幼儿看成是一样的、相似的，不能用相同的教育

要求、方式方法对待不同的幼儿。

## 一、学前儿童的气质与教育

（一）正确认识幼儿的气质特点

1. 了解幼儿的气质特点

家长和教师可对幼儿在游戏、学习、劳动等活动中的情感表现、行为态度等进行反复细致的观察。

2. 接受幼儿的气质特点

接受幼儿先天遗传的某些气质特征，找出幼儿气质特征中的闪光点，宽容对待他们，多多鼓励，通过言传身教帮助他们养成良好的行为习惯。在教育中要以幼儿为主体，开展适合其天性的活动。

3. 不轻易对幼儿的气质类型下结论

幼儿虽然表现出各种气质特征，但教师不要轻易下结论，断定一个幼儿属于某种气质类型，这是由于在实际生活中纯粹属于某种气质类型的人是极少的，某一种行为特点可能为几种气质类型所共有。

（二）家长应根据幼儿的气质特点有针对性地进行教育

研究表明，幼儿的气质影响父母的教养方式。气质表现为容易适应、易于抚慰、易于社交的幼儿会引发父母温和、反应迅速的教养方式；气质表现为易怒的、苛求的和退缩的幼儿会导致父母激怒、疏远或缺少刺激的教养方式。

不同的幼儿对同样的教养方式可能会有不同的反应。因此，父母要了解自己孩子的气质特征，因材施教。一方面，帮助幼儿改正或消除消极的气质特征（如孤僻、畏怯、急躁、任性等）。另一方面，积极鼓励与表扬幼儿气质中的积极特征（如行动敏捷、灵活、乐于与人交往等）。消极特征的纠正和积极特征的发展可以引起整个气质类型的改变。

（三）教师应根据幼儿的气质特点开展良好匹配教育

教师进行教育和教学工作时，要针对幼儿的气质特点，提出不同要求，采取适当措施，区别对待。集体活动可以让多血质的幼儿有表现的机会，个人自由活动可以使黏液质、抑郁质的幼儿安心从事自己感兴趣的活动，并为胆汁质的幼儿提供自由活动、自我约束和调节的时间和空间。如果只有集体活动，那么胆汁质类型的幼儿则会因为不守纪律而总是处于受批评的境地，黏液质、抑郁质的幼儿则总是处于受干扰、内心不安的情境下。因此，教师要根据幼儿的不同个体特点设计能满足幼儿不同要求的课程。

对于多血质的幼儿，进行教育时要慎用表扬，该批评的时候要批评，严格要求有利于这类儿童的发展。同时注意培养他们的注意专一、自我控制能力和锲而不舍的精神，加强他们的责任感、纪律性。对于常出错误的胆汁质幼儿，必须采取有说服力的批评来触动他，让他清楚地意识到他们犯错误的严重后果，否则他会口头上很快承认错误，但在行为上却难以改正。对于黏液质的幼儿，由于他们的注意力难以转移，对事物的理解较慢，思维不够灵活，因此在教育他们和向他们提出要求时，要给予他们充分考虑的时间,便于他们慢慢认识到问题所在,急于向他们提出改正错误的要求,反而不容易让他们认识到错误。对于抑郁质的幼儿,由于他们对自己所犯的错误很敏感,感情体验深刻持久,教师要尽量不在公开场合批评他们,否则会让他们在同伴面前更抬不起头来。

气质本身并没有好坏之分,每一种气质既有优点又有缺点。教育的目的不是设法改变儿童原有的气质;而是要克服缺点,发展优点,使儿童在原有气质的基础上建立优良的个性特征。

## 二、学前儿童的能力与培养

（一）正确了解幼儿能力发展水平

在日常生活中,成人和幼儿长期接触,可以粗略地评定一个幼儿能力发展的特点和水平,也可以通过智力测验获得更精确的数据。智力测验是能力测验的一种,主要测验人的一般适应能力。通常使用最多的有比奈智力测验与韦克斯勒智力测验。两种智力测验都包含几组测量不同能力的题目,形式包括文字和非文字的两种。测验结果所得分数经过计算、转换之后便可取得一个智力的数量指标,即智商(IQ)。应用这种智商可以更为直观地标示出某个幼儿的智力水平在全体幼儿中的相对位置。但不要把智力测验看得太绝对化,不要只凭智力测验结果,特别是一次智力测验结果就来确定幼儿的智力水平,并非所有的测验结果都那么"灵验"。一"测"定终身,对幼儿的发展是非常有害的。近些年来,针对智力测验存在的问题与弊端,心理学工作者正在致力进行研究与改善。一方面,根据智力是在特定生活环境条件下形成和发展的观点,致力于按照幼儿的社会生活条件修订测验内容,更多地着眼于幼儿的智力活动过程。尽量使智力测验更好地为确定幼儿个人发展的最有利条件服务。另一方面,研究者趋于用综合的方法了解幼儿,既用智力测验,也强调在实际生活中通过观察和直接谈话,更客观、自然地了解幼儿及其智力发展水平。心理学家指出,测量的重点应放在"最近发展区",而不是放在幼儿已有的发展水平上,应着重考察幼儿接受教育的能力,亦称"可教性"。

（二）指导幼儿掌握有关的知识技能

能力和知识技能有着密切联系,掌握了与能力有关的知识技能,有助于相应能力的发展。例如,指导幼儿掌握丰富的词汇,说话时应该注意的要点以及正确的发音技能,可以促进幼儿言语表达能力的发展。

幼儿处于掌握知识和智力发展的最初阶段。从掌握知识的角度看,知识可分为直接知识和间接知识,两三岁是开始掌握间接知识的年龄。从智力发展的角度看,这又是思维开始发展的年龄,而思维是对事物的间接反映,是以知识经验为中介的。有了一定的知识经验,才可能对有关事物进行思维和想象。因此,对幼儿来说,知识掌握和智力发展都不可偏废。

（三）激发幼儿的兴趣

幼儿对事物的兴趣直接影响幼儿能力锻炼的机会。凡是幼儿感兴趣的事物或活动,幼儿会做出更多的投入并能使能力得到更多的锻炼。从这个意义上讲,激发幼儿积极有益的兴趣爱好,有助于发展幼儿的能力。事实上,幼儿对某项活动的兴趣也被看作他的某种能力的反映。

兴趣是在社会实践中形成的。对于幼儿来说,这些活动往往是具体和直接的。成人要注意利用各种具体的社会实践活动激发幼儿对事物的直接兴趣,借此增加锻炼幼儿能力的机会。

### (四)组织幼儿参加各种活动

幼儿的能力是在实践活动中形成和发展的。幼儿的实践活动是幼儿能力发展的基础。成人要根据幼儿所具备的能力,为他们组织适宜的活动,并鼓励和指导他们积极参加。例如,为了发展幼儿的创造力,就要为幼儿安排各种创造活动,如音乐、绘画、计算、主题游戏、戏剧表演、搭积木等,鼓励他们积极参加,自由创作,独立思考,使其创造力得到锻炼和发展。

### (五)培养幼儿的能力与个性的其他品质良好配合

能力作为个性的一个组成部分,与个性的其他特征关系密切。要发展能力,不能脱离整个个性的培养与发展。"勤能补拙"是中国的一句俗话,其含义表明了能力发展和良好个性的形成相依相辅,互为促进。一个在个性上大胆、开朗、勇于探索和不畏困难的人,就会比一般人有更多的机会去锻炼和发展自己的能力;而这种能力的提高,又会使他的个性更为突出。同时,个性对施展自己的才能起着至关重要的影响。现代社会需要一个人不仅有才能,而且要大胆敢为,能够表达自己的才能。个性上畏缩而缺乏主见的人即使有才能,也难以充分表达。

### (六)教育好能力异常的幼儿

对于有特殊才能的幼儿应创造条件,从小给予特殊的专业培养;对于智力超常的幼儿可以采取加快教学进度、增加教学内容等方法使他们的智力充分发展,求知欲得到满足。更应注意的是,对于有特殊才能的和智力超群的幼儿,要教育他们虚心学习,尊重别人,和别人和谐相处,防止养成骄傲自负、轻视别人或不爱学习等不良品性。

对于智力落后的幼儿要一视同仁,耐心教育,而且要给予更多关怀,可以减少学习的内容,放慢教学进度,减轻学习负担,帮助解决困难,更要经常鼓励,使他们改变沮丧、失望和压抑的心情,逐步形成自信、积极和愉快的心理。

对于能力异常的幼儿,应尽可能使他们参加特殊教育机构,受到更加适合的教育,以免影响他们的发展。

## 三、学前儿童的性格与培养

### (一)幼儿园教育

幼儿园的一日生活是培养幼儿良好性格的最基本的途径。一日生活中有着非常多的性格培养的机会和内容。在常规训练中,可以培养幼儿关心他人、勤劳等良好的品德和行为习惯。作为教师,我们还可以结合自己班级的实际情况,进行专门的德育教育,或者当班级幼儿出现典型行为时可以及时与其他幼儿分享并讨论,共同学习或改正。

最后,在各种活动和游戏中,也可以通过在活动中提出一些规则和要求来培养幼儿良好的性格特征。

### (二) 个别指导

每个幼儿在性格上或多或少都存在问题。在集体中,教师常常会集中处理同种类型的问题,但其实这些问题存在的原因却不一定相同。比如有的幼儿喜欢打人,当然不可避免有些是故意打人,但是也有些幼儿是出于自卫,或者出于喜欢模仿的性格特征而打人。教师必须做到个别指导,不能一概而论,否则可能会起到反效果。

### (三) 家庭教育

幼儿在幼儿园得到正确的培养固然重要,但是也需要家庭的配合和支持。可以说家庭的环境和父母的教养方法、生活习惯和文化程度对幼儿性格的形成至关重要。

#### 1. 树立榜样

幼儿很容易把一个人当作自己崇拜的对象,特别是父亲。他们大多认为自己的父亲是无所不能的,可以修家里的灯泡,或者修理自己的脚踏车或者遥控玩具,经常会听到孩子说"我爸爸可厉害了,他什么都会做",对自己的父亲无限崇拜。这时候,父亲如果能建立良好的自身形象,传递给幼儿坚强、勇敢、阳光的感觉,幼儿会不自觉地进行模仿。

#### 2. 正确的家庭教育

家长是孩子成长过程中最为固定的教育者。通常孩子身上反映出的性格问题,原因都可以在家庭中找到。从小在暴力环境中成长的幼儿,性格绝不会是从容的,他们要么自卑懦弱,要么暴力冲动,他们缺乏自信,希望得到别人的关注;在溺爱中成长的幼儿,性格也绝不会是坚强勇敢的,他们要么胆小不愿尝试,要么任性自私,不愿主动与人靠近,总是希望别人来迁就他们。

### (四) 家园合作

很多家长遇到棘手教育问题时都会寻求老师的帮助,或者希望得到老师的配合。所以老师当然也希望教育策略在实施时能够得到家长的支持和配合。只有幼儿园教育和家庭教育相结合,才能更全面、更客观地改善不同幼儿身上的性格问题,才能培养幼儿良好的性格。

岗位实践训练

案例:不同个性的四个男孩

## 12.1 认识钟表

适合年龄:3岁半以上。

活动目标:培养幼儿认识钟表的能力。

活动准备:钟表玩具。

活动时间:10分钟。

活动过程：

（1）教会幼儿认识整点。当长针指到12时，短针在哪个数上，就是几点钟。

（2）教会幼儿认识半点。如果长针在6上，短针走过了某个数，就读作几点半。

（3）教会幼儿认识一刻钟。如果长针在3上，短针在某个数上，就应读作几点一刻；如果长针在9上，短针走过了某个数，就应读作几点3刻。

（4）教会幼儿认识几分钟。例如，"5点过5分钟"或"差5分钟5点"，"5点半过5分钟"或"差5分钟5点半"，也可以说"5点一刻过5分钟"或"差5分钟到5点3刻"。

活动建议：幼儿总是按着一定的时间作息过着有规律的生活。一般，2岁的幼儿就能看出：早晨钟的两个指针竖直时就要起床，中午两个指针都在最高点时就吃午饭，下午钟的短针横指右方时午睡起床，下午两个指针再竖直时爸爸会回家吃晚饭，晚上短横指左方时就要睡觉了。这时幼儿就已经用自己能懂的方式看钟表。到了4岁，幼儿开始会读钟表，不过因为还未完全学会用5和10来数数，暂时先学会看几点、几点半、几点一刻和3刻，还可以学会过5分和差5分等。幼儿已经学会说大致的时间就基本够用了，等到学会5和10的数数后，自然就能读出几点几分了。

岗位实践训练
12.2、12.3、12.4

一、单项选择题

1. 美国心理学家加德纳提出了多元智能理论，这个理论表明了智力具有（　　）。(2015年上国考题)

  A. 结构性　　　B. 层次性　　　C. 整体性　　　D. 多样性

2. 让脸上抹有红点的婴儿站在镜子前，观察其行为表现，这个实验测试的是婴儿哪方面的发展？（　　）(2015年上国考题)

  A. 自我意识　　B. 防御意识　　C. 性别意识　　D. 道德意识

3. 教师要根据幼儿园的个体差异进行教育，以下不属于幼儿个体差异的是（　　）。(2016年下国考题)

  A. 某幼儿往常吃饭很慢，今天为了得到教师的表扬，吃得很快

  B. 有的幼儿吃饭快，有的幼儿吃饭慢

  C. 某幼儿动手能力很强，但语言能力弱于同龄儿童

  D. 男孩通常比女孩表现出更多的身体攻击行为

4. 曼曼说："我一定是个好孩子，因为妈妈和老师总是这么说。"这说明幼儿对自己的评价是（　　）。(2019年国赛试题)

  A. 客观性的　　　　　　　　B. 整体性的

  C. 波动性的　　　　　　　　D. 依从性的

5. 有的幼儿表现出对表演的兴趣，而有的幼儿表现出对画画的兴趣，这体现的是幼儿个性结构（　　）的差异。(2021年国赛试题)

A. 个性倾向性系统　　　　　　B. 自我意识系统
C. 个性心理系统　　　　　　　D. 自我评价系统

## 二、填空题

1. 心理活动动力方面的特征是_____、_____、_____、_____。

2. 巴甫洛夫在自己长期的研究中,发现高级神经活动的神经过程有三个基本特征:_____、_____、_____。

3. 气质的类型有四种:_____、_____、_____、_____。

4. 幼儿最突出的性格特点是_____、_____、_____、_____。

## 三、判断与说明(判断下面的说法是否正确,并说明理由)

1. 性格是先天的,而气质是后天环境影响的结果。　　　　　　　(　　)

2. 幼儿自我评价从 2—3 岁开始出现。　　　　　　　　　　　　(　　)

3. 个性是一个人心理特征的总和,所以有些人个性很强,有些人个性很弱甚至没有个性。　　　　　　　　　　　　　　　　　　　　　　　　　　(　　)

4. 气质具有先天性,因此初生时爱哭爱闹的人将毕生不能安静。　(　　)

5. 智力发展的基本趋势是先快后慢。　　　　　　　　　　　　　(　　)

课后自测

# 学前儿童的社会性

1. 了解学前儿童亲社会行为发展的影响因素。
2. 了解学前儿童攻击性行为的特点及影响因素。
3. 了解依恋的三种类型及家长教养方式的四种类型。
4. 理解学前儿童同伴交往的类型及影响因素。
5. 能根据实际情况分析影响依恋的因素,有效地引导亲子交往。
6. 能根据实际情况分析学前儿童的社会性,并采取应对措施。

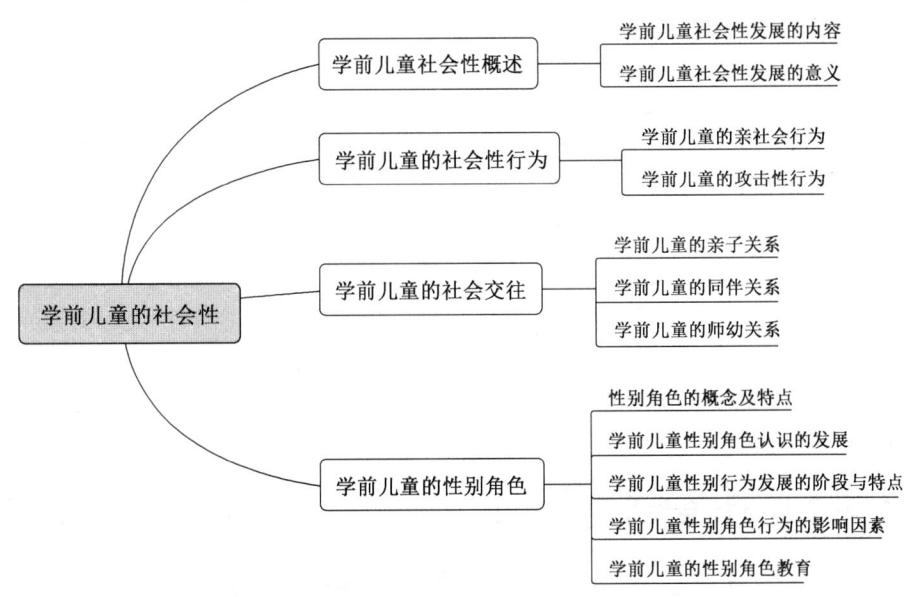

案例导学

　　小美和俊凯在建构游戏区玩"别墅设计师"的游戏，小美要搭一个大大的游泳池，她把公共材料区所有半圆形的积木块都拿到了自己旁边，可是正在搭花园的俊凯也需要半圆形积木块，于是他开始指责小美抢光了半圆积木，并试图夺几块过来。小美不甘示弱护住积木并说道："我先拿到的就应该是我的！"两人为此争论不休，就在这时，站在旁边的卡卡说道："你们为什么不一起搭一个又有游泳池又有花园的大别墅呢？"在卡卡的建议下，小美和俊凯达成了一致的意见，三人搭起了一栋"豪华明星别墅"。

　　为什么小美和俊凯会有这样的举动呢？幼儿同伴交往有哪些特点？在进行学前教育时应采取哪些对策、方法才能有效地缓解学前儿童的这些行为呢？

# 任务一　学前儿童社会性概述

　　社会性发展（幼儿的社会化）是指幼儿从一个生物人到逐渐掌握社会的道德行为规范与社会行为技能，成长为一个社会人并逐渐步入社会的过程。它是在个体与社会群体、幼儿集体以及同伴的相互作用和相互影响的过程中实现的。社会性发展是儿童健全发展的重要组成部分，促进儿童社会性发展已经成为现代教育最重要的目标；幼儿期是儿童社会性发展的重要时期，幼儿社会性发展是儿童未来发展的重要基础。

## 一、学前儿童社会性发展的内容

　　《3—6岁儿童学习与发展指南》明确指出，人际交往和社会适应是幼儿社会学习的两个子领域，也是其社会性发展的基本途径。根据《指南》的精神，幼儿在与成人和同伴交往的过程中，不仅学习如何与人友好相处，也在学习如何看待自己、对待他人，不断发展适应社会生活的能力。

　　学前儿童社会性发展的主要内容有亲子关系、同伴关系、性别角色、亲社会行为和攻击性行为。亲子关系和同伴关系既是幼儿社会性发展的重要内容（人际关系），又是影响幼儿社会性发展的重要因素；性别角色是作为一个有特定性别的人在社会中的适当行为的总和，是社会性的主要方面；而亲社会行为和攻击性行为则属于儿童道德发展的范畴。

## 二、学前儿童社会性发展的意义

### （一）社会性发展是学前儿童健全发展的重要组成部分

　　社会性发展、体格发展和认知发展是学前儿童发展的三大方面，社会性发展是学前儿童健全发展的重要组成部分。学前儿童社会性的良好发展能够有效促进其身心健康，并且能够对学前儿童的心智发展产生影响，如果一个学前儿童的社会性发展良好，其自控力和适应能力就会很强，也容易和别人相处，在情绪、心态和自信心等方面都会有积极的表现。越早进行社会性发展教育，越有利于学前儿童认知的发展，使学前儿童拥有更多、更好的与社会交流和沟通的机会，从而感知和认识各种不同的社会现象和事物，并对这些现象和事物在了解的基础上进行判断，进而形成自我的认识。

（二）社会性发展是学前儿童未来发展的重要基础

学前儿童的社会性发展是人一生发展的重要基础。一个人从刚出生就开始了社会性发展，其整个成长过程就是一个社会化发展的过程。在和人的交往中，个体不断了解社会中的各种规范、知识体系、行为方式和价值取向等，并将其转化为自己的行为准则，从而成为社会所认可的真正意义上的社会人。在现实教育中，要让学前儿童在和同伴的玩耍过程中充分认识自己和环境，然后学会控制自己的情绪，学会处理和他人之间的矛盾，知道如何和别人进行分享与合作，养成良好的生活习惯，建立良好的人际关系，从而实现学前儿童健全人格的塑造。

# 任务二　学前儿童的社会性行为

社会性行为是指人们在交往活动中对他人或某一事件表现出的态度、言语和行为反应。它在交往中产生，并指向交往中的另一方。根据其动机和目的不同，可以分为亲社会行为和反社会行为两大类。

亲社会行为是指任何符合社会期望而对他人、群体或社会有益的行为及趋向，如帮助、安慰、捐助或救助他人，与他人合作、分享、谦让，甚至包括赞扬他人，使他人愉快。亲社会行为又称向社会行为、利他行为。罗森汉（Rosenhan，1972）曾提议把亲社会行为区分为两类，一类是自发的亲社会行为，即动机是关心别人的亲社会行为；另一类是常规性的亲社会行为，即期望得到自身的好处，或是避免别人批评自己而做的善意行为。这种划分方法得到了许多心理学家的赞同。儿童的亲社会行为主要有同情、关心、分享、合作、谦让、帮助、抚慰、援助、捐献等。

反社会行为也称消极的社会行为，是指可能对他人或群体造成损害的行为和倾向。其中最具代表性的、在幼儿中最突出的是攻击性行为，也称侵犯性行为，如骂人、推人、抓人、扣人、破坏他人物品等。一旦形成攻击性行为倾向，就很难矫正，而且它影响人们成年后良好社会性的发展，不利于形成良好的人际关系，阻碍人际交往，影响人们日常的生活、学习和工作。因此，在学前阶段必须严格加以控制，尽量避免儿童形成攻击性行为。

## 一、学前儿童的亲社会行为

### (一) 亲社会行为的早期发展

**1. 3 岁前儿童的亲社会行为**

20 世纪 80 年代的一些研究发现,12 个月的婴儿会与别人"分享"他感兴趣的活动,偶尔还会把玩具给同伴玩。将玩具出示和递给不同的成人(母亲、父亲或陌生人),在 18 个月的儿童中是很常见的行为。研究者认为,分享行为包括第一次拿物体给别人看,第一次送东西给人……这是发展的里程碑。这些年幼儿童的分享行为表明他们已经开始参与人际交往活动。

**2. 3—6 岁儿童的亲社会行为**

我国学者王美芳、庞维国对学前儿童在幼儿园的亲社会行为进行了观察研究。结果表明:① 儿童亲社会行为主要指向同伴,极少数指向教师。② 儿童的亲社会行为指向同性伙伴和异性伙伴的次数存在年龄差异,小班儿童指向同性、异性同伴的次数接近,而中班和大班儿童的亲社会行为指向同性伙伴的次数不断增多,指向异性伙伴的次数不断减少。③ 在儿童的亲社会行为中,合作行为最为常见,再次为分享行为和助人行为,安慰行为和公德行为较少发生。例如,当一些幼儿入园时因为感冒不舒服而心情不好,很少言语,也不像往常一样积极地参与小朋友的游戏时,有的幼儿能马上发现,并关切地询问:"你怎么了?你为什么不高兴?"当得知其生病时,就劝慰他:"别着急,会马上好起来。"有的幼儿还把自己最喜欢的玩具让给他玩,或邀请他参加自己的游戏。

### (二) 亲社会行为的影响因素

**1. 换位思考问题**

儿童在与他人发生交往的过程中,亲社会行为的发生会受到许多因素的影响,其中,是否能够理解别人的观点,即是否能换位思考问题,与儿童亲社会行为有着密切的联系。

**2. 移情作用**

移情是体验他人情感的能力。移情训练有助于培养和增加儿童的亲社会行为。有研究者通过移情榜样训练、对他人情绪的敏感性的训练、情绪追忆训练和情感换位训练等方式对幼儿进行了为期三个月的移情训练。结果表明,移情训练对增强幼儿的助人、分享、合作、礼貌等亲社会行为有非常显著的效果。

**3. 父母抚养方式**

社会学习有助于促进儿童的亲社会行为。在儿童亲社会行为的发展过程中,父母的直接教育和对亲社会行为的强化起了重要作用。霍夫曼的抚养幼儿的研究表明,温和养育型的父母趋向抚养利他幼儿,父母与幼儿的温和养育关系对幼儿亲社会行为的发展有重要的作用。当年龄较小的幼儿观察慈善或助人的榜样时,他们自己一般会有更多亲社会行为——尤其这个榜样是他认识和尊敬的,并和这个榜样建立了温和、友好的关系。

4. 文化差异

每一种文化在赞同和鼓励亲社会行为方面显然是不同的。一项跨文化研究考察了六种文化中的3—10岁儿童的行为。研究表明,亲社会行为最多的幼儿来自未开化的社会,而西方社会幼儿的亲社会行为得分较低。此外,电视对儿童亲社会行为也会产生影响。

（三）亲社会行为的培养

促进幼儿亲社会行为发展常用的手段有以下几种:

1. 角色扮演训练

角色扮演训练就是引导幼儿体验在某些情境下他人的行为和心理感受,进而在现实生活中遇到类似情况时能做出恰当的反应。比如,"我是小司机",引导幼儿遵守交通规则;"医生看病",引导幼儿正确地对待看病以及做好疾病的预防。教师还要利用角色扮演来教育幼儿,使其具有内在的自我调节能力,这比一味地限制、要求等外部约束要有效得多。幼儿遇到类似情况时,在做出消极行为前,便会回忆起以往的体验,脑海中浮现出受害同伴痛苦的表情,于是便会抑制自己的消极行为,从而做出互助、分享等积极行为。

2. 榜样示范

模仿有利于亲社会行为的增加。家长是幼儿最好的榜样,父母的教养方式影响着幼儿亲社会行为的发展。民主型教养方式的父母多采用较为温和的、非强制性的说理方式来教育幼儿,幼儿也从父母的教育、教养行为中习得了以同样的方式对待他人。上了幼儿园后,教师的一言一行是幼儿模仿的榜样。因此,家长和教师应注意在日常生活中规范自己的行为,注意与周围的人和睦相处、积极合作,并热心为他人排忧解难等,优化幼儿的生活环境,让幼儿从中找到学习、模仿的良好榜样。

3. 表扬和奖励

幼儿的亲社会行为无论是自觉的还是不自觉的,都需要得到群体的认可,因此,精神奖励对巩固幼儿的亲社会行为具有不可估量的作用。幼儿一旦出现了亲社会行为,成人就要及时强化,如表扬、奖励等,使幼儿获得积极反馈,达到逐渐巩固的目的。反之,习得的亲社会行为可能会消退。因此,恰当地运用表扬、奖励,能有效地促进幼儿亲社会行为的发展,并在一定程度上抑制幼儿的攻击性行为。

## 二、学前儿童的攻击性行为

攻击性行为又称侵犯行为,是针对他人的敌视、伤害或破坏性行为。侵犯可以是身体的侵犯、言语的攻击,也可以是对别人权利的侵犯。儿童的许多攻击性行为并非对对方有明确的敌意,而是为了其他目的而对他人造成伤害。攻击性行为在不同年龄阶段的儿童身上都会有或多或少的表现,一般表现为咬人、踢人、抓人、推人、打人、抢东西、骂人等。

（一）学前儿童攻击性行为的发展

1岁左右儿童开始出现工具性攻击性行为,到2岁左右儿童之间表现出一些明显的冲突，如打、推、咬等。到幼儿期，儿童的攻击性行为发生了很大的变化。从频率上看，4岁之前，攻击性行为的数量逐渐增多，到4岁最多，之后数量就逐渐减少。从具体表现上看，多数幼儿采用身体动作的方式，如推、拉、踢等，尤其是年龄小的幼儿。随着语言的发展，从中班开始逐渐增加了言语的攻击，而身体动作的攻击反应逐渐减少。从攻击性质上看，以工具性攻击性行为为主，但慢慢出现敌意性的攻击性行为。幼儿期，儿童的攻击性行为在频率、表现形式和性质上发生了很大的变化，具有以下特点：

（1）幼儿攻击性行为频繁。主要表现为：为了玩具和其他物品而争吵、打架。攻击性行为更多的是直接争夺、破坏玩具或物品。

（2）幼儿更多依靠身体上的攻击，而不是言语的攻击。

（3）从工具性攻击向敌意性攻击转化。小班儿童的工具性攻击性行为多于敌意性攻击性行为，而大班儿童的敌意性攻击显著多于工具性攻击。

（4）幼儿的攻击性行为有着明显的性别差异。幼儿园中男孩比女孩更多地被怨恨和更多地卷入攻击性事件，男孩比女孩更容易在受到攻击以后发动报复行为，碰到对方是男孩比对方是女孩时更容易发生攻击性行为。

（二）学前儿童攻击性行为的影响因素

1. 儿童的教养环境

对攻击性儿童的家庭调查结果表明，家庭的情感气氛和教育方式对儿童攻击行为有极大的影响。愤怒和惩罚笼罩着的家庭，容易"创造"出一个"失去控制"的儿童。身处沉重的生活压力下的父母，对孩子往往使用强制性的训导，如果儿童再有个性缺陷，就会发生攻击行为。如果家长本人富于攻击性，经常使用家庭暴力，为孩子提供攻击行为的原型，就更容易教会孩子相应行为。

2. 社会认知的缺陷和歪曲

社会认知缺陷和歪曲增加了攻击行为的产生和延续。具有攻击行为的孩子，往往对攻击行为的后果有一种错误的认知。在他们看来，攻击行为能有效地减少他人的挑逗、取笑和其他令人不愉快的行为。因此，他们倾向于利用攻击行为作为保护自己的常用手段。

富有攻击性的儿童在社会认知上的另一个偏见是自尊过强。尽管他们可能在学业上遭到失败，但他们自我高度膨胀，认为自己是优秀的、有能力的。当他们的某一行为遭到挫折或不被他人理解时，就会生气转而攻击他人。

3. 交流及文化的影响

当同龄人的群体氛围是紧张的、有竞争性的，而不是友好的、合作的时候，敌对性是更有可能发生的。这种群体特点在那些有一系列压力的贫困地区更普遍，这里的压力包括低质量的教学、有限的娱乐和就业机会以及负面的成人角色模范。

社会文化氛围也是影响攻击行为的重要来源。在一个把攻击行为当作维护个人利益有效手段的社会里，或在一个以武力决定个人威望的区域中，儿童热衷于攻击行为是不奇怪的。

4. 经验积累与强化

某些幼儿的攻击性行为是在其与周围人或物交互作用的过程中获得的,他在这一过程中所获得的经验起着至关重要的作用。因此,在幼儿遭受攻击时,对于他们所表现出来的一味忍让、消极躲避等应对行为,教师不应给予表扬和鼓励。而在幼儿出现攻击性行为时,教师不加制止或听之任之,如此就等于强化了幼儿的侵犯行为。

(三) 攻击性行为的教育策略

攻击性行为不仅会影响到儿童道德行为的发展,而且如果任其发展,延续到青少年时期,就容易形成攻击性人格。这将会影响个体以后良好人际关系的形成和正常的社会交往,有的甚至还可能转化为犯罪行为。基于此,家长和教师应做好以下几点:

1. 尽量满足儿童合理的心理需要

公正地对待每个儿童,尽可能多地关注和尊重每一个儿童,让每个儿童都有成功和表现自我的机会;对儿童的期望要合理,不宜过高,因为过高的期望只会增加孩子的挫折感,增加其攻击性行为;要尽量减少对儿童的不适当的限制和控制,以减少他们的挫折感,进而减少其内心压力,减少其攻击性行为的产生。

2. 努力给儿童提供宣泄内心压力的形式和途径

对幼儿的攻击性行为宜"疏"不宜"堵",不应采用简单的堵截方式(如限制幼儿的活动、不理会幼儿的申辩等),让幼儿"安静"地压抑其攻击性。要努力创造各种机会,让儿童宣泄其内心的紧张情绪,以减少他的攻击性行为产生的可能性。另外,还可以多与每个儿童交谈,交流感情,耐心倾听他们的心声。

3. 正确认识儿童的攻击性行为,进行有效的控制和引导

① 尽可能地不要让攻击者从攻击性行为中得到任何好处,否则就是鼓励其攻击性行为。② 对于被攻击后一味忍让的幼儿,要教会他们通过报告老师等有效手段来维护自己的权益,这对被攻击者以及攻击者的心理健康发展都是有益的。③ 减少幼儿的挫折体验。攻击性行为产生的直接原因主要是挫折。一个受挫折的幼儿比一个心满意足的幼儿更具攻击性。

成人应教给儿童恰当的交往方式,特别是当自己的愿望、需要与他人发生矛盾冲突时,要注意控制自己,以积极、恰当的方式解决冲突。

# 任务三 学前儿童的社会交往

每个人从呱呱坠地开始,就不再是独立的"自然人",而在不断进行着"社会化"的过程。0—6岁是人生最初的阶段,是儿童社会化的重要时期。亲子关系、同伴交往、师幼交往等都是儿童社会特征获得的重要途径。

## 一、学前儿童的亲子关系

父母是孩子的第一任教师,儿童最初接触到的社会环境就是家庭环境,最初的社会交往就是亲子交往,亲子交往在儿童身心健康发展中具有不可替代的作用。建立良好的亲子关系,父母能正确地对待学前儿童的需要,适度地满足他们生理和心理的需要,对学前儿童的健康成长将起到良好的促进作用。

(一)亲子关系的概念

亲子关系是指父母与子女的关系,也可以包含隔代亲人的关系。亲子关系有狭义和广义之分,狭义的亲子关系是指儿童早期与父母的情感联系,而广义的亲子关系是指父母与子女的相互作用方式,即父母的教养态度与方式。亲子关系是一种血缘关系。

良好的亲子关系对儿童的健康成长具有重要的作用。首先,早期亲子间的情感联系是以后儿童建立同他人的关系的基础,早期亲子关系良好的儿童比较容易与其他人建立较好的人际关系。其次,父母的教养态度和方式会直接影响到儿童个性品质的形成,也是影响儿童人格发展的最重要因素。如果父母态度专制,孩子容易懦弱、顺从,而父母的溺爱则容易导致孩子任性等。

(二)早期亲子依恋的发展

依恋,一般是指个体对某一特定个体的长久持续的情感联系。即婴儿寻求并企图保持与另一个人亲密的身体联系的倾向。它是婴儿与抚养者之间一种积极的、充满深情的感情联结,对孩子形成早期的信赖有着重要影响。

1. 婴幼儿依恋的发展

鲍贝尔比提出依恋的发展可分为以下四个阶段:

一是无分化阶段(出生到3个月)。在新生儿的脸上,你能看到一种奇妙的笑,这是一种具有一定节奏的运动,它是神经兴奋周期的反映,是身体内部状态引起的一种反射,与外界刺激无关。在新生儿心情舒畅的时候,对映入眼帘的任何刺激物都会报以微笑,因此,这种微笑被称为非社会性微笑(即生理微笑),也有人称为"自发性微笑"。这一时期,婴儿对人的反应没什么差别,喜欢所有的人,喜欢看人的脸,听到人的声音、看到人就会笑,还会咿呀咿呀地乱说。

二是低分化阶段(3—6个月)。在3个月左右,婴儿的行为发生了较大的变化,一反过去对任何人都友好的态度,其表示微笑的对象仅限于几个熟悉的人。当他看见陌生人时,他只是注视着,如果陌生人对他微笑或抱起他时,他才做出一些反应。但是,对悉心照料他的母亲却产生了依恋行为,诸如依附、要求接近或吮吸、咿呀喊叫等。到了7—8个月,婴儿的行为变化更大,当陌生人靠近时,他就哇哇大叫甚至哭闹不安,并转而寻求母亲的所在,当他接近母亲时,一般是伸手臂做出欲抱的姿势。这说明此时的婴儿已能敏锐地辨别熟人和生人了。此时,婴儿真正的依恋行为便产生了。但此时的儿童除了能从人群中找出母亲,仍旧不会介意和父母分开。

三是依恋形成阶段(6个月到2.5岁)。6个月以后,婴儿明显对依恋对象给予深深的关切,当依恋对象离开自己的视线,常常主动寻找并会哭闹,而当依恋对象回来时则显得十分高兴。当依恋对象在身边时,婴儿玩得格外开心,会觉得依恋对象是安全保障。而对于陌生人则表现出明显的差别,怯生是常见的表现。

8个月后,婴儿害怕与母亲分离,越来越依恋母亲。当他听到母亲的声音时显得相当安静,而离开母亲时则会出现强烈的烦躁情绪或不安反应,儿童将依恋之情全部集中于母亲一个人身上,而对母亲之外的人则不再过分亲近,即对人不加区别的友好态度相应减少。

从这时候起,孩子对母亲的存在尤其关注,特别愿意与母亲在一起,与母亲在一起就很高兴,而当母亲离开时则非常不安,表现出一种分离焦虑。同时,当陌生人出现时,孩子则会显得谨慎、恐惧甚至哭泣、大喊大叫,表现出怯生、无所适从。不过,这时候的孩子已经明白成人不在视野范围内后还会继续出现,所以他们以母亲为安全保障,在新环境中探寻、冒险,然后又回来寻求保护。

四是修正目标的合作阶段(2.5岁以后)。随着认知水平和语言能力的提高,儿童的自我中心减少,能从母亲的角度看待问题。亲子之间形成了更为复杂的关系,具有"目标—矫正"的"伙伴关系"性质。儿童能认识并理解母亲的情感、需要、愿望,知道她爱自己,不会抛弃自己,他们已经理解父母离去的原因,也知道他们什么时候回来,这时分离焦虑便降低了。儿童会同父母协商,向成人提出要求,亲子之间的合作性加强。

2. 依恋的类型

美国发展心理学家艾斯沃斯(Mary Ainsworth)为研究母婴依恋的个别差异(1978)建立了一个称为"陌生情境"的实验程序(见表13-1),这一程序用于10—24个月的儿童,因为这时是儿童表现分离焦虑和陌生人焦虑的敏感时期。

表13-1 "陌生情境"实验程序

| 序号 | 人的出现 | 情境变化 |
| --- | --- | --- |
| 1 | 母亲,婴儿 | 进入房间 |
| 2 | 母亲,婴儿,陌生人 | 陌生人进来,加入母婴情境 |
| 3 | 婴儿,陌生人 | 母亲离去 |
| 4 | 母亲,婴儿 | 母亲回来,陌生人离去 |
| 5 | 婴儿 | 母亲离去 |
| 6 | 婴儿,陌生人 | 陌生人回来 |
| 7 | 婴儿,母亲 | 母亲回来,陌生人离去 |

"陌生情境"实验的每段时间均为3分钟,如果儿童过于痛苦,第3、5、6段可以缩短,而4、7段有时可以延长。按照此法进行检测,艾斯沃斯把依恋划分为3种类型:A型,回避型(20%);B型,安全型(60%—65%);C型,矛盾型(15%)。这三种类型的行为特征如下:

第一,回避型。对于这类儿童而言,母亲在不在他的身边对他没有什么大的影响,母亲离开时他也不会有很大的情绪变化,母亲回来时,有时他毫无反应或只是温存一下就去玩自己的。此类儿童常常接受陌生人对他的安慰,对母亲没有表现出明显的依恋现象,没有形成对母亲的依恋,也称无依恋儿童。

第二,安全型。这类儿童在与母亲一起时能安定地玩,对陌生人也有较大的兴趣,并且不经常跟在母亲的身边。如果母亲离开,也许会表现出短时间的苦闷,但很快恢复。母亲回来他会积极寻求母亲的接触,但很快能安静地继续游戏。

第三,矛盾型。此类儿童当母亲离开时常常会表现出极度的抗拒,要求母亲不要离开。但与母亲在一起时又常会觉得没有安全感,母亲主动亲近他,有时会表现出明显的抗拒,但要求他重新玩游戏时,又会不时关注母亲是否存在。他们对陌生人还表现出退缩、难以接近的现象。

在三种依恋类型中,安全型依恋为良好、积极的依恋,而回避型和矛盾型依恋为不安全型依恋,是一种消极、不良的依恋。依恋的性质取决于母亲对儿童所发出信号的敏感性和对儿童的关心程度。如果母亲能对儿童发出的信号做出及时、恰当、抚爱的反应,儿童就能发展对母亲的信任、亲近,形成安全型依恋;反之则不能。因此,母亲是否对儿童敏感、有爱心,对儿童安全依恋的形成至关重要。早期安全依恋的形成对儿童心理的发展具有深远的影响,这应引起父母足够的重视。

(三)亲子交往的形式

良好亲子关系的建立必须依赖于互动的亲子交往活动。一般来说,亲子交往活动表现为下面三种活动形式:

1. 家长→儿童

这种形式是指家长用语言、行为等方式作用于儿童,如告知、讲述、要求、命令、指使、示范等形式。在这个过程中,儿童基本上处于看、听的状态,即家长主动、儿童被动。

2. 儿童→家长

这种形式是指儿童用语言、行为等方式作用于家长,如孩子讲自己的事、谈自己的想法、介绍自己的朋友、倾诉感情、发泄不满等。在这个过程中,家长主要是听、看状态,即儿童主动、家长被动。

3. 儿童↔家长

这种形式是指儿童与家长用语言、行为、情感等方式相互作用,如互相沟通、互问互答、共同商量、讨论、互相争辩等。在这个过程中,家长和儿童建立了良好的情感关系,两者都处于积极主动的状态。

(四)亲子交往的影响因素

亲子间的相互作用并不是孤立存在的,它受到亲子双方及周围环境中诸多因素的影响,概括起来有以下几点:

1. 父母的性格、教育观念及对儿童发展的期望

父母的性格、教育观念及对儿童发展的期望对其教养行为有直接的影响。一般情况下,脾气温和、性格平稳的父母比较容易接受孩子的行为和态度;相反,脾气暴躁的人

容易成为专断型的父母。另外，如果父母对孩子发展抱有极高期望，那么父母也往往采用高控制的教养方式，很可能成为权威型父母；对子女将来不抱太高希望的父母，则可能放任孩子，表现出过分宽容的态度。

2. 父母的受教育水平、社会经济地位及父母之间的关系状况

父母的受教育水平、社会经济地位以及父母之间的关系状况等也会影响亲子交往。一般情况下，有工作，尤其是从事知识性、层次较高工作的父母，在亲子交往中多采用引导、说理和鼓励的抚养方式，亲子关系比较融洽，儿童发展也比较顺利。相反，没有固定工作、家庭经济情况比较困难的父母，则在与儿童的交往中容易缺乏耐心，多采用简单化的或者训斥、拒绝的教养态度，影响亲子关系和儿童发展。

另外，母亲在教养子女的过程中占有很重要的地位，母亲是否参加工作，以及从事什么类型、性质的工作，对其与子女的交往关系乃至儿童的身心发展，都有相当程度的影响。

3. 儿童自身的发展特点和发育水平

每个孩子从出生就表现出独特的"个性"，有的强壮，有的弱小；有的安静，有的活跃。这些体质、气质上的差异往往引起父母不同的抚养行为。例如，容易抚育型的婴儿，常常对父母"笑脸相迎"，能对父母的抚爱做出积极响应，并少有哭泣，他们的父母一般倾向于对他们充满喜爱，反应积极，亲子之间交往机会较多，父母对孩子给予更多的注意和爱抚；而困难抚育型的婴儿，经常哭闹，且很难平静下来，对父母的抚养行为缺乏积极的响应，他们的父母也往往倾向于不满、抱怨，甚至责备、惩罚孩子，很少为他们提供积极、耐心的指导，父母控制、拒绝较多，亲子关系容易紧张。

儿童经常性的行为表现，不仅决定着其父母采取何种教养方式，而且可能使父母产生对儿童的某些"成见"，从而影响父母对子女将来发展的期望以及教育方法的运用。

（五）良好亲子关系的建立

（1）父母端正教养态度与教养方式。父母的教养态度是成人对于家庭教育中父母教育角色的自觉、不自觉的态度、评价与操作方式。教养方式是成人对于孩子实施养育的具体方式方法。

（2）建立亲子间安全的依恋关系。建立良好的亲子依恋关系不仅对孩子的人格发展有重要影响，还能促进家庭的和谐。父母需要意识到自己的角色，不仅要成为孩子的朋友，更要成为他们的引导者和支持者。通过无条件的爱、及时的响应和稳定的情绪管理，有效地建立和维护安全的亲子依恋关系。

（3）了解与尊重儿童的成长规律。第一，正确对待成长的反抗期。儿童在2—3岁进入第一反抗期，这一阶段父母应理解孩子、尊重孩子；提出的要求要合情合理，符合孩子的实际情况；相信孩子，满足孩子的好奇心和合理要求；不能娇惯、放纵孩子。孩子喜欢跟父母说"不"，本是一种正常现象，但如果听之任之或百依百顺，就会形成孩子任性、骄横的性格。第二，发展的关键期不容错过。在儿童的成长过程中，有很多发育关键期不容错过。例如，目前已经有研究指出，宝宝的大脑神经突触连结在3岁前达到高峰，而语言发展的高点出现在11个月大时。

（4）要保证亲子沟通的时间与质量。保证亲子沟通的时间与质量的关键在于选择合适时机，采用正确的沟通策略和技巧。首先，选择适当的沟通时机非常重要。孩子起床前、刚回家时或入睡前，家长可以与孩子进行亲密的交流，了解他们的内心想法。其次，采用正确的沟通策略和技巧也是保证沟通质量的关键。家长要学会倾听孩子的想法和感受，给予他们充分的关注和尊重。耐心倾听并给予积极地回应，这样能够增强孩子的自信心和与家长沟通的意愿。家长要有同理心，站在孩子的角度看问题，理解他们的感受和需求。这能够拉近家长与孩子的心理距离，促进更好地沟通。家长还可以尝试了解孩子的兴趣爱好，并积极参与其中，拉近彼此的距离。

（5）开放儿童自主活动的时间和空间。每个人都有适合自己的发展方向，给孩子一定的自由，让他们尝试更多新鲜事物，发现自己感兴趣的东西和领域，有充足的时间去思考、实践和探索。通过自主活动，孩子能够发展独立思考和解决问题的能力，从而增强自信心和责任感。这种能力的提升不仅有助于孩子成长，还能促进亲子之间的沟通和理解，增强家庭成员之间的联系。

（6）开展形式多样的亲子游戏。亲子游戏能够促进亲子关系，通过共同参与和互动，家长和孩子之间的情感联系得到加强，有助于建立更加紧密和信任的亲子关系。父母可以通过多种形式的亲子游戏来增强与孩子的互动，促进孩子的全面发展，比如运动类、益智类、创意类等亲子游戏，这些游戏不仅有趣，还能提升孩子的专注力、反应力和创造力。

## 二、学前儿童的同伴关系

同伴关系（Peer Relationships）是指年龄相同或相近的儿童之间的一种共同活动并相互协作的关系，或者是指同龄人之间或心理发展水平相当的个体之间在交往过程中建立和发展起来的一种人际关系。虽然，同伴关系没有亲子关系那样充满亲情，也没有师生关系那样富有"教育性"，却能够为儿童提供一种全新的社会经验。通过同伴交往，儿童能更全面地认识社会生活，发展交往能力，提高社会适应性。

（一）学前儿童同伴交往的意义

随着年龄的增长，儿童与成人的交往持续减少，而与其他儿童的交往则不断增加。日益增多的同伴交往对儿童的社会化进程及发展具有独特、重要的意义。

（1）同伴交往有利于儿童学习社交技能和策略，促进其社会行为向友好、积极的方向发展。① 同伴交往有助于促进儿童社交技能及策略的获得。幼儿在与同伴交往中不仅需要自己去引发和维持交往，而且他从同伴那儿得到的反应远比从父母那得到的反应要模糊和缺乏指导性，如微笑、请求等，从而尝试练习自己还不会的社交技能和策略，因此，幼儿必须提高自己的社交技能，使其信号和行为反应更富有表现性，以使交往活动得以顺利进行。由此可见，同伴交往系统比亲子交往系统更能促进幼儿社交技能的提高。此外，与亲子交往相比，在同伴交往中，幼儿更会遇到各种不同的交往场合和情景，要求幼儿能根据这些场合与情景性质的不同来确定自己的行为、反应，发展多种社交技能和策略，以适应这种变化。② 在同伴交往中，同伴的反馈有助于儿童的社会行为向积极、友好的方向发展。与亲子交往相比,同伴交往中同伴反馈更真实、自然和及时。儿童积极、友好的行为,如分享、微笑等,能马上引发其他儿童的积极反应,得到肯定性的反馈;而消极、不友好行为正好相反,如抢夺、抓人等会马上引发其他儿童的反感,或引起相应的行为。儿童正是在与同伴的交往中通过不断调整、修正自己的行为方式,掌握、巩固较为适宜的交往方式。

(2)同伴交往是学前儿童积极情感的重要后盾。儿童与儿童之间良好的交往关系,和良好的亲子关系一样,能使儿童产生安全感和归属感,成为儿童的一种情感依赖,对学前儿童具有重要的情感支持作用。在幼儿园中观察可发现幼儿在同伴交往中经常表现出更多、更明显的愉快、兴奋以及无拘无束的交谈,并且能更放松、更自主地投入活动。同伴关系良好的幼儿往往感到很愉快;反之,则会产生消极的情感体验。

(3)同伴交往促进学前儿童认知能力的发展。在同伴交往的过程中,不同的孩子带有不同的生活经验和认知基础。他们在共同活动中也会做出各种不同的具体表现,即使面对同样的玩具,他们也可能玩出不一样的花样,所以同伴交往为幼儿提供分享知识经验、互相模仿学习的机会。同时,同伴交往也为幼儿提供了大量同伴交流、直接教导、协商讨论的机会。这些都非常有利于幼儿扩展知识、丰富认知,深化自己的思考,培养解决问题的能力。

(4)同伴交往有助于儿童自我概念和人格的发展。同伴交往为幼儿自我意识的发展提供了有效的对照标准,也为幼儿提供了自我评价的参照,使幼儿能够通过对照更好地认识自己,对自身的能力做出判断。同时,同伴交往对幼儿的自我调控也提供了丰富的信息和参考资料。

良好的同伴关系可以促进人格的健康发展,甚至在儿童处于不利的发展状况的情况下,可以抵消不良环境对其发展的影响。另外,儿童在早期同伴交往中获得的经验对塑造其个性、价值观及人生态度都有独特的、重要的影响。

(二)学前儿童同伴交往的发生和发展

1. 同伴交往的发生

婴儿很早就能对同伴的出现和行为做出反应。大约2个月时,婴儿能够注视同伴;3—6个月时,婴儿能够相互触摸和观望;6个月时,他们看见旁边的婴儿时,能彼此微笑和发出"咿呀"的声音。6个月以前婴儿的这些反应并不具有真正的社会性质,因为这时的婴儿可能把同伴当作物体或活的玩具(如抓对方的头发、鼻子),不能主动追寻或期待从另一个婴儿那里得到相应的社会反应。这时的行为往往是单向的,缺乏互惠性。直到出生后的下半年,真正具有社会性的相互作用才开始出现。

2. 同伴交往的发展

随着儿童的身体运动能力和言语能力的发展,他们的社会性交往变得越来越复杂。

1岁左右的孩子之间的简单交往最突出的特征是出现应答性的社交行为,即一个孩子对另一个孩子发出的微笑、语言或非语言的声音、抚摸、轻拍或递玩具的动作,能引起对方的反应。比如,对方会报以微笑、发出声音、注视他的行动,等等。从此,婴儿之间的最初的直接接触和互动开始发生。

1.5岁以后,由于婴儿语言的发展,行走自由,能接触更多的新事物,进而激起对新事物的好奇和兴趣。孩子之间越来越多地出现模仿性或互补性交往行为。这个年龄段孩子的同伴交往的特点是:虽然在一起玩,但互不干扰,各玩各的,熟悉以后,会相互观察、互相模仿,例如,相互模仿对方的动作,当一个孩子站到墙角,另一个孩子也跟着挤过去;一个孩子钻到桌子下面坐着,另一个也跟着跑去坐着。追追跑跑是这个年龄段儿童最喜欢的活动。这一阶段,同伴交往持续的时间越来越长。

2岁以后,随着身体运动能力和言语能力的进一步发展,儿童的社会性交往变得越来越复杂,同伴交往的时间也越来越长。这时候,孩子的同伴交往有了新的特点:

一是同伴共同活动,主要是各自对物体的摆弄和操作。此时,他们对玩具或其他物体更感兴趣,而不是对同伴感兴趣。他们活动的对象是各种可以接触到的物体,如各种玩具、用品、材料和小工具等。几个孩子之所以能够在一起活动,是因为他们对共同活动的对象——某个玩具或活动材料感兴趣。也就是说,他们的活动对象,主要不是同伴,而是物体。这时,还没有真正意义上的人际交往。所以说,这是以物体为中介的同伴交往关系。

二是同伴交往的主要形式是游戏。最初他们交往的目的主要是获取玩具或寻求帮助,随着年龄的增长,幼儿交往的目的也越来越倾向于同伴本身,即他们是为了引起同伴的注意,或者为使同伴与自己合作、交流而发出交往的信号。

(三) 学前儿童同伴交往的类型

我国学前教育专家庞丽娟(1993)用"同伴现场提名法"研究了幼儿的同伴交往类型。结果表明,幼儿的社交地位已经分化,主要有受欢迎型、被拒绝型、被忽视型和一般型。四种类型的基本特征如下:

1. 受欢迎型

受欢迎型幼儿喜欢与人交往,在交往中积极主动,且常常表现出友好、积极的交往行为,因而受到大多数同伴的接纳、喜爱,在同伴中享有较高的地位,具有较强的影响力。

2. 被拒绝型

被拒绝型幼儿和受欢迎型幼儿一样,喜欢交往,在交往中活跃、主动,但常常采取不友好的交往方式,如强行加入其他小朋友的活动、抢夺玩具、大声叫喊、推打小朋友等,攻击性行为较多,友好行为较少,因而常常被多数幼儿排斥、拒绝,在同伴中地位低,关系紧张。

3. 被忽视型

这类幼儿不喜欢交往,他们常常独处或一个人活动,在交往中表现得退缩或畏缩,他们既很少对同伴做出友好、合作的行为,也很少表现出不友好、侵犯性行为,因此既没有多少同伴主动喜欢他们,也没有多少同伴主动排斥他们,他们在同伴心目中似乎是不存在的,被大多数同伴忽视和冷落。

4. 一般型

这类幼儿在同伴交往中行为表现一般,既不是特别主动、友好,也不是特别不主动或不友好;有的同伴喜欢他们,有的不喜欢他们,他们既非为同伴所特别喜爱、接纳,也非特别忽视、拒绝,因而在同伴心目中的地位一般。

上述四种同伴交往类型在幼儿群体中的分布是各不相同的。其中,受欢迎型幼儿约占 13.33%,被拒绝型约占 14.31%,被忽视幼儿约占 19.41%,一般型幼儿约占 52.94%。

从发展的角度看,在 4—6 岁范围内,随幼儿年龄增长,受欢迎型幼儿人数呈增多趋势,而被拒绝型幼儿和被忽视型幼儿呈减少趋势。

在性别维度上,在受欢迎型幼儿中,女孩明显多于男孩;在被拒绝型幼儿中,男孩显著多于女孩;而在被忽视型幼儿中,女孩多于男孩,但男孩也有一定的比例。

### (四) 同伴交往的影响因素

同伴关系是人际关系的主要组成部分,它在儿童社会化和身心全面健康发展的过程中起着极其重要的作用。积极良好的同伴关系是幼儿心理健康发展的重要精神环境,有利于他们形成自尊、自信、活泼开朗的性格,有利于促进其社会化及心智的发展,而同伴交往困难将影响儿童以后的社会适应。影响幼儿同伴交往的主要因素有以下几点:

#### 1. 早期亲子交往的经验

婴儿最初的同伴交往行为几乎都是来自更早些时候与父母的交往。比如,婴儿第一次对成人微笑和发声之后的两个月,才开始在同伴交往中出现相同的行为。儿童在与父母的交往过程中不但实际练习着社交方式,而且发现自己的行为可以引起父母的反应,由此可以获得一种最初的"自我肯定"的概念。这种概念是儿童将来自信心和自尊感的基础,也是其同伴交往积极、健康发展的先决条件之一。良好的家庭人际环境有利于幼儿与同伴交往,而缺乏交往的家庭环境则会影响幼儿的同伴交往。父母离异或不和对幼儿的影响极大。

#### 2. 儿童自身的特征

儿童自身的身心特征一方面制约着同伴对他们的态度和接纳程度,另一方面也决定着他们自身在交往中的行为方式。

首先,性别、长相、年龄等生理因素以及姓名,都影响着儿童被同伴选择和接纳的程度。例如,年龄小的孩子倾向于找年龄大的孩子玩,而大一点儿的孩子倾向于找同龄或更大的孩子玩。

其次,儿童的气质、情感、能力、性格等个性、情感特征影响着他们对同伴的态度和交往中的行为特征,由此影响同伴对他们的反应及其在同伴中的关系类型。受欢迎型儿童之所以比较受欢迎,是因为他们对同伴友好,没有明显的攻击性行为;被拒绝型儿童不会使用恰当的方式加入群体活动中,经常表现出许多攻击性行为;被忽视型儿童因为害羞与行为笨拙,常常很少表现自己,也不攻击他人。

最后,对儿童同伴交往关系影响最大的是儿童在交往中的积极主动性、交往行为及交往技能。在幼儿同伴交往过程中,当幼儿掌握运用一定的有效的社交技能与策略时,他的行为才能很好地被其同伴认可和接纳,才能与同伴相处融洽。

#### 3. 活动材料和活动性质

活动材料，特别是玩具，是学前儿童同伴交往中的一个不可忽视的影响因素，尤其是婴儿期到幼儿初期，儿童之间的交往大多围绕玩具而发生。玩具对儿童同伴交往的影响还体现在玩具的不同数量和特征能引起儿童之间不同的交往行为上。在没有玩具，或有少量小玩具的条件下，儿童之间经常发生争抢、攻击等消极的交往行为；而在有大玩具，如滑梯、攀登架、中型积木等的条件下，儿童之间倾向于发生轮流、分享、合作等积极、友好的交往行为。

活动性质对同伴交往的影响主要体现在：在自由游戏情境下，不同社交类型的幼儿表现出交往行为上的巨大差异，而在有一定任务的情境下，如在表演游戏或集体活动中，即使是不受同伴欢迎的儿童，也能与同伴进行一定的配合、协作，因为活动情境本身已规定了同伴间的合作关系，对其行为提出了许多制约。

#### 4. 托幼机构的影响

托儿所和幼儿园是幼儿最早加入的集体生活环境，对培养幼儿社会适应能力起着重要的作用。幼儿从家庭进入集体环境，对教师有着很强的依赖性，因此建立良好的师幼关系是非常重要的。如果教师不能与幼儿建立起亲密、融洽、协调的关系，就会导致幼儿心理上的不平衡，从而造成幼儿与同伴交往的不协调。如果教师不注意爱抚、关心、尊重和认可幼儿，甚至经常冷落或惩罚幼儿，就会使幼儿产生不安全感和心理压力，进而形成孤僻、冷漠、不合群等特征。

### （五）良好的同伴关系的建立

（1）创设良好的幼儿同伴交往环境，有效地促进幼儿与同伴关系的发展。教师要为幼儿营造一种温暖、关爱、尊重和信任的心理气氛和教育环境；要为幼儿创设与他人合作的机会；在日常生活中，注意为幼儿提供一定数量的有利于幼儿开展社会性交往的玩具。

（2）转变养育观念，改进养育方式，营造良好的家庭氛围。在家庭教育中，家长要引导幼儿学会关心自己的亲人，注重亲人的感受，防止过分的"自我中心"；家长要有意识地给予孩子独立游戏的机会，让孩子在独自游戏中独立探索、解决问题，逐渐形成良好的自信心；全家人应和睦相处，互相体谅，给孩子一个祥和、安全的家庭交往环境。

（3）提高幼儿同伴交往的技能。幼儿同伴交往方法比较欠缺，往往制约了幼儿正常交往，教师为幼儿传授一些交际方法是非常必要的。幼儿大多个性鲜明，在彼此交往时，很容易遇到兼容的问题，相互之间产生各种矛盾冲突是常见现象。为此，教师要引导幼儿学会谦让，遇到问题要有商量意识，减少冲突的发生。教师对幼儿的良好表现要给予积极肯定，以提升幼儿的主动建构意识，克服其不良思想行为，为幼儿顺利构建同伴关系创造条件。

## 三、学前儿童的师幼关系

### （一）师幼交往的概念

师幼交往指在幼儿教育机构中教师与幼儿之间的交往，是教师与幼儿不同形式的互动关系。幼儿进入教育机构后,教师取代家长成为主要教育者,在幼儿园的一日活动中通过不同的活动与幼儿进行着各种形式的交往互动,扮演着多样的角色。

(二)师幼交往的特征

师幼交往具有一般人际交往的共同特点,但师幼关系产生于教育机构,交往主体是教师与幼儿,这使得师幼交往具有区别于亲子交往、同伴交往的特点。师幼交往主要有以下基本特征:

1. 教育性

师幼交往产生于幼儿园,教师与幼儿的关系是教育者与被教育者的关系,教师与幼儿交往的主要目的就是促进幼儿多方面的发展,期望通过多种形式的交往互动获得一定的教育效果。因此,教师在选择与幼儿交往的内容、交往的方式上都具有很强的教育性。

2. 交互性和连续性

教师与幼儿的交往是双向互动的。在师幼交往中,幼儿和教师双方都要根据彼此的要求或需要调整自己的行为,以构建和谐的师幼关系。而且这种互动的关系是持续不断的,它不仅在当时对交往双方产生影响,还会对其之后的发展产生作用。

3. 网络性

师幼交往的网络性指师幼双方交往的影响和作用不只局限在交往的当时和交往的彼此。从横向来说,师幼的互动会影响其他教师和幼儿与该幼儿的交往,如某教师尤其喜欢某个幼儿,就会在集体中对该幼儿表现出较多的赞赏和喜爱,其他教师和幼儿受其影响也会较多地与该幼儿进行积极的互动;从纵向来说,师幼之间的互动还会影响幼儿以后与其他人的社会交往。

4. 非一一对应性

在幼儿教育机构中,师幼之间的交往大部分不是一一对应的,往往是一个教师面对多个幼儿。这充分利用了教师资源,提高了教育影响的辐射面积。但非一一对应的师幼交往也可能造成师幼交往的不充分,教师在师幼互动过程中要注意关注到全体幼儿,要顾及和平衡与每个幼儿的交流。

5. 组织化与非正式化结合

师幼交往具有明显的组织化特征。教师与幼儿的交往通常是为了完成特定的教育目的,有意识地去开展的。教师一般会有明确的目的,选择预设好的内容,在一日活动中通过教学活动、游戏活动等形式开展和幼儿的互动,完成对幼儿知识和技能的传授。同时,非正式化的师幼交往也补充着组织化的交往形式。师幼在幼儿园教育活动的间隙、幼儿园之外也进行着一些非正式的交往。这种交往虽目的性不强,却较为灵活,有利于教师与幼儿的及时交流和师幼之间感情的充分发展,对幼儿的行为、情感、人格等方面的发展也能产生重要影响。

6. 系统性和综合性

师幼之间的交往不是单个交往对象个性特征的总和,而是综合了各种交往要素的系统,师幼交往双方的交往技能、交往经验、对互动的反应方式等都会影响师幼互动的效果。

良好的师幼关系能促进幼儿对幼儿园生活的适应,有利于幼儿身心健康的发展,有利于促进幼儿社会性的发展。

(三) 师幼交往的类型

姜勇和庞丽娟(2004)通过对 105 名幼儿教师的师幼交往关系进行调查,从师幼交往的目的、内容、情感性、敏感性、宽容性、交往方式等维度进行探究,将幼儿园的师幼关系分为以下四种类型(见表 13-2)。

表 13-2 师幼交往的类型

| 类型 | 表现 |
| --- | --- |
| 民主型 | 教师与幼儿之间建立非常亲密的关系,教师关心、照顾幼儿,表现出较多的耐心,关注幼儿的兴趣需要,重视与鼓励幼儿的全面发展,幼儿对教师建立起信任感与较强的依恋 |
| 开放学习型 | 教师重视幼儿知识的获得,但鼓励幼儿自我发现和自主探索 |
| 灌输型 | 教师偏重知识的传授,较少根据幼儿的实际情况调整教学内容,给幼儿自主探索的空间少 |
| 严厉型 | 教师缺乏对幼儿的情感支持,较冷漠,教师表现出较少的耐心,较多批评责骂幼儿,态度比较生硬,师幼关系比较紧张 |

(四) 师幼关系发展的影响因素

影响师幼关系发展的因素是多方面的,既有来自幼儿方面的因素,也有来自幼儿家庭及教师的因素,多种因素共同作用影响着师幼关系的发展。

1. 与幼儿有关的因素

一是幼儿的性格气质。研究表明,影响师幼互动的第一位因素是幼儿自身所具有的特征。一般来说,开朗、外向且行为积极的幼儿受到教师的关注与反馈的机会最多,而内向、不爱表现的孩子得到的关注及反馈最少,这就影响了教师与之互动的频率与效果。二是幼儿的长相。通常教师会对那些长相符合自己喜好的幼儿有更多的良性互动,而对那些不符合自己喜好的幼儿则较为忽视。三是幼儿的能力。独立生活能力、社会交往能力、认知发展能力较强的幼儿更能得到教师的青睐,从而与教师会有更多的良性互动。

2. 与教师有关的因素

一是教师的教育观念及受教育水平。教师受教育程度是教师专业素质水平的一个重要体现。理论素养较高的教师会秉持科学的儿童观、教育观和管理观念,以儿童为本,平等对待每一位幼儿,并根据幼儿的发展特点来组织相应的活动与幼儿互动。在与幼儿互动的过程中更多扮演的是支持者、合作者、引导者的角色,而不是一味地管教与束缚幼儿。二是教师的期望。在师幼互动过程中,教师对集体中的每个幼儿都会形成一个总体印象,并对幼儿产生一定的期望。不同期望则会影响教师对不同幼儿采用各异的方式进行互动,也影响了幼儿对教师的反馈方式。如一个对幼儿期望较高的教师,会对幼儿提出严格的要求,当幼儿不能完成时,教师可能采取严厉的方式进行回应。

3. 与家长有关的因素

师幼的互动与家长也有紧密的关系。家长的受教育水平、素质和教育观念等都会影响幼儿的发展,影响教师对待幼儿的教育态度和教师的积极性。家长如果积极参与配合幼儿教师的工作,教师与该家庭幼儿的互动效果会更好。

4. 与环境有关的因素

幼儿园的班级规模、师幼比例和环境创设也会对师幼关系产生影响。如果班级规模太大,会导致教师心有余而力不足,会导致教师以快速简洁的方式处理幼儿的问题,如对幼儿的好奇、疑问简单回答,或更多关注对幼儿的常规管理,忽视幼儿的情感需求。

(五)良好师幼关系的建立

师幼关系是幼儿与教师之间建立的关系,是幼儿与教师一起创建的。和谐的师幼关系是高质量教学的基础和前提条件,它能够为幼儿提供良好的学习氛围,也有助于幼儿良好的身心素质的发展。建立信任、平等、亲密和友好关系,能使幼儿感到安全、温暖、宽松、愉快,有利于幼儿生活、学习和成长,还能使教育发挥最大的效益和功能,促进幼儿全面发展。不和谐的师幼关系则会对幼儿身体和心理产生极大的负面影响,不仅使其精神上感到害怕、紧张,身体上也会出现一些不良的症状。不和谐的师幼关系会使幼儿产生否定的内心感受与体验,使其情绪沮丧、低落,不利于学习活动的正常进行。

1. 教师要充分关爱和宽容幼儿,创造良好的师幼交往氛围

幼儿在幼儿园里渴望得到同伴和教师的关爱,因此,教师应努力为幼儿营造爱的氛围,了解幼儿生理和心理特点,懂得幼儿教育的规律,在对幼儿的态度、语言和交往上都体现出教师的关爱。此外,教师还要宽容幼儿,理解其内心感受。幼儿有着不同于成人的特点和需要,是独立的个体。在交往中,教师不要对他们提出超出其年龄范围的过分要求。教师要对幼儿充满爱心,要在人格上给予幼儿尊重,善于用各种适当的方法接触和引导幼儿,实现双向交流沟通。

2. 师幼之间要平等互动

教师必须将幼儿作为一个真正的"人"来看待,尊重幼儿,与幼儿建立平等的师幼关系。教师尊重、信任、热爱幼儿,关注幼儿的所思所想,关注他们的需要和期望。教师要避免对幼儿控制过严,使幼儿完全处于被动地位。

尊重理解孩子,就需要教师将自己的地位放在与孩子相同的水平线上。"蹲下来"听孩子说话,了解他们的思想。改变以往居高临下的态度,与幼儿保持平等自然的关系,相处融洽,形成同伴、朋友型的师生关系,让幼儿感受到老师就像自己的伙伴一样。

幼儿是学习的主体,幼儿的能动主体作用是教育取得成功的决定性因素,没有幼儿主动的加工消化,没有幼儿的同化、顺应过程,单凭教师的灌输是无法实现教育目的的。师幼之间的平等互动可以激发幼儿活动的主动性,使他们积极投入各种活动中接受教育。

3. 教师要注重师幼互动中的技巧

一是与幼儿加强交流,帮助幼儿认识自己,了解他人。教师要注重与幼儿进行眼睛

的交流。眼睛是心灵的窗户,孩子纯真的心灵毫无保留地反映在他们的眼睛里。教师与幼儿随时随地进行的简单而真诚的目光交流会让教师更加及时地掌握孩子的情况,孩子也会感觉到老师关爱的目光,感觉自己受到重视。教师要重视与幼儿无声的交流与互动。教师对幼儿点点头、摸摸头、拍拍肩都可以传达特定的信息,这种方便有效的沟通方式可以让师幼之间形成默契的情感沟通。

二是与幼儿说悄悄话。用说"悄悄话"的方式和幼儿对话,教师与幼儿将自己内心的喜、怒、哀、乐讲给对方听,可以让幼儿切身感受到老师对自己的信任,增强孩子与教师交流的自信心。在沟通中,教师要注意给幼儿表达、倾诉的机会,在幼儿诉说的时候,要认真倾听并做出适当的积极的反应,适时地表示内心的接纳和给予适当的建议、帮助。教师如能掌握儿童的好奇心以及渴望被教师关爱的心理,以此来和幼儿沟通,通常会有出乎意料的效果。

三是在游戏中与幼儿交流互动。在游戏和玩耍中,幼儿是最放松、最自然的。教师利用游戏的机会与他们打成一片、玩在一起,用童心理解他们的世界,走进他们的生活。在游戏中,教师要敏感地捕捉幼儿的闪光点,及时对他们进行肯定、鼓励,使幼儿在潜移默化中找到自己努力的方向,进而愉快主动地活动,促进师幼间的情感交流。

四是给予幼儿正确的评价。幼儿的自我评价能力较差,他们很容易认同教师的评价,如果教师对幼儿的评价内容空泛、缺乏个性,则会降低幼儿的自我效能感,容易使师幼关系变得肤浅。教师应该以发展的观点对幼儿进行正确的评价,通过表扬来增加幼儿的成功感。教师可以有意忽视幼儿的不恰当行为,积极关注幼儿的恰当行为,从而激励幼儿的恰当行为,预防幼儿的不恰当行为。此外,教师要对能力强弱有别的幼儿一视同仁,给予他们同等的表现机会,进行正面的评价,培养其自信心,为幼儿正确认识和评价自己奠定基础。

# 任务四　学前儿童的性别角色

## 一、性别角色的概念及特点

性别角色是被社会认可的男性和女性在社会上的一种地位,也是社会对男性和女性在行为方式和态度上期望的总称。一个社会认定男性须有男性特质,女性须有女性特质,两性有不同的任务及活动范围。如在中国传统的社会观念中,男人就该养家糊口,女人就该做饭、看孩子,这就是社会对男性和女性不同要求的反映。儿童性别角色的发展是以儿童性别概念的掌握为前提的,即只有当儿童知道男孩和女孩是不同的,才能进一步掌握男孩和女孩不同的行为标准。

## 二、学前儿童性别角色认识的发展

儿童性别角色的认识经历了四个发展阶段,对于幼儿而言,主要经历了前三个阶段的发展。

### (一)知道自己的性别,并初步掌握性别角色知识(2—3岁)

幼儿的性别概念包括两个方面:一方面是对自己性别的认识,另一方面是对他人性别的认识。幼儿对他人的性别认识是从2岁开始的,但这时还不能准确说出自己是女孩还是男孩。直到2.5—3岁,绝大多数孩子能准确说出自己的性别。同时,这个年龄的孩子已经有了一些关于性别角色的初步知识,如女孩要玩娃娃,男孩要玩汽车等。

### (二)自我中心地认识性别角色(3—4岁)

这个阶段的幼儿已经能明确分辨出自己的性别,并对性别角色的知识逐渐增多,如男孩和女孩在穿衣服和游戏、玩具方面的不同等。这个时期的孩子能接受各种与性别习惯不符的行为偏差,如认为男孩穿裙子也很好。

### (三)刻板地认识性别角色(5—7岁)

这个阶段幼儿不仅对男孩和女孩在行为方面的区别认识得越来越清楚,同时开始认识到一些与性别有关的心理因素,如男孩要胆大、勇敢等。幼儿对性别角色的认识也表现出刻板性,他们认为违反性别角色习惯是错误的,如一个男孩玩娃娃会遭到同性别孩子的反对等。

## 三、学前儿童性别行为发展的阶段与特点

### (一)幼儿性别行为的产生(2岁左右)

2岁左右是幼儿性别行为初步产生的时期,具体体现在幼儿的活动兴趣、同伴选择及社会性发展三个方面。例如,14—22个月的幼儿,通常男孩更喜欢卡车和小汽车,而女孩则更喜欢玩具娃娃或柔软的玩具。幼儿对同性别玩伴的偏好也出现得很早。在托幼机构中,2岁的女孩就表现出更喜欢与其他女孩玩,而不喜欢跟男孩玩。2岁的女孩对父母或其他成人的要求有更多的遵从,而男孩对父母要求的反应则更趋于多样化。

### (二)幼儿性别行为的发展(3—6、7岁)

进入幼儿期后,儿童之间的性别角色差异日益稳定、明显,具体体现在以下三个方面:

1. 游戏活动兴趣方面的差异

在现实中我们不难发现,幼儿期的游戏活动中,已经可以看到男女儿童明显的兴趣差异。男孩更喜欢有汽车参与的运动性、竞赛性游戏,女孩则更喜欢过家家的角色游戏。

2. 选择同伴及同伴相互作用方面的差异

3岁以后,幼儿选择同性别伙伴的倾向日益明显。研究发现,3岁的男孩就明显地

选择男孩而不选择女孩作为伙伴。还有研究发现，男孩和女孩在同伴之间的相互作用方式也不同。男孩之间更多的是打闹、为玩具争斗、大声叫喊、发笑，女孩则很少有身体上的接触，更多的是通过规则协调。

3. 个性和社会性方面的差异

幼儿在个性和社会性方面已经开始有了比较明显的性别差异，并且这种差异不断发展。一项跨文化研究发现，在所有文化中，女孩早在3岁时就对照看比她们小的婴儿感兴趣。还有研究显示，4岁女孩在独立能力、自控能力、关心他人三个方面优于同龄男孩；6岁男孩的好奇心、情绪稳定性和观察力优于女孩，6岁女孩对人与物的关心优于男孩。

### 四、学前儿童性别角色行为的影响因素

一般认为，影响幼儿性别角色行为的因素有两类：一是生物因素，二是社会因素。

（一）生物因素对学前儿童性别行为有一定的影响

影响幼儿性别行为的生物因素主要是性激素。研究发现，在胎儿期雄性激素过多的女孩，在抚养过程中虽然按女孩来养，但仍然具有典型的假小子的特征。她们喜欢消耗较多精力的体育活动，如玩球。这类女孩在幼儿期也不喜欢玩娃娃。

（二）父母的行为对学前儿童性别角色和行为起着引导、被模仿和强化的作用

在承认生物因素对幼儿性别行为产生影响的同时，人们普遍认为，社会文化因素，特别是家庭因素对幼儿的性别角色及相应的性别行为的形成起着更重要的作用。

1. 父母是孩子性别行为的引导者

在孩子还不知道自己的性别及应该具有什么样的行为之前，父母就已经开始对孩子的性别行为进行引导了。如孩子出生以后，大多数父母对孩子房间的布置、玩具的选择、衣服的式样与颜色的安排等，都是根据孩子的性别决定的。随着孩子年龄的增长，父母就更加明显地用男孩或女孩的行为模式来约束自己的孩子，其中强化在孩子形成性别行为的过程中起着重要的作用，如男孩应该勇敢、像个男子汉，女孩则应该温柔、文静等。父母的态度和行为直接引导孩子朝着符合自己性别行为的方向发展。

2. 父母是孩子性别行为的模仿对象

孩子从知道自己是男孩或女孩开始，一般会把自己的同性别的父亲和母亲作为模仿对象。如小女孩就开始学着妈妈的样子，给娃娃喂饭、拍娃娃睡觉等；男孩则更容易看到爸爸做什么就学着做什么。

### 五、学前儿童的性别角色教育

（一）父母对孩子的性别角色教育

1. 真心接纳孩子的性别

父母只有真诚地接纳孩子的性别，孩子才能够积极地认同自己的性别。如果父母不喜欢孩子的性别，并且在孩子面前有意无意地流露甚至表达自己的失望，这会影响孩

子对自身性别的接纳及其相应性别角色的形成。

2. 不可以用贬低异性性别的方式让孩子接纳自己的性别

大部分的父母把孩子看作手心里的宝贝,希望帮助孩子认识和接纳自己的性别。在面对孩子对异性的好奇心以及他们提出的稀奇古怪的问题时,父母的回应方式尤为重要。父母不应该用贬低异性性别的方式来让孩子接纳自己的性别,面对孩子提出类似的问题时,只需要告诉他"男孩和女孩不一样,所以尿尿的地方也不一样",应根据孩子的年龄特点告知相应的生理知识,帮助孩子在接纳自身性别的同时了解他与异性之间的不同,学会尊重异性。

3. 帮助孩子建立性别图式

2岁的孩子还不能非常确定自己的性别和选择适宜的服装和玩具用品。有的男孩子会特别喜欢女孩的东西,如漂亮的发饰、裙子和鞋子等,他们也希望能打扮得像女孩子一样漂亮,得到大人的夸奖。成人需要在孩子性别认同的关键时期,让其了解男女两性不同的行为方式和人格特点等,并将这些逐渐内化,建立自己的性别图式。身教胜于言传,孩子在形成相应性别角色的关键时期,同性别父母的陪伴是胜于一切的。在一些家庭中,父亲的陪伴往往是缺失的,很少跟自己的儿子待在一起,儿子很难完成从认同母亲转向认同父亲这一过程,形成相应的性别特征。因此,父亲要多陪伴儿子,给孩子树立男性的榜样。

4. 不要跨性别教养孩子

科尔伯格认为,0—3岁是孩子基本性别认同的时期,3岁的儿童已经能够确认自己和他人的性别。如果在孩子3岁之前,父母对孩子进行长期的跨性别教养,例如,将女孩子当作男孩子养,给她剪很短的头发,穿男孩子的衣服等,将干扰孩子对自身性别特征的认识,使他们无法建立统一协调的性别角色,甚至形成性别认同障碍。

5. 适当满足孩子对异性行为的好奇心

孩子在3—4岁的年龄阶段,会对异性的行为感觉好奇,如想体验穿异性服装的感觉,想体验异性小便的方式,或者想在游戏中扮演异性的角色等。当父母看到孩子出现类似的行为时,不应强行粗暴地干涉,也不应责备孩子。父母不妨适当地满足孩子对异性行为的好奇心,同时告知孩子男孩和女孩应有的行为表现。当这种好奇心被满足后,孩子的行为会自动停止。同时,孩子为了获得同性别伙伴群体的接纳,也会主动采取适合自身性别的行为。

6. 给孩子选择同伴的自由

有的父母不理解自己的儿子为什么喜欢跟女孩子打成一片,会担心他变得越来越女性化,便不断鼓动儿子与男孩子一起玩。其实,孩子有选择自己同伴的权利,有时候孩子喜欢和同性伙伴玩耍,有时候喜欢和异性伙伴玩耍。父母的态度应该是顺其自然,给予孩子选择同伴的自由。无论是与同性伙伴还是与异性伙伴玩耍,孩子都能从中锻炼自己的人际交往能力。父母要相信孩子会按照自己的发展来选择同伴。

(二)学前儿童的双性化教育

罗斯提出了"双性化"概念,即"个体同时具有传统的男性和女性应该具有的人格气质",并认为双性化是最合适的性别角色模式。幼儿期是儿童性别角色发展的关键时期,也是幼儿双性化人格形成的关键阶段。成人应该为儿童创造一个良好的环境,帮助其形成双性化人格特征,更好地适应社会的需要。

1. 家庭教养

家长应打破性别刻板印象,及时转变传统的性别角色观念,给孩子更多自由选择的空间,不阻止孩子玩异性的玩具,并鼓励孩子尝试异性的游戏活动,使他们积累不同的生活经验和情绪体验。父母双方都需要参与孩子的教养过程中,通过轮流做家务、共同陪伴孩子、遇到事情互相商量等行为传递给孩子这样的信息:某些行为并不只属于某一个性别。在言传身教的过程中,家长可适时引导孩子比较不同性别角色的优缺点,在帮助孩子认同自己性别的同时,吸收异性的优秀品质,促进孩子双性化人格的形成。

2. 幼儿园教育

幼儿教师需要转变传统的性别观念,培养儿童的双性化人格特征。教师对儿童身上出现的异性特征无须感到惊讶,更不能加以贬斥,应多一些理解和引导,使儿童能够兼具男女两性的优秀人格特征。

第一,教师应慎重选择幼儿读物和教材。现今,幼儿的读物和教材明显地体现出传统的性别观念,如男性多表现为勇敢、坚强、聪明和独立等,女性多表现为温柔、善良、勤劳和敏感等。因此,教师在挑选读物时要慎重,选择的读物中男性角色和女性角色要各占半壁江山,而且要体现出双性化的性别模式,避免儿童形成性别刻板印象。

第二,利用角色游戏培养儿童的双性化人格。儿童的学习主要以游戏为载体,教师可抓住这个教育契机,在环境创设和材料准备上提供多样化的选择。例如,教师应设计更多的适合男孩女孩一起玩、没有明显性别差异的游戏区角,如银行、医院和运动场等,让儿童在其中发展自身优势。此外,在游戏中教师应鼓励儿童尝试异性的角色,淡化儿童的性别刻板印象。例如,在医院区角游戏里,男孩子可以扮演护士,女孩子可以扮演医生。

## 13.1 找朋友

适合年龄:3 岁。

活动目标:培养幼儿的社交能力。

活动准备:孩子喜欢的玩具。

活动时间:15 分钟。

活动过程:

1. 将班里的小朋友分成两组,让其中一组小朋友自己选择朋友。

2. 说说为什么选择对方做朋友。

活动建议:以前没有机会与小朋友接触的幼儿,刚进入集体时,只拿着玩具自己玩,看到别人玩得高兴,会渐渐地融入别人的小世界里。过了一段时间才会慢慢按着自己的兴趣,找到趣味相投的朋友。教师和家长都要留机会让孩子们自由组合,观察他们在群体中的角色,从而发现其兴趣所在。

岗位实践训练
13.2、13.3、13.4

## 一、单项选择题

1. 幼儿如果能够认识到他们的性别不会随着年龄的增长而发生改变,说明他已经具有(  )。(2015年上国考题)
   A. 性别倾向性　　B. 性别差异性　　C. 性别独特性　　D. 性别恒常性

2. 幼儿园促进幼儿社会性发展的主要途径是(  )。(2014年上国考题)
   A. 人际交往　　B. 操作练习　　C. 教师讲解　　D. 集体教学

3. 在"陌生环境"实验中妈妈在婴儿身边,婴儿一般能安心玩耍,对陌生人的反应也比较积极,儿童对妈妈的依恋属于(  )。(2014年上国考题)
   A. 回避型　　B. 无依恋型　　C. 安全型　　D. 反抗型

4. 如果母亲能一贯具有敏感、接纳、合作、易接近等特征,其婴儿容易形成的依恋类型是(  )。(2017年下国考题)
   A. 回避型依恋　　B. 安全型依恋　　C. 反抗型依恋　　D. 紊乱型依恋

5. 幼儿能知道自己的性别,并初步掌握性别角色知识一般在(  )。(2018年学前教育专业教育技能大赛高职组国赛试题)
   A. 1—2岁　　B. 2—3岁　　C. 3—4岁　　D. 4岁以后

## 二、填空题

1. 与社会性相比,个性强调的是_____;而社会性强调的是_____的行为方式。

2. 亲子关系通常被分为3种类型:_____、专制型及_____。

3. 影响学前儿童亲子关系的主要因素有_____和_____。

4. 幼儿攻击行为的特点之一是更多依靠身体上的攻击,而不是_____攻击;从工具性攻击向_____转化。

5. 学前儿童社会性发展的主要内容有亲子关系、同伴关系、_____、亲社会行为和_____。

课后自测

# 参考文献

[1] 彭聃龄.普通心理学[M].4版.北京:北京师范大学出版社,2012.

[2] 陈帼眉.学前儿童心理学[M].2版.北京:人民教育出版社,2015.

[3] 陈帼眉,冯晓霞,庞丽娟.学前儿童发展心理学[M].2版.北京:北京师范大学出版社,1995.

[4] 王振宇.幼儿心理学[M].北京:人民教育出版社,2012.

[5] 成丹丹.学前儿童心理学[M].北京:清华大学出版社,2016.

[6] 曾思燕,陈璇,王世轩.幼儿心理学[M].北京:中国建材工业出版社,2018.

[7] 李建伟.幼儿教育心理学[M].北京:中国建材工业出版社,2018.

[8] 张丽霞.学前儿童发展心理学[M].武汉:华中师范大学出版社,2013.

[9] 中公教育教师资格考试研究院.国家教师资格考试专用教材·保教知识与能力·幼儿园[M].北京:世界图书出版公司北京公司,2012.

[10] 程素云,王贵平.幼儿心理学[M].北京:中国传媒大学出版社,2014.

[11] 钱峰,汪乃铭.学前儿童心理学[M].上海:复旦大学出版社,2012.